獻給班（Ben）、杰克（Jake）、查理（Charlie）、傑克（Jack）與
賈斯汀（Justin）
謹以此書紀念瑞娜・甘薩（Rena Gamsa）

◎ 目錄

◎ 推薦序
我們都是時間的囚鳥，勤勉且徒勞地尋找

文／陳建守（說書Speaking of Books創辦人）

　　途經信義區的讀者可能會發現在靠近松仁路一側，有幢低調隱約卻不失大氣的酒店，名字叫「寒舍艾美」。我每回步履經過此處，總覺得如此氣派的酒店自稱寒舍，實在有點言過其實。不過，更吸引我的是酒店外牆斗大的英文字"Le Meridien"。我總在想為什麼一家酒店會用「子午線」來作為名稱，後來上網一查才知道，法國航空在1972年建立了Le Méridien這個酒店品牌。既然是航空公司成立的集團，那使用劃分地球東西兩端的天文學、地理學術語便不足為奇了。

　　「子午線」確立的過程本身就是個有趣的故事。我們都知道地圖或GPS一類的導航工具是使用經緯度進行定位。緯度的起點是赤道，赤道憑依地球的自轉軸決定，所以人們在決定緯度這件事情上毫無疑義，倒是在經度如何設計這件事情上，耗費了一點時間討論。經度是一條想像中用以劃分地球兩人半球的環狀線圈，在想像上是要與緯線呈現垂直的狀態。因此，在理論上每條經線都可以成為其他經線的基準，究係哪條經線可以成為「本初子午線」在歷史上有不同的看法。現代的本初子午線奠基於1851年，是由一位名叫艾理（Sir George Airy）的學者，在格林威治天文台觀察確立的，也因此稱為格林威治子午線。格林威治子午線的前身是英國皇家天文學家哈雷（Edmond Halley）於1721年觀測所得，實際的地點約莫在艾理子午線的往西43公尺處，在時間差距上約莫是0.15秒。艾理子午線要到了1884年在華盛頓特區所舉辦的「國際子午線會議」才正式定為經度的起點。格林

威治子午線的確立，隨即帶來一套以小時制為基礎的世界系統。這套系統要引進一項統一的「世界曆」，讓整個世界遵循著烏托邦式的普世時間。格林威治標準時間見證了19世紀最後幾十年的「全球化」趨勢。1891年，帶領普魯士軍隊打贏普法戰爭的名將毛奇（Helmuth von Moltke）對德國國會提出議案，90歲高齡的他在國會殿堂上，侃侃而談統一時間的重要性。毛奇的這項提案在其逝世兩年後實現，德國國會在1893年立法，德國國內的行政和日常生活將以格林威治標準時間為圭臬，比標準時間快1小時。

這本《計時簡史》講的就是「時間」這項抽象概念的過去與現在，寫作的目光是鎖定在工業革命後的世界。作者賽門・加菲爾是位擅寫非虛構作品的作家，本書是他最新的著作。在這本書中，加菲爾告訴我們，時間並非是線性的發展，而是呈現循環往復的情況。加菲爾開筆先從足球賽事切入，在足球賽的場合中，每個下一秒都可能成為逆轉比賽的那一秒。加菲爾用足球賽事告訴我們，最後的比賽結果是結束於3分鐘的加時賽。但這場賽事的所有安排，包括賽程、購票、進場卻是遵照兩個月前的俱樂部行事曆所決定。於此，我們可以看到時間的彈性流動，最後的3分鐘可能無關比賽的勝負。如果把鏡頭拉近，賽事的結果實則決定於選手抬腳射門的幾秒鐘。但這場比賽早在兩個月前就已經安排妥當。此外，書中提到，以時間為主題的詞彙是《牛津英語詞典》中的最大宗。我們在使用詞彙上依賴使用時間來進行表述，不僅是將它視為字詞，同時也是當成哲學。依賴時間的行動及片語多於依賴其他字詞的用法，許多詞彙的接尾語皆是時間。這個情況在漢語中也不算陌生，譬如「與時俱進」、「經年累月」、「一日三秋」或「一朝一夕」等，都是耳熟能詳的用法。這些漢語中

使用時間的詞彙，同樣也將長短時間交互搭配運用，讓閱聽者有加乘的感受。

　　加菲爾在書中探討許多時間的案例，譬如法國大革命後所使用的共和曆、時刻表的出現、交響樂、攝影與電影中的時間韻律，讀起來總讓我津津有味，甚至有「原來如此」的感受。最令我感到興趣的是關於手錶製作的篇章。我們都知道手錶可以大致分為機械錶和電子錶，電子錶是現代科技的產物，就像我們的手機或電腦，錶芯是由一顆電子裝置所控制，基本上時間分秒無誤。但機械錶是人類手工史上最偉大的發明之一，機械錶的製作起源於文藝復興，不仰仗任何一項電子裝置，只透過齒輪的磨合獲得動力，利用這動力來指引時刻、日期、星期和年度，最高明的機械錶還有「萬年曆」（其實是577.5年）的功能，意思是指即便到買家的玄玄玄孫輩，只要保持驅動力，手錶無須進行調整，都能恰如其分地指示時間。加菲爾在書中舉了萬國錶（IWC）的例子，旁及了真力時（Zenith）、歐米茄（Omega）和勞力士（Rolex）。Zenith在天文學中就是指觀測者正上方的「天頂」，而Omega用來指稱事情的終結，對應開始的Alpha。事情的終結與開端看似處於同一個循環，但終結與開端畢竟是相異的狀態，便體現了時間的無法逆轉這項特性。

　　即便有時差的分別，全世界的人們幾乎是生活在同一套時間系統之內，從一秒、一分、一小時到一日，再從一日、一季到一年；此後，則是一再重複的每一年。我們就如同時間的囚鳥，生活在時間的遞迴（recursive）結構當中，兢兢業業地恪守著時間的格律，就如同電影《鐘點戰》（In Time）中的大部分角色，如此勤勉地尋找和生產時間，最終只是徒勞地用以憑弔自己短暫的出生與死亡。

愛麗絲：永遠是多久？

白兔先生：有時候，就是一秒鐘而已。

◎ 序論
非常非常早或者是非常非常晚

　　我們身在埃及，但不是古代的埃及；一本談時間的書從古代埃及說起倒是個不錯的作法，然而我們是身在現代埃及，這是會入選《旅遊者雜誌》（*Condé Nast Traveller*）的埃及：有美麗動人的海灘、遊人如織的金字塔，以及豔陽高照的地中海。我們坐在靠近亞力山卓的一家餐館，餐館俯視海灘，海灘的另一頭有一名釣客正捕獲晚餐桌上的佳餚，或許是鮮美的紅鰹吧！

　　我們過了一整年疲累不堪的生活，此刻正在渡假。用完餐之後，我們信步走向釣客。他會說點英文，向我們展示了他的戰績──雖然數量還不多，他可是信心滿滿。由於我們略懂釣魚，建議他往不遠處的礁石那邊試看看，離他現在這張老折疊椅的位置，只是比較遠一點也高一點地甩竿，將有可能更快達到他的每日漁獲量。

　　「我為什麼要這麼做呢？」他問道。

　　我們回答他，釣得更快就可以釣得更多，不止夠自己吃，還能把吃不完的拿出來賣，收入能買更棒的釣竿和新冰箱裝釣到的魚。

　　「我為什麼要這麼做呢？」他又問。

　　如此一來你就能用更快的速度釣到更多魚，接著再賣掉魚，要不了多久就有足夠的錢買條船。也就是說，可以到更深的海域，使用拖網漁船那樣的大網子快速撈捕更多魚。事實上你自己就可當個成功的拖網漁船業主，大家會開始喊你船長。

　　「我要那幹嘛？」他問得神氣十足，卻也充滿困惑。

　　我們生在現代世界，已安於雄心壯志以及迅捷便利，總是迫不及

待想要提昇現況、精益求精。你要是有條船，很快你的漁獲量就會稱霸市場，價錢高低你說了算。然後，你買下更多船、聘用一幫人手。再來是滿足你的終極夢想：能早早退休，在暖陽下垂釣，悠遊地打發時間。

「就像我現在這樣嗎？」

● ● ●

讓我們簡短聊一下威廉・史特拉屈（William Strachey）。史特拉屈生於1819年，在學期間就立志要當公務員。到了1840年代中期，他任職於加爾各答的殖民局（Colonial Office）。在那裡讓他堅信印度人，尤其是加爾各答的印度人，已經找到方法保持最精準的計時（當時在印度最精準的時鐘大概是英國出品的，不過這不重要）。他5年後返回英國，仍決定繼續依照加爾各答的時間過生活：這可是勇敢的舉動，因為加爾各答通常比倫敦時間早5個半小時。

威廉・史特拉屈是維多利亞時代著名的評論家及傳記家李頓・史特拉屈（Lytton Strachey）的叔叔。李頓本人的傳記作者麥可・霍爾洛依德德（Michael Holroyd）提到威廉如何名列史特拉屈家族的怪咖之霸而當之無愧。以史特拉屈家族的種種奇行怪狀而論，這本傳記的爆料確實言之有物。[1]

威廉・史特拉屈活到80好幾，也就是在英國過了50幾年的加爾各答時間。他在下午茶時間吃早餐，在傍晚時分享受燭光午餐，還要堅定地計算火車時刻表以及其他日常生活的例行活動。到了1884年情況變得益加複雜，因為加爾各答時間比全印度更往前提早24分鐘，讓史

特拉屈的時間硬是比倫敦早了5小時又54分鐘。有時候真的很難分得清他究竟是非常非常早或者是非常非常晚。

　　史特拉屈的許多朋友（並不是說他有很多朋友）逐漸習慣他的怪癖。1867年，他在巴黎的國際博覽會（Paris International Exposition）買到一張機械床，徹底考驗家人的耐性限度。那張床附有一個時鐘，是設計來叫醒床上的人。指定的時間一到，這張床會將床上的人倒下，而史特拉屈就這麼拼拼湊湊地設定，最後把自己倒進了浴缸。即使他用心安排，然而第一次使用就是在這種情況下醒來，令他火冒三丈，唯有砸爛時鐘以消心頭之恨，並確保不會再次被倒下床。根據霍爾洛依德德的記載，威廉・史特拉屈的餘生都穿著雨鞋，在他過世前不久還贈與他的侄子各式各樣的彩色內褲。

● ● ●

　　凡夫俗子的折衷式生活介於釣客的悠閒寧靜和史特拉屈的瘋狂古怪之間。我們想要的生活到底是悠哉垂釣或者分秒必爭？該是兩種都要吧。對於輕鬆自在的人生，我們豔羨不已，但是沒有時間長久過這樣的生活。我們每一天都想擠出多一點時間，卻又害怕時間只是被浪費掉。我們不眠不休地拼命工作，只盼將來可以少幹點活。我們發明高品質的時間，以便和其他時間區隔；在床頭放個時鐘，其實恨不得把它砸個稀巴爛。

　　時間，曾經任人擺佈，如今緊迫盯人。它如此主宰我們的人生，最古早年代的鐘錶匠想必會感到瞠目結舌。我們相信光陰如流水，不斷離我們遠去。科技讓萬事萬物都變得飛快，然而正因為我們知道未

來世界的一切只會更快，於是當下就沒有什麼是夠快了。在網際網路的永晝之下，教威廉・史特拉屈著魔的時區只顯得過氣而已。不過，最奇怪的是：如果最古老的鐘錶匠復生，他們會提醒我們鐘擺的擺動速率千古恆常，日曆的模樣也已經幾百年不變。是我們自己把自己弄得棲棲遑遑的，時間越來越快，全是我們的傑作。

本書是關於我們對時間的執著和慾望。對於時間，我們渴望衡量它、控制它，將它標價出售、拍攝它的軌跡、表現它的樣貌，還想讓它永垂不朽並且變得意蘊深遠。本書所思索的，是在過去這250年裡時間如何成為生活中一股揮之不去的支配力量。曾有成千上萬年裡人們僅是靠著仰望頭頂上的蒼穹，尋求不清不楚又變化多端的指引；如今則每天不只一、兩次，而是經常且強迫性地從手機和電腦獲取原子般精確的線索——本書也想問問其中的原因。本書只有兩個簡單的目的：訴說幾個具有啟發性的故事，以及探究我們是不是都瘋狂到無藥可救了。

最近我剛買了一款智慧手機軟體叫Wunderlist，它是設計來「整理並同步化家庭、工作和其他林林總總的待辦事項清單」，以及「快速瀏覽待辦事項的內容」，還可以讓你「利用我們的『今日』小工具從任何應用軟體切換出來，瀏覽到期的待辦事項」。買上這款軟體可不容易，因為可供挑選的太多了，包括Tick Task Pro、Eisenhower Planner Pro、gTasks、iDo Notepad Pro、Tiny Timer、2Day 2Do、Little Alarms、2BeDone Pro、Calendar 366 Plus、Howler Timer、Tasktopus、Effectivator……有千千百百款任君挑選。這類商業與生產力應用軟體最主要的目的是節省時間、管理時間，以及提高生活中每個層面的速度和效率。在2016年1月，它已經占了智慧手

機應用軟體的最大宗，遠高於教育、娛樂、旅遊、書籍、健康與健身、運動、音樂、照片和新聞等類別，而這些應用軟體大致上說來也都是為了增進效率、讓事情更快完成。沒錯，有個軟體的名字就叫作 Tasktopus。[2] 我們究竟是如何落得這麼緊張又刺激的？

● ● ●

　　為了找出答案，本書檢視歷史上的幾個重要時刻。大部分的時候我們將會與當代和現代的見證者同在，他們有的是了不起的藝術家、運動員、發明家、作曲家、電影製片、作家、演說家、社會科學家，當然少不了還有鐘錶匠。本書要談的是時間的實際作用而不是虛無縹緲的境界。也就是說，時間是我們生活的主角，有時候它還是我們衡量價值的唯一標準。我們會檢視一些實例，我們對時間的衡量和觀念因為它們而大舉強化、限制或翻轉了生活。本書並不想責難現今這種高倍速的生活，儘管有些人提議該踩一踩煞車。本書也不是理論物理學，所以我們不會弄懂時間到底是真實不虛抑或者純屬想像，同樣不會知道大霹靂（Big Bang）之前的宇宙是怎麼一回事。本書所要探索的，倒是工業革命這場大霹靂之後的世界。同理，我們也不會想要瞎搞科幻小說或是時光旅行之類玄之又玄的玩意兒，說什麼回到過去幹掉你自己的阿公，然後一覺醒來到了「金縷衣之地」（Field of the Cloth of Gold）。[3]我們可沒有這類冗長的廢言廢語，就把它留給物理學家和《超時空奇俠》（Doctor Who）去忙吧，在這裡我只想要套用古洛丘‧馬可士（Groucho Marx）的一句至理名言：光陰似箭，果蠅嗜蕉（Time flies like an arrow but fruit flies like a banana.）。[4]

　　《計時簡史》是在現代世界裡追蹤光陰之箭。我們追隨鐵路和工廠，亦步亦趨，然而我們這一趟主要是文化之旅，偶爾也會是哲學之旅。一路上有貝多芬交響樂的蓄勢待發，也有瑞士鐘錶業的狂熱傳統，時不時也會借重愛爾蘭與猶太喜劇演員們的真知灼見。因為時間總是習於自我折疊，我們的時間軸自然也是循環往復的，並非線性的直來直往（比如說，早期的電影會出現在早期的照相之前）。但是，不論是否以事件的先後順序編年呈現，有件事總是無可避免的：有一則廣告宣稱「沒有人真正擁有百達翡麗（Patek Philippe），你只是在為下一代守護。」我們遲早會追溯到這則廣告的主謀，而且忍不住想宰了他。本書在稍後也會評量時間節約大師們的智慧、檢視何以CD可以那麼長壽，並且說明想在6月30日旅行的話，為什麼你應該三思而後行。

　　可是我們要從足球賽開始，畢竟在這種場合時間就是王道。

註釋

1　李頓・史特拉屈的另一位叔叔巴透（Bartle）著有一本關於緬甸蘭花的權威之作，以任何標準而言這本書都堪稱權威。還有一位叔叔崔雷福（Trevor）娶了克萊門汀娜（Clementina）為妻，她每次拜訪李頓位於蘭卡斯特門（Lancaster Gate）的家，總會在客廳的地毯上製作印度薄餅。崔雷福和克萊門汀娜的其中一名小孩死於擁抱大熊。

2　譯註：這款軟體的名稱是由Task（任務）及Octopus（章魚）兩個字合成的，意思是讓使用者能像八爪章魚一樣多工。如果看過《神隱少女》，想想片中的鍋爐爺爺，應能秒懂它的微言大義。

3　譯註：1520年6月7日到24日，英國國王亨利八世（Henry VIII）和法國國王法蘭西一世（Francis I）舉行高峰會，地點大約是在現今法國北部的巴蘭蓋姆（Balinghem）。該次會面的目的是為了加強兩國之間的友好同盟關係，但雙方無不絞盡腦汁在各方面爭奇鬥豔，互不相讓。他們的排場包括輝煌耀眼的帷帳、華服、盛宴、管絃音樂、馬術比武及各種競技等。他們的帳蓬及服裝採用大量「黃金布」，是由蠶絲與金線編織而成的昂貴布料。該會面地點因此得到「金縷衣之地」的稱號。

4　這一則笑話歸功於古洛丘・馬可士，不過你儘可花上整個周末好整以暇地搜尋，也找不到半個例子證明他真的說過這句話。它大概是源自一篇有關電腦在科學界應用的論文，那是哈佛的教授安東尼・歐廷格（Anthony G. Oettinger）在1966年9月為《科學美國人》（*Scientific American*）撰寫的。

01

時間的意外

The Accident of Time

◎ 一、離開球場

你知不知道人們說喜劇就是悲劇加上時間？它的意思是這樣的：只要有一段恰當的時間可供復原和重新檢視前後狀況，再糟糕的不幸事件也會變得妙趣無窮。電影導演梅爾・布魯克斯（Mel Brooks）〔他發現時移事往這現象讓他可以在《金牌製作人》（*The Producers*）這部電影裡大開希特勒的玩笑〕有他自己的說法：「我割傷手指頭叫悲劇，你摔死在沒蓋子的下水道裡，那就叫作喜劇。」

●●●

我們去看一場足球賽事。在3分鐘加時賽後，兒子傑克和我解開鎖在車架的自行車，騎向海德公園（Hyde Park）。切爾西（Chelsea）足球俱樂部本季的開幕賽由哥斯答（Costa）和艾扎德（Hazard）兩記射門，以二比零輕取萊斯特（Leicester）足球俱樂部，贏得不費吹灰之力。[1]他們經過一個夏季的偃旗息鼓之後重返球場，讓我們樂在其中。我們踩著自行車回家，沿途看8月下旬的溫煦陽光照著公園裡絡繹不絕的遊客，也是一件賞心樂事。

這一日的行程完全遵照兩個月前就已備妥的固定行事曆安排，並且在一個月後由各電視台決定開賽時間。不過，真到了比賽日，一切就只不過是老生常談的行禮如儀：何時要會面、何時進用午餐、披薩要多久才會送到、帳單何時寄來、到球場步道、驗票口的排隊長度、賽前記者會場合播放的歌曲——最近總是布勒（Blur）樂團的《居無定所》（*Parklife*）專輯雀屏中選，還有大螢幕上配合播放歷年的輝煌

事蹟。然後是關於比賽本身：當你贏球時等候終場哨聲的時間是多麼漫長而難熬，當你落後時卻又顯得何其迅雷不及掩耳。

為了避開人潮，我們提前1分鐘離開。這同時也是一場時間的商榷：錯過最後1分鐘射門的機率，相較於在擁擠不堪的人潮裡節省10分鐘，這兩種價值該如何衡量？許多觀眾也選擇提前離席，以致幾乎毀了我們的如意算盤，我們的自行車得在富勒姆路（Fulham Road）的人群中迂迴穿梭地前進。傑克是我最小的兒子，今年24歲，渾身是勁，在展覽路（Exhibition Road）一路上以及經過皇家艾爾伯特音樂廳（Royal Albert Hall）時稍微領先。海德公園很棒的一點是現代化的人行道分隔，一半是自行車道、一半是行人專用，就這樣我一路順風地行過蛇形藝廊（Serpentine Gallery），某一位我從未聽過的藝術家正在那裡辦展覽。突然間我的臉血流如注，就在我眼睛上方的動脈有個傷口，我的眼鏡已粉身碎骨，自行車遺落在路邊，我的右肘痛到失去知覺。圍觀的群眾一大票，從他們愁眉深鎖的表情看來，可以想見我腦袋上的傷勢肯定慘不忍睹。有人打電話叫救護車、有人遞給我紙巾按住頭上的傷口，而紙巾一下子就染紅了。

就像傳說中那樣：時間真的慢下來了。我看見自己摔倒的樣子，不盡然是慢動作，但每一瞬間確實是延長了：這一次意外的每個微小細節都被拉長，而且彷彿是我這輩子的最後一幕。我從自行車上騰空躍起直到落地，是一次優雅俐落的俯衝，而非一場笨手笨腳、教人恐慌的混亂。我身邊的人們一直在喊著「救護車」。悠悠緩緩地經過差不多6分鐘，救護車來了，大概是很難通過這一群幫手吧。我記得我還在擔心我的自行車，還有誰去通知我內人。有一名救護人員剪開我夾克的袖子，看到我手肘的傷勢嚇了一跳，雖然沒有骨頭暴露在外，

但是腫得像晚餐的盤子。他說：「你要照X光，但是我現在就可以告訴你骨頭已經斷了！」接著我們在不到15分鐘前才走過的富勒姆路上狂飆，我問他是不是要開始鳴笛，而他問我剛剛發生了什麼事。

● ● ●

　　我被時間搞亂了。當時人行道很擁擠，所以我騎得並不快。傑克就在我前面，我們的左前方則有許多人。後來我才知道其中有一位葡萄牙來的女性遊客，她沒跟上她的朋友，直接走到我的車道上。我早就知道會撞上她，但我來不及煞車，甚至只是伸出手也為時已晚，我腳下的自行車似乎憑空消失，而我逕往前摔了出去。這位差不多20來歲的葡萄牙小姐嚇得不知所措，傑克有留下她的手機號碼，但不知被我們丟到哪裡去了。即使時至今日，坐在蛇形藝廊旁邊草地的我，也很清楚當時的情況說不定會更糟糕。我的眼鏡可能會碎在眼睛裡，造成失明。

　　神經科學家們也許聽膩了意外事件現場時間變慢的故事，他們會告訴你為何會這樣。意外事故令人膽顫心驚，從自行車或懸崖峭壁摔下的人，大腦會騰出大量空間，讓新記憶在大腦的皮質留下印象。我們記得這些重大事件以及許多生動的細節，並且在腦海裡重構敘事，或者轉述給別人聽，於是乎既然它發生了這麼多事，那麼它必然比實際上的時間更長。熟悉的活動早就深植於大腦皮質，已經達到讓我們毋庸多想的地步（例如開車去購物時心裡卻可想著別的事，或者我們自信在睡夢中也能得心應手的例行事務）。相較之下，突如其來的新事件卻需要大腦更多的注意力。像是闖入白線車道的陌生女性身影、

散落一地的碎屑、煞車和路人的尖叫聲——當我們試圖限縮脆弱的肉體受到的傷害，這些都是我們要處理的不尋常事物。

那麼，在這電光石火的一瞬間實際上發生了什麼事？明知不可能，但這短暫的一瞬間究竟是如何被延展拉長的？大腦有兩個小部分稱為杏仁體，它是在顳葉的多群高反應神經束，主要功能是關於記憶與決策，占據大腦反應危機時的其餘功能。似乎就是它將1秒鐘的摔跤擴展成5秒鐘或者更長的事件。它是被恐懼和猝不及防的驚嚇發動的，這些恐懼和驚嚇刺激我們的邊緣系統，力道之強大讓我們難以忘懷。可是，我們所感知到的時間長度扭曲事實上不過就是如此這般，時鐘時間並沒有為我們暫停或延長，而是杏仁體以更加歷歷在目的細節鋪陳記憶，以致我們在回想時發生了時間扭曲。神經學家大衛‧伊格曼（David Eagleman）還是小男孩時曾經從屋頂跌下，也有過類似時間延展的經歷。他已經做過多次有關時間感知的實驗，照他的解釋，這是「記憶刻劃現實故事的技倆」。我們的神經機制總是不斷嘗試在盡可能短暫的時間內，將周遭的世界調校成合情合理的敘事。敲打鍵盤的作者們也有相同的企圖心：以自己的時間重新評估事件時，想要弄清楚如果不是經過時間重置，那麼何者為虛構；如果不是回溯的時間，何者是歷史？

並不是說我在救護車送往醫院的途中就能了解這一切，救護車自有它按部就班的例行程序，到了急診部也一樣。我在那裡等候看診，像等了天長地久那麼久，讓我的杏仁體帶我返回那個寧靜平衡的狀態。如今它看起來是另一種不同的延展時間——那是拉長的枯燥乏味，在差不多兩個小時裡，我百無聊賴地看著其他病患，不知道該怎麼取消未來一個禮拜滿滿的行事曆中大部分的安排。傑克本來計劃搭

乘當天傍晚的最後一班火車返回聖依芙斯（St Ives），當然未能趕上。不久之後我的內人賈絲汀到了，我告訴她原委，沾滿血跡的紙巾還黏在我的額頭上。又過了不久，我躺在遮蔽隔間裡的擔架上，一名護士問我還能不能握拳。幾乎到了午夜時分他們才將我的手肘裹上石膏，在排到手術室之前防止它移動。1點鐘過後，有一名和藹可親、將結束值班的醫師說，他必須回到妻子還有3週大的小寶貝身邊。可是我的傷口如此深，與其讓資淺的醫師為我縫合，他寧可自己來。

那時候是凌晨3點鐘。我隻身待在切爾西與威斯敏斯特（Westminster）的深處，內人與兒子已經開車回家，自行車就掛在車子後面。我呢，還等不到病房的床位。我胸前的手臂裹著石膏，手肘剛剛縫了9針，還吞了幾顆止痛藥。我不知道必須在那裡待多久？還要多久他們才能動手術？我聽見某個地方有滴水聲、房間外面有人在喊叫，我開始覺得冷。

我想，我能覺察到時間的每一分毫。那時候是2014年8月，但是日期不僅無關緊要，也很主觀。摔這一跤讓我緊繃的心智因之散開而顛覆了一切。在醫院這個沉寂的空間裡，我覺得自己飄蕩到一種意識狀態，在那裡時間有了新的緊迫性，也有了新的從容。我回到了擔架上，在這裡時間不再屬於我，也讓我疑惑時間的限度究竟為何？一切都是因緣湊巧或者命中註定？對於自己所創造出來的事物，我們是否已失去控制能力？如果我們早半分鐘離開足球場，或者自行車騎得更起勁一點、車輪再多轉一圈，或者皇家艾爾伯特音樂廳旁邊的紅綠燈能讓我們慢下來，或者那位葡萄牙小姐在那個下午多品嘗片刻她的小蛋糕，或者更好的是，她根本就沒到倫敦，如此一來就不會發生這一切：傑克能趕上火車，而我可以觀賞《今日賽事》（*Match of the Day*）

的集錦報導，醫生也可以早點下班陪他的妻小。在這個時間背景下上演的一切，都是獨斷獨行以及自導自演的，是歷經世世代代的逐步調校而在今日形成的安排。我不禁好奇這些事件是如何兜在一起的？時間規範了交通運輸、休閒娛樂、運動賽事、醫療診斷，時間無所不包。本書的主題，正是讓這些連結得以運轉的人們以及各種過程。

◎ 二、人生短暫以及如何過此一生

此刻在醫院病房裡自怨自艾的人不妨想一想2千年前的辛尼加（Seneca），其大作《論人生短暫》（*On the Shortness of Life*）勸告世人應明智地過生活，也就是切勿虛度人生。他盯衡當世，不滿人們浪擲光陰，「或慾深溝壑難以饜足，或汲汲營營徒勞無功；或醉生夢死，或無所事事」。他指出，世間萬物大多只是苟且過活，「時間過客而已」，談不上生命。辛尼加在60幾歲時於浴缸中割腕，了結一生。

辛尼加的大作最知名的一句話來自其破題，教我們憶起希臘哲學家希波克拉提斯（Hippocrates）的名言：「人生短暫，藝術長久」（Life is short, art is long.）。這句話確切的意義恐怕仍有待闡明〔他大概不是在說火紅的德國畫家傑哈得·里希特（Gerhard Richter）新展覽所帶來的大排長龍，而是指變成某方面專家所必須付出的辛勤時間〕。辛尼加引用這句話，確認了時間的本質是古希臘羅馬的思想家們樂此不疲的主題。在西元前350年的亞里斯多德眼中，時間是一種秩序的形式而非用來衡量的尺度，它是一種安排，使事物之間形成關係。他認為「現在」並不是一成不變的，而是流動不居的實體，是構成恆久變化的一部分，永遠依賴於過去和未來（也以獨特

的方式依賴於靈魂）。大約是西元160年時的馬可斯・奧瑞里烏斯（Marcus Aurelius）則相信流動性：他覺得「時間是滔滔不絕的往事之河」，「一事方生，瞬息之間即為另一事取而代之，然彼亦轉眼成空。」生於西元354到430年間，得享高壽的聖奧古斯丁（Saint Augustine of Hippo）掌握了時間稍縱即逝的本質，此一本質至今仍困惑著量子物理學家：「何謂時間？若不要問我，我還知道。若要我解釋，那我就不懂了。」

　　我的手肘是1959年夏季的產品，在第55週年之際摔個粉碎。X光顯示它現在就像一盤拼圖，骨頭和關節零碎四散，有如逃亡奔命的囚犯。醫生向我保證接下來的手術很平常，他們會用金屬線將這些破碎的骨頭一片一片拼湊回去並且固定。

　　意外發生時我手上戴的錶也是1950年代出品的，由於我為它上發條的頻率以及其他因素，它每天會慢4到10分鐘。它是件老東西，我就喜歡它這一點（你可以相信一只舊錶，因為同一件事它已經做了那麼多年）。為了要準時赴約，我得精確計算它究竟慢了多少分。我曾想過送它去好好調校一番，卻從來抽不出時間。我最欣賞它的類比式元件，它的齒輪、彈簧及飛輪可完全不需要電池。然而，我真正喜歡的，是它能暗示我過日子的方式不應該受時間支配。時間可能成為最具破壞性的力量，能自免於受它蹂躪的人，才能多多少少保有控制意識，以及有掌握自己命運的感覺，至少能掌握每小時的命運。最美好的一件事，當然還是能擺脫我的手錶，或者是在奔馳的火車上將它扔出窗外，徹底獲得時間的自由。

　　時間快4分鐘或慢4分鐘──當你半醒半睡地仰躺在漆黑的房間裡、在小船裡沿著蘆葦叢漂泊，或者套用克萊夫・詹姆斯（Clive

James）的歌詞，當你尋覓著用貝殼交換羽毛之地時，這是件可供你思索的有益之事。我佩服英國詩人菲力普・詹姆士・貝里（Philip James Bailey）的樂觀，他說：「我們的生命存在於事蹟，不在於年歲；在於思想，不在於氣息；在於情感，不在於每日的光陰流逝。我們應該以內心的活力計時。」我曾想要有時間放個假，我同意J. B. 普利斯特萊（J.B. Priestley）的格言，他說美好的假期就是和一群時間觀念比自己更模糊的人共處。

●●●

　　他們在第二天上午為我動手術，才過了午餐時間我就感到口乾舌燥。一名外科醫師矗立在我身旁，一名護士在測量我的心跳。手術進行順利，如果我努力作物理治療，預期在8週內我的手臂就可以恢復9成的旋轉靈活程度。

　　在物理治療期間我比往常看了更多電視、也比往常更容易發脾氣。我用Kindle閱讀了很多書，因為看紙本書就像為手錶上發條一樣，無法只靠一隻完好的手進行。我讀到《禪與摩托車維修的藝術》（Zen and the Art of Motorcycle Maintenance），這本書大談公路上的心靈之旅，作者是羅勃・M・波西格（Robert M. Pirsig）。他深入掌握西方文化的某種時代精神，或者如瑞典人所說的kulturbärer（文化載體）。這本應運而生的書挑戰我們預設的文化價值，成為極其成功的暢銷書。我們總是想要得到更多、變得更快，也就是追求更加物質主義、更快速也更遍及一切的生活，極度仰賴超乎我們掌控及理解的事物。以這本書來說，「禪」正好駁斥了這些預設。

　　撥開表象，《禪與摩托車維修的藝術》其實是一本關於時間的書。它一開頭就這樣寫道：「我的手不必離開摩托車的左把手，光是看一眼手錶我就能得知現在是早上8點30分。」在接下來的400頁，他很少鬆開把手——這一趟路是在探索人一生中所珍視的事物為何、以及在旅程中親眼所見和切身感受到的核心本質是什麼。騎著摩托車橫越熾熱的大地，提供了最能活在當下的意識。在這一趟壯遊中，這位騎士兼作家跟他的兒子克里斯（Chris）穿越美國中部平原直奔蒙大拿州甚或更遠之處，一路上並非只是悠閒晃蕩。「我們想要有一段美好的時光，然而此刻我們用來衡量的標準是『美好』而非『時光』，只不過是強調的重點改變了，整個旅途即隨之大不相同。」

　　我想起引導我走向閱讀與寫作的人，那是我中學時代的英文老師約翰・考伯（John Couper）。考伯先生允許我將狄倫（Bob Dylan）的〈荒涼街道〉（Desolation Row）歌詞帶到高等專題討論會，像一首雪萊（Percy Bysshe Shelley）的詩作那樣加以分析；雖然我覺得狄倫的歌詞明顯好得太多了。

　　有一天，考伯先生在朝會時間站上大禮堂的講台，發表一篇關於時間的演說。我想，他一開始是引用了幾則關於時間的名言吧，像是「開懷大笑的時候就是與上帝同在」（無名氏）、「提防忙碌生活中的貧乏與空洞」（蘇格拉底）。接著他朗讀了一連串項目，我記得其中有一部分是這樣的：「時間，你可以花用它、利用它、失去它、節省它、浪費它、讓它變慢、使它加速、攻擊它、保留它、精通它、撥用它、殺了它。」其他精巧的用途還有不少，而他的重要結語是：「我們很榮幸能如此年輕，有的是時間，因為歲月不待男人啊（time waits for no man）」（當時我讀的是男校）。無論我們將如何利用

時間都好，就是不該浪費時間。這條規則我謹記在心，可是要奉行它卻是難上加難。

有時候我能夠以計算時間的意象衡量我的童年，說不定大家都辦得到。我3、4歲的時候，父親曾帶回來一具金色的馬車鐘，放在一個以豔紅色碎絲絨作內襯的盒子裡。當我用小指頭壓下時鐘頂端的按鈕，便會開始敲打報時。學校的大禮堂有校鐘、廚房有鐘，我的臥室也有一個叫作「大笨鐘」（Big Ben）的鬧鐘，它是威士克拉克斯（Westclox）鐘錶公司出品的。[2]

在我們家觀賞愛爾蘭喜劇演員大衛・艾倫（Dave Allen）的節目，可是要冒相當大的風險：艾倫是一名「危險」的喜劇演員，他經常惹毛宗教團體、在節目播出時喝酒抽煙、講一些超出床邊故事等級的東西。他看起來有點品性不端，左手食指的指尖已經不在，他聲稱那是在一次令人毛骨悚然又滑稽的意外中失去的。後來我們才知道那是他6歲的時候在一家工廠裡被齒輪夾斷的。

有一晚，他走下他的高腳椅、放下他的雕花玻璃杯，開始說起故事，那故事是關於我們安排生活的特殊方法。「我的意思是說」，他說道：「我們如何靠時間生活……如何靠手錶、時鐘生活。我們在長大的過程中被教會了依時鐘行事，我們被養成尊敬時鐘、讚賞時鐘。我們嚴守時間！我們的一生是為了時鐘而活著。」艾倫邊說邊揮舞著右手，表現出對這種瘋狂行徑的驚愕不已。「你進入了時鐘、你從時鐘出來，你回家是時鐘、吃飯是時鐘、喝水是時鐘、上床睡覺是時鐘……你這樣過了40年，然後你退休了，他們呢，他媽的給了你什麼？不過就一個時鐘！」

他的粗口招來大批觀眾的電話（艾倫上節目時，有一群人已在電

話旁邊各就各位，就像播猜謎節目時電視機前的參賽者一樣）。可是沒有人會忘記這一則笑話，也忘不了那掌握得恰到好處的笑點，他每一次停頓的效果都如同鼓手獨奏時的靜音。

在復原期間我浪費了不少時間在我的iPhone上。有一晚我躺在床上，突然迫不及待想看比爾‧奈伊（Bill Nighy）主演的電影。我調暗手機的螢幕，開始目不轉睛地盯著YouTube看，再來是上癮似地看了一系列理察‧寇蒂斯（Richard Curtis）的電影和大衛‧海爾（David Hare）的戲劇《天窗》（Skylight）。然後我幹了一件不可原諒的事：我竟然付費下載電影《真愛每一天》（About Time），這部荒謬的電影是關於虛構的奈伊家族男人們。他們能回到過去，改正過去所犯的錯誤，例如在這裡說錯的一句話、在那裡搞砸的一次約會，最後在真愛中永遠過著幸福快樂的日子。正如影評家安東尼‧連恩（Anthony Lane）所說的，真正該做的聰明事，是翻開今天的報紙，然後回到過去，下注買跑贏的那匹馬，多麼《回到未來》（Back to the Future）的風格！不過，超過一個世紀以來一切都已經很清楚了，這類虛構的流浪、時間旅行，就算最精明的腦袋也很少能實現的。我當然希望可以回到過去而不要按下「購買」鍵。

但是，比爾‧奈伊之所以吸引我，並非因為他的作品。我和他吃過一次晚餐，同桌還有他當時的妻子黛安娜‧庫伊克（Diana Quick）。我發現他簡直就像他大部分的電影和戲劇那樣：完美無瑕的西裝配上沉重的眼鏡，還有英式無可挑剔的溫文爾雅風度與騎士氣概，讓你相信他所說的每一句話，若不是出於博學多聞，便是幽默風趣之極。我真正喜歡他的一點，是他似乎分毫不差地規劃好了自己的人生。被問到閒暇時做何消遣，他說會看很多足球賽事的電視轉播，

尤其是冠軍聯賽。他可是迷上了冠軍聯賽。事實上,他是用可以觀賞多少季冠軍聯賽,計算這一輩子還剩下多少日子。如果在未來的25年,巴塞隆納足球俱樂部能夠以他們的快速傳球風格,以及在更衣室的告示上不可持球超過七秒鐘的嚴正訓令,討好一個優雅而風燭殘年的靈魂,那他就不枉今生了。

　　隨著我從意外事故復原、手肘痊癒到又可以重拾書本,我覺察到周遭的每一件事物之中都帶有對時間的探索,每一個故事、每一本書都是,每一部電影也不例外:每一幕景都具有時間敏感性或者取決於時間,而且每一件不是設定在想像時間中的事物都是歷史。在報紙或電視上,除非是與週年有關的,很少值得報導。

　　其中最首要的是文字。牛津英語詞典（Oxford English Dictionary, OED）每3個月就會在第3版的線上版添加大約2,500個新造或修訂過的字詞和片語（紙本的第2版共計20大冊,收入615,000個詞條）。這些新字有很多是俚語,其他則有很多是從流行文化或數位科技衍生而來的。相對於新字,OED也維持一份常用舊字清單,我們大可以猜到有哪些字:the（此）、be（是）、to（及）、of（之）,當然還有and（與）。那麼,最常用的名詞有哪些?Month（月）排名第40、Life（生活）第9、Day（日）第5、Year（年）第3、Person（人）排名第2,而最常用的名詞榜首是Time（時間）。[3]

　　牛津英語詞典注意到我們在詞彙上依賴使用時間,不僅是將它視為字詞,同時也是當成哲學:依賴時間的行動及片語多於依賴其他字詞的,像是on time（準時）、last time（上次）、fine time（愉快的時光）、fast time（夏令時間）、recovery time（復原時間）、reading time（閱讀時間）、all-time（空前未有）……各種實例可以

繼續說到海枯石爛也不勝枚舉。時間在我們生活中的地位牢不可破，這一點是無庸置疑的。光是檢視這份清單的開頭，就可能會讓人不禁聯想到我們已經走得太遠也走得太快，以至於無法重塑時間或讓它完全停止。然而，我們在下一章將會看到，曾經有一段時期，在我們的觀念裡這些事是既可遇又可求的。

註釋

1　譯註：Diego Costa為西班牙籍職業足球選手，Eden Hazard為比利時籍職業足球選手，均投效切爾西俱樂部。

2　這讓我想起一個笑話：大笨鐘和比薩斜塔在聊天，大笨鐘說：「如果你有斜角，我就有時間。」（I've got the time if you've got the inclination.）（譯註：這是英美流行的一則性暗示笑話，意指你能勃起我就跟你上床。）

3　牛津大學出版社是在線上進行研究，參考的資料包括書籍、報紙、雜誌、部落格和議會議事錄。

反革命：看來這一具 10 小時制
的時鐘有了新的仰慕者。

法國人如何搞砸曆法

How the French
Messed Up the Calendar

　　露絲・伊萬（Ruth Ewan）有個既寬敞又明亮的房間俯臨倫敦的芬奇里路（Finchley Road）。馬勃蕈、核桃、鱒魚、螯蝦、紅花、水獺、金籃花、松露、糖槭、酒榨機、犁、橙、起絨草、矢車菊、鮟魚。2015年1月底，她在這個大房間擺放了她360個物件的最後一件，試圖倒轉時間。伊萬於1980年出生於亞伯丁（Aberdeen），是名藝術家，對於時間以及時間的極端野心無比熱衷。這項新計畫稱為「回歸田野」（Back to the Fields），它是種逆轉歷史的行為，充滿勇往直前和令人惴惴不安的氣氛。看在旁人眼裡，難免會懷疑是祭天作法的瘋癲行徑。

　　它確實很像巫術。這些物品主要是放在鑲嵌地板上，包括印度南瓜、歐亞澤芹、棉花糖、黑皮波羅門參、麵包籃和灑水壺，其中有些生鮮物品在室內條件下很容易腐壞，所以她的陳列偶爾會有不連續的地方。例如葡萄很快就會腐爛，因此她自己或是卡姆登藝術中心（Camden Arts Centre）的助理得到附近的超市買來替換。這些物品很像是大型的教堂豐年祭，但是最大的不同在於沒有任何宗教目的。這些物品可不是順手拈來而且隨意擺放的，以冬大麥來說，它刻意用鮭魚及夜來香與六稜麥隔開，洋菇和青蔥之間則是隔了60項物品。

　　這些物品被分為30組，代表1個月的天數；每個月再分為3週，每周10天。然而，1年的天數仍維持365或366天。這種新算法造成的5到6天的缺口，是以節慶日補足，包括美德、天賦、勞動、定罪、幽默，在閏年則還有革命。這一整個概念本身就是一大革命，想當然耳它不僅是別出心裁和發人深省的藝術而已。它以鮮明的方式呈現了一個觀念：當現代性在大自然的領域裡自由奔放地發展，時間可以重新開始。

露絲‧伊萬正在重建法國共和曆（French Republican calendar），這是在政治上以及學術上拒絕舊制度，認為傳統的基督教公曆（Christian Gregorian calendar）應該和法國的巴士底（Bastille）監獄及杜樂麗（Tuileries）王宮一樣，被徹底攻破。露絲‧伊萬的行動就是這個邏輯理論的實際結論。

令人驚訝的是，這款新曆法風行過一段期間（連斷頭台都依然能在秋陽之下閃閃發光，這款曆法的流行或許也不算是太令人驚訝吧）。雖然新曆法問世可以追溯到1792年的9月22日（霞月葡萄日），也就是共和元年的起點，它正式啟用則是在1793年的10月24日（霧月梨日）。這個激烈的作法持續了超過12年，直到1806年1月1日為止，那時候拿破崙‧波拿巴（Napoleon Bonaparte）想必是認為它已經可以功成身退了。[1]

● ● ●

這間房舍位於倫敦西北部，僅供農用及季節性用途。房舍外頭有露絲‧伊萬的第二項重建傑作：一具高掛在牆面上的鐘，它只有10個小時。其依據是法國大革命時想要重新規劃時間的另一項實驗，當時曾以10進位的鐘面徹底重新配置一天的時間，但是終告失敗。

4年前，伊萬曾嘗試以她不正確的時鐘混淆整個城鎮。2011年的「福克斯通三年展」（Folkestone Triennial）是完全仰賴時間能規律進行而且能被掌握的展覽，那一屆特別展10具她的10小時鐘，並且很有心機地分散在整座城鎮，包括一具放在奢華百貨公司德本罕斯（Debenhams）、一具在市政廳、一具在古書店裡，還有一具是裝在

當地的計程車。

　　這具10小時鐘有幾分鐘看起來是正常的，或者至少可以說跟12小時鐘一樣正常。它將1天的時間縮減為10小時、每一小時劃分為100分鐘、每分鐘再細分為100秒。（因此每1革命小時就是一般時間的兩小時又24標準分，1革命分是1標準分又26.4標準秒。）它的午夜10點是在正上方，正午的5點是在底部。習慣於一般12小時鐘面的人，看到革命鐘的時候，通常會需要4到8分鐘來推測時間。法國人（至少是1790年代那些認為精確的時間非常重要，而且負擔得起新計時工具的法國公民）吃力地配合這套由國家頒佈的新時鐘，持續過了17個月才終於可擺脫它，就像擺脫一場噩夢。它在歷史上依然被當作不合時宜的事，雖然偶爾會有死心眼的人再次採用它，如同也有些人想要把澳洲放在地球儀的北半球。[2]

　　伊萬告訴我，她製造這些時鐘的用意，是想知道它們會是什麼樣子；她只有在瑞士的博物館見過一具還能運轉的實例，在法國也見過一些。不過，她去接洽鐘錶公司談她的構想時，「只是引來一陣訕笑」。打電話找過6、7家鐘錶公司後，才找到一家名為坎布里亞（Cumbria Clock Company）的熱心鐘錶公司〔該公司的網站宣稱他們具有「公共時鐘製造術」的專長，就算是到最迷你的教堂為齒輪上油，他們的員工也會興致盎然，把它當成是在解決大問題，包括像是最近在薩里士大教堂（Salisbury Cathedral）和大笨鐘的任務〕。該公司也提供「夜間靜音」的服務。他們不曾製作過10小時鐘的機械裝置，更別說一次做10個。

　　伊萬在福克斯通的干擾性展覽有一個耀眼的標題：「我們隨心所欲，而且心想事成」。這個標題來自電影《龍蛇小霸王》（*Bugsy*

Malone）的配樂歌曲。伊萬特別喜愛歌詞的第二行：「改變永不嫌晚。」時鐘是「古老的玩意兒，卻也談論著未來，」伊萬說著，並且確切指出時間的本質：「我在影射一個事實：我們拒絕過這個時鐘一次，但是它還會捲土重來。」

這些時鐘安裝在公共場合之後，讓人們感到難懂到極點。「許多人看它一眼，說道：『好吧，我知道了』，實際上他們也知道根本沒有完全看懂：他們把它看成20小時鐘，而非真的當作10小時鐘。在一天之中，時針僅轉了一圈，並不是兩圈。」

我們交談時，露絲·伊萬對於時間的執迷，完全沒有露出一丁點熱情消減的跡象。她剛開始擔任劍橋大學的駐校藝術家，在那裡跟植物科學家一起工作，分析卡爾·林奈（Carl Linnaeus）在1751年創造出來的偉大的花卉時鐘。林奈是瑞典的植物學家，曾經提出一種錯綜複雜的植物陳列方式。它設計成圓形的刻度盤，植物每天會在大自然所安排的時間開放，供人精確（至少約略）計時。植物會受到日照、溫度、降雨和濕度影響，林奈在瑞典的烏普薩拉市（北緯60度）所列出來的對應植物清單，並不屬於同一季節的花卉。19世紀時曾有過多次嘗試想要實際展示這樣的時鐘，卻證明了它終歸只是理論一場。然而，時間被重新想像及再次創造了，它的細膩命名方式呈現出一種優雅流暢的氛圍，類似40年後在法國所見到的：像是草地婆羅門參（上午3點開放）、蒲公英（上午4點前開放）、野生菊苣（上午4至5點）、貓耳菊（上午6點）、苦苣（上午7點前），以及金盞菊（下午3點）。

身為藝術家卻從事重新發明時間，會面臨現代版畫家或陶藝家不會遭遇到的兩難困境。伊萬的「回歸田野」曆法展最古怪之處在於取

得沒沒無聞的植物和實物，這些物品在過去200年來早已過氣。「我一開始是想，什麼東西你都可以在網路上找到，」伊萬承認：「但現在我知道並不是這樣。」加入這次展覽的最後一件物品是畚箕，那是一種籃子。「不久以前你還到處都看得到它，如今卻只能在一位牛津的教授那裡找到，它是私人收藏。你在米勒的畫作中就可以看到畚箕，它的功用是名符其實的去蕪存菁，也就是分離麥子與麥糠。」

有一名前來卡姆登藝術中心參觀伊萬展覽的訪客，比大多數人更了解時間的紊亂。他是馬修・蕭（Matthew Shaw），是大英圖書館的研究員。他的博士論文是關於大革命之後的法國，後來出版成書，也成為一場45分鐘的演講。該場演講以華滋華斯（Wordsworth）著名的樂觀詩句開場：「在那個黎明之際活著是幸福／而青春紅顏則宛如天堂！」蕭解釋說，那一款曆法企圖將整個國家拉出世上現有的時間表，重新開創歷史，並且讓全體國民擁有共同而明確的集體記憶。為失序的國家賦予秩序，這是個很好的作法。

蕭檢視此曆法中的俗世元素（它革除了宗教節慶與聖人紀念日），強調它本身所內含的工作倫理：時間經過重新安排，使工業革命前的法國在農場和戰場都能更加有效率。1個月被分為3個10天的一旬，每10天休息1天，而非7天。沒有了安息日[3]，人們發現新的休息日帶有許多積極的義務。「各位如果觀察就會注意到這裡有個模式，」蕭為參觀者導覽時說：「每一個第5及第10日就會有某個項目脫離順序，無論那個項目是動物或器物。在第10天你們都應該聚集在村莊裡，一起唱愛國歌曲、研讀法律和享用大餐，還有學習使用十字鍬。」

這款曆法之所以會失敗，或許這是其中一個原因。然而，還有天

文方面其他更重大的理由，例如春分的偏差。這一款曆法不僅是個曆法，它充滿了政治意味，也是極端的農業作風，並且強加了自己的強烈歷史感。除此之外，蕭指出：「想要以它統治整個帝國，是相當困難的。」這款日曆把事態弄得更複雜，連12個月份也有了新名稱，這些名稱都是由法布爾・代格朗汀（Fabre d'Églantine）這位華麗的詩人兼劇作家所選用的〔不久之後，他因為金融犯罪以及和羅布斯皮耶（Robespierre）的關係，被送上斷頭台，死於萬苣日〕。霧月（Brumaire）從10月22日（蘋果日）持續到11月20日（滾輪日）；雪月（Nivôse）則是從12月21日（泥炭日）到1月19日（篩子日）。只要學會用了，一切就會變得很單純，但很少法國人學會或者想要學會用它。

蕭的導覽將近尾聲，參觀群眾開始離去，紛紛向他頷首致意。他在榛子所代表的2月15日停頓下來：「有一件非常貼切的事：今天我們得到消息說米歇爾・費雷羅（Michele Ferrero）已經過世，享年89歲。他是靠能多益（Nutella）榛果可可醬致富的。」蕭在房間內的倒數第二站，是熱月（Thermidor）10日。這是共和國的盛暑，那一天（1794年7月28日）羅布斯皮耶遭到處決，恐怖反噬了自己[4]，這一天的代表物是灑水壺。[5]

● ● ●

法國共和曆既瘋狂又精彩，它的存在彷彿不食人間煙火。以現今的觀點來看，它就跟全球公社（global commune）及免費錢（free money）的前景一樣荒唐可笑。然而，我們的判斷只不過是來自習以

為常的生活以及時間本身。世上有許多種曆法，每種曆法之中自有其框架，並且融合了各種邏輯、自然科學和武斷與之聯手。時間的曆法系統分配我們的生活，使它有了貌似進步的外表，或許我們也希望生活能因此具備一致性的意義。這樣的系統未必可以就此一勞永逸地證明無誤，或者甚至成為我們可以仰賴的對象。有一天或許我們會大夢初醒，就像法國奧弗涅（Auvergne）與阿基坦（Aquitaine）兩地的公民一樣覺醒，發現星期二並不是在它平常那個位置，而且10月已經徹底消失不見了。

共和曆還有它非比尋常的一面：它是一夜之間形成的歷史，而且橫空出世，前所未聞。曆法歷史學家對於已往的所有曆法觀念，喜歡標榜其「深刻穩定性」（deep fixity），至此被破壞殆盡。[6] 已往在歐洲和古代文明世界的曆法（或者我們樂於如此假設），是隨著人們在天文方面的新認知，再加上數學計算，才逐漸進展而成的。即使是宗教曆法也是彼此借鑑，以冬至、春分和日月蝕的共同基準為依據。

但是，如果我們相信法國的革命曆法是人類史上第一次在所有日子中強加政治觀點的，那可是大錯特錯。所有曆法或多或少都在施加某種秩序及控制，而且本身都是政治性的（宗教曆法更是如此）。以古代馬雅曆法來說，它是巧妙的曆法，但也確實令人困惑。它錯綜複雜地讓兩種年份並行不悖，一個是365天，一個是260天。其中260天的系統亦稱為聖圓（Sacred Round），包含20個不同的日期名稱，如曼尼克（Manik）、伊克斯（Ix）、賓（Ben）和伊茲那（Eiznab），它們分佈於一個內圓的圓周上，該圓由13個數字構成，因此一年結束於第13，也就是奧（Ahau）。365天曆法包含18個月，每個月為20天。由於它總計360天，與日月的循環節奏不合，剩下的5

天被視為影響重大，馬雅人通常會留在屋內向眾神祈禱，乞求不會有惡運降臨。這些是可怕的宗教預言，也顯現了祭司的力量。15世紀與16世紀早期的阿茲提克（Aztec）曆法，也是依類似的循環運作，加上制度化的控制：亦即刻意利用各種宗教節慶和其他日子，將龐大帝國的不同省份統一起來。〔阿茲提克曆法的高潮是新火（New Fire）儀式，是在每52週年的循環結束時舉行。〕

對於儒略（Julian）曆法，我們比較熟悉（從西元前45年開始生效，含有12個月份及365.25日，以太陽年為準）。1582年格里（Gregorian）改革保留儒略曆的月份和天數，但是稍微縮短了1年持續的長度（0.002%），以便包含更精確的天體運轉，並且重新安排復活節的日期，這是第一次慶祝復活節。[7]格里曆法經過了一段期間才為人接受，其中天主教國家接受得心不甘情不願，在整個歐洲造成了異常反應。當英國天文學家艾德蒙・哈利（Edmond Halley）於1715年4月22日在倫敦觀察了完整的日蝕，歐洲其他地區則是在5月3日看見。大不列顛與她的美國殖民地，在1752年終於轉入新曆法，但是有一群人三心二意地騷動著，高喊「把我們的11天還回來！」日本是在1872年改變成新曆法，布爾什維克蘇維埃政府是在一次世界大戰結束時加入，希臘是1923年；土耳其則是堅守伊斯蘭曆法，直到1926年。

對於管理生活的方式，我們的選擇充滿了任意性。在2013年11月的《紐約客》（New Yorker）雜誌，諾瓦克（B.J. Novak）用〈發明曆法的人〉（The Man Who Invented the Calendar）這篇文章很高明地惡搞了這種現象。這篇文章以平鋪直敘的方式描寫他的發明之偉大邏輯：「1年有1千天，分為25個月，每個月有40天。以前怎麼都沒有人這麼想過？」這個曆法一開始進行順利，但是到第4週的時候發生

了危機。「人們恨透了1月，想要它結束，」發明者如此記錄：「我
試著說明那只不過是個標籤，就算結束它也不會有任何差別，但是沒
有人聽得懂。」在10月9日，發明者寫道：「這麼久沒寫了，真不敢
置信！今年夏天真是太棒了，收成也很豐盛。……這一年過得真好，
然而現在還只是10月。後面還有11月、12月、13月（Latrember）、
14月（Faunus）、15月（Rogibus）、16月（Neptember）、17月
（Stonk）……」很快地，他決定比計畫提前結束這一年，他的朋友
們都給他按讚。但是在耶誕節附近他有些心神不寧：如「12月25
日——為什麼今天我感到這麼孤單寂寞？」以及「12月26日——我為
什麼這麼肥？」

●●●

　　到了1830年的第二次法國大革命時，沒有人敢提出新的曆法或是
時鐘的鐘面。[8]倒是有另一項執著似乎淹沒了19世紀早期的法國，或
者說至少淹沒了它的心理分析個案紀錄簿：那就是回顧的行為變成了
認證過的疾病。看似大爆發的懷舊現象（nostalgia），讓1820和1830
年代的醫學研究大為著迷。

　　最早的個案之一，是關於一位年老的房客，他住在巴黎拉丁廣場
（Latin Quarter）的豎琴街（rue de la Harpe）一處出租房子。他所
住宿的公寓讓他非常引以為傲，因此在得知為了街道擴建，房子將要
被拆除時，他崩潰了。他崩潰得很徹底，整天躺在床上不肯離開。房
東向他再三保證，新住處的條件更好，而且採光明亮，他仍毫不動
搖。「這裡不再是我租的房子，」他訴苦說：「我深愛這間房子，我

親手佈置的。」[9]就在拆房子之前,他被人發現已氣絕身亡,很顯然是「絕望令人窒息」。

　　另一個例子也是發生在巴黎,主角是一名兩歲的小男孩,名叫尤金(Eugéne)。他離不開他的保母,只要一回到父母身邊,他就會全身癱軟無力、臉色蒼白,雙眼緊盯著保母離開的那一道門不放。直到與保母團聚時,才又會歡天喜地。這一類個案讓法國人束手無策。文化歷史學家麥克‧魯斯(Michael Roth)將懷舊歸類為:「一種痛苦,在醫生眼中它有可能致命、會傳染,而且和19世紀中葉的法國人生活有某種深刻的關係。」其中共同的原因在於過度喜愛早期的記憶,而且當整個世紀以來人們都在用心追求現代性,懷舊會讓病患被社會拋棄,註定要進瘋人院或是監獄。這種痛苦第一次被歸類為疾病是在1688年,出自瑞士醫生約翰尼斯‧霍佛(Johannes Hofer)之手,他結合了nostos(或歸鄉)與algos(痛苦)這兩個希臘字。在17世紀早期,心痛(mal de corazón)這種痛苦出現於「三十年戰爭」(Thirty Years War)中被送回家鄉的一群軍人之中,而且它確實看起來像是特別會折磨軍人。很顯然地,瑞士軍人一聽見牛鈴就會想起他們家鄉的草原,因而潸然淚下,更別說聽見擠乳歌《庫威－瑞恩》(*Khue-Reyen*)了。這首歌能如此弱化軍心,若是有人膽敢演奏它或者蓄意吟唱,已經足夠行刑槍隊侍候了。時至今日,我們可能不過是懷鄉或是不愉快,而懷舊卻是第一種和時間有關的疾病,它的受害者是渴望往日時光的人。[10]

　　但是,懷舊並非與往日有關的疾病。如今我們對所有事物都會懷舊,即使心理分析師的沙發也要為其他更重要的問題而騰出來,輪不到懷舊。我們喜愛復古、喜愛老式、仿古和祖先遺產,我們喜愛歷史

（在法國大革命之前，歷史幾乎無法作為學術和文學的主題）。網際網路是因為中年人（必須說的是，差不多全是男性）渴望買回逝去的青春，才蓬勃發展起來的，不論他們想要買的是可標售的玩具或者還能搶救的汽車（時間並沒有讓這些物品凋零，反倒增加了它們轉售的價值）。越來越多人不再把懷舊當成是懲罰的疾病，而是消費主義的毛病，而且它也越來越不完全是負面的意義。在本書隨後將會看到，逆轉時間已經是一種日益受到歡迎的生活方式：像慢活〔融入了慢食、內觀（mindfulness），一種返本歸源的「製作者」心態）本身早就從業餘人士的消遣，變成可以大賺其錢的運動。

　　法國人愛轉變時間固有的流動方向，這個習性持續到今日，其結果也是同樣徒勞無功。不過，現在的反彈更為極端，也更加自我嘲諷，它們的依據不僅僅是重新規劃曆法，而是完全廢除。2005年的除夕夜，有自稱方拿肯（Fonacon）的一群抗議團體聚集在靠近法國南特（Nantes）的岸邊小鎮，企圖使2006年暫停。他們總數大約有數百人，理由很簡單：2005年不是太平年，2006年還有可能更糟糕，因此他們用唱歌以及砸爛幾具老爺鐘的方式，象徵性地試圖使時間停止。令人驚訝的是，這種作法完全失效。他們在一年後又試了一回，又有幾具無辜的時鐘壯烈捐軀，然而全世界依舊保持運轉。

　　隔年他們再度嘗試，卻仍舊令人失望。這件事是有趣的無政府狀態，如果有需要的話，也能用來證明法國人可以為任何事示威抗議。但是，它讓人想起超過一個世紀以前，另一次比較嚴肅的事件。在1894年2月15日，有一位名叫馬修爾·布爾丹（Martial Bourdin）的法國無政府主義者，他在計時實務的傳統之家英國格林威治皇家天文台的庭院內，遭遇到不幸。布爾丹身懷炸彈，炸彈意外引爆而炸斷了

他的一隻手，並在肚子上開了一個大洞。

　　兩名天文台的員工一聽見爆炸聲就從辦公室衝出來，到達時發現布爾丹還活著。不過，他只撐了1個半小時。警察檢查他的屍體時發現他身上帶著大把現金，他們暗示這是跑路費，讓他在完成任務之後，能夠迅速逃回法國。那麼他的任務究竟是什麼？有好幾個星期整個倫敦陷入猜測之中，10年之後更是啟發了約瑟夫‧康拉德（Joseph Conrad）的小說《間諜》（*The Secret Agent*）。布爾丹的動機依舊不明：他可能是為共犯攜帶炸彈、也可能只是為了引起恐慌和混亂，就像現在的恐怖分子一樣。但是，其中最為離奇、也是最有法國風格的看法，是他想要讓時間停止。

　　在這艱巨的時刻，方拿肯的群眾並沒有奉布爾丹為英雄，但是他們確實有可能懷有共同的野心。2008年的除夕夜，方拿肯再次嘗試要停止時間，而且創作了新口號：「現在是過去比較好！」（It was better right now!）一位名叫馬利－蓋伯瑞爾（Marie-Gabriel）的男子解釋說：「我們反對時間的專橫、反對日曆的無情衝擊，我們願意在2008年原地踏步！」他們在巴黎的抗議行動參加人數最多，共有1千人聚集在香樹麗舍大道（Champs-Élyseés）狂噓新年的到來：所有時鐘走到了午夜時分，抗議群眾攻擊時鐘。然後，哇哩咧，2009年到了。

　　我們樂於將可以停止時間的步伐這樣的想法看成異想天開，或者是電影裡才有的玩意兒。如果說大革命時期的法國人認為這種事情可信，我們該將這種慾望歸功於樂觀和熱情，以及另外一項革命：一項尚未發生的關於旅行的革命。火車正在軌道上奔馳而來，這可是一件實實在在而且嚴肅的事：以時間的角度來說，火車將改變一切。

註釋

1　譯註：共和曆的月份及每日均重新命名，月份之名如霞月、霧月；每日則各以一種植物或礦物為名，如葡萄日、梨日等。

2　1897年法國人還發出另一次時間改革之舉，儘管那只是想修訂刻度。當時由十進制時間委員會（Commission de décimalisation du temps）提議，在維持一日24小時的前提下，每小時變更為100分鐘、每分鐘為100秒。這項提案在桌上躺了3年，連1分鐘也沒實現過。

3　譯註：星期日為基督教的安息日。

4　譯註：羅布斯皮耶曾主導恐怖統治。

5　共和曆的主要建構者吉爾伯特・羅默（Gilbert Romme）並沒有被推上斷頭台，而是跌倒在自己的劍刃上，那時差不多是1795年6月17日（或者用他偏好的方式來說，是牧月29日）之後一年。

6　參見山加・波洛維克（Sanja Perovic）著，〈法國共和曆〉（The French Republican Calendar），《18世紀研究期刊》（*Journal for Eighteenth-Century Studies*），35卷第1期。

7　對於儒略曆法的月份，我們也算熟悉，它們是：Januarius（1月）、Februarius（2月）、Martius（3月）、Aprilis（4月）、Maius（5月）、Iunius（6月）、Julius（7月）、Augustus（8月）、September（9月）、October（10月）、November（11月）、December（12月）。在現代世界，前幾個世紀期間新任命的羅馬皇帝會對曆法進行自我本位的修改，其中最為極端的是寇莫得斯（Commodus），他將所有月份的名稱全部改為他自己名字的各種變體，改得不亦樂乎，這些名字有：亞馬戎尼厄斯（Amazonius）、英維克特斯（Invictus）、菲力克斯（Felix）、皮厄斯（Pius）、路西厄斯（Lucius）、艾立厄斯（Aelius）、奧瑞立厄斯（Aurelius）、寇莫得斯（Commodus）、奧古斯特斯（Augustus）、赫克力厄斯（Herculeus）、羅曼努斯（Romanus）和伊克薩波瑞妥里厄斯（Exsuperatorius）。其後他遇刺身亡，繼位的皇帝再次改回原名。

8　雖然如同1789年的大革命，時間暫時地（或許也是神祕地）靜止不動。德國哲學家瓦爾特・班雅明（Walter Benjamin）宣稱〔在他1940年出版的《論歷史之觀念》（*On the Concept of History*）一書中〕：「在第一波小規模戰鬥的那個傍晚……結果是巴黎有好幾個地方的鐘塔個別而且同時被擊中。」有兩個貌似可信的原因：為了向舊有的違憲當權派展現不以為然的立場，以及為了記錄準確的推翻時刻。接下來，再一次可能烽火連天。

9　引自〈因往日而死〉（Dying of the Past）一文，作者為麥克・S・魯斯，收錄於《歷史和記憶》（*History and Memory*），第三卷第一期，印地安那大學出版社（Indiana University Press）出版。

10　現在還有沒有和時間有關的疾病？多得很，像ADHD（注意力不足過動症）、癌症、智慧手機上癮症都是。

CHAPTER

03

綠頭鴨號火車：那名小鬼不算在內。

時刻表的發明

The Invention of the Timetable

◎ 一、你見過跑得最快的交通工具

　　你想過未來兩年半還會活得好好的嗎？是的話，你也許可以開始建造「綠頭鴨號」（Mallard）火車。這一款雄壯宏偉的英國蒸汽火車是粉藍色的，具有線條流暢的外型，現在可供應你自行建造。每一星期你都可以在書報攤買到材料，只要你的意志能持續130週，並且購買一切所需零件回來組裝，最後就能擁有一部長500公厘的火車頭和補給車（幾乎有20英吋長），重約兩公斤。

　　綠頭鴨號本來是1938年在當卡斯特（Doncaster）建造的，不過，在2013年出版商哈協特（Hachette）讓業餘的模型玩家也有機會建造高度細緻的複製品。它以分冊形式出版，是經過精密加工的O gauge級微型產品，設計成可以在32公厘的軌道上運行（「不含軌道」）。[1]這款火車模型是以黃銅、白合金、蝕刻金屬為材料，經過一個稱為「脫蠟」的金屬鑄造過程，複雜地製造而成。組裝時不僅需要大量的耐心和技術，還需要圓鼻鉗及剪平鉗等工具；此外，還建議你應穿戴防護手套和面罩。模型完成組裝之後，即可上漆（未附贈油漆）。

　　它的第1期要價只有50分，裡面含有第1組金屬零件和一本雜誌，告訴你關於綠頭鴨號的歷史以及偉大的鐵路事業，如西伯利亞鐵路（Trans-Siberian Railway）。這本雜誌已打孔，方便收藏，幾個星期之後這些雜誌就該放進資料夾（第2期雜誌免費附送第一件資料夾和分隔紙，其後則不再附送資料夾）。

　　組裝時你必須作的第一個抉擇是應該要使用強力膠或焊料（不附焊料亦不建議使用）。第1週的零件是製作駕駛室，它的說明書含有

12個單元，包括使用剪平鉗將所有零件從固定架取下、以濕式及乾式砂紙將邊緣打磨平順、於每一件耳片打3個點，形成凸起的鉚釘，再用鉗子將駕駛室左前方的窗戶捲邊置於定位。如果這些步驟真的能讓你樂在其中，那麼利用10天內回函即可免費獲得的模型玩家放大鏡檢查細小零件，以及那張A3黑白印刷的正版綠頭鴨號以雷霆萬鈞之勢衝下山坡，這兩件事也會帶給你樂趣。

第2期的定價只有3.99英鎊，包含模型的下一部分零件（機頭和鍋爐氣裙）以及西高地鐵道（West Highland Line）特寫。如果你訂閱全套，還能收到一套裝在錫盒裡的精美綠頭鴨號杯墊。除了讓你收到鍋爐的主體以及將定價提高到7.99英鎊（從此以後這就是每一期的標準售價），第3期沒有特別之處。不過，在第4期你會得到一套免費的模型玩家工具組，內容包括一支不鏽鋼尺和兩支迷你夾鉗。第5期詳細說明如何為你完工後的綠頭鴨號安裝馬達（不附馬達）。[2]

這種零件組合式的綠頭鴨號是一項昂貴的計畫，你要是想組成整輛火車，那麼在第10期、50期或80期中斷是毫無意義的，你必須將130期全部買齊，而這一整套總共要價1027.21英鎊。這輛出身當卡斯特的火車，原版長70英呎、重165公噸。它往返於倫敦和蘇格蘭兩地之間從事特快車運輸，前後25年裡載送過數十萬旅客，行過150萬英里的軌道。這輛火車的成本是8,500英鎊。如果你是直接向達朗姆郡（County Durham）康塞特市（Consett）的DJH Model Loco公司購買這組材料，那可就便宜很多了，只要664英鎊。他們會用一個大箱子將全套零件一次寄給你。DJH Model Loco甚至提供一項服務：有人可以幫你組裝這套棘手的模型，讓一切加速進行，只消幾個星期即可完工。雖然這種作法很顯然抓不到重點，因為綠頭鴨號一向都跟

時間有關。建造綠頭鴨號的原因，正是時間。

● ● ●

　　或許你能夠想像：在1938年7月3日星期日那一天，綠頭鴨號正從鐵軌上駛來。它的車頭、補給車和車廂都是藍色的，不過，當它急駛通過你眼前，你能否看見她的顏色，可是大有問題的。在車鏈的前段還有一節搖搖晃晃的棕色車廂，稱為測力計車（dynamometer car）。在這節車廂內有數名人員，他們配備碼錶和機器，那些機器的樣子類似原始的測謊器和心臟監測儀。這型火車行進的速度飛快，看起來就像在「狩獵」。工程師用這個詞形容以如此高速行駛的火車，是因為它左搖右晃的樣子，彷彿是在尋找到達目的地的最快捷路線，有必要的話也樂於跳到另一條軌道。它的目的地是倫敦，但是在到達之前火車就會過熱。

　　你正在距離格蘭罕（Grantham）不遠的史托克・班克（Stoke Bank）觀看這一列火車。當時戰爭的威脅陰魂不散，而柴契爾夫人才12歲，還在上學的路上。這一列疾馳的火車以及跟它有關的回憶，很快就會成為戰前最著名的影像之一，如同大不列顛陷入黑暗期之前，最後一次的莊園游獵聚會。人們即將要做的事將登峰造極，而且它的周年紀念日，不論是25周年、50周年、60周年等等，都令人迫不急待。火車迷會愛上這一型火車，就像對其他事物的愛。

　　這一組火車還有其他類似的，稱為「A4波西費克斯」（A4 Pacifics），其設計是要在外觀及性能上都像綠頭鴨號。工程師奈吉爾・古瑞斯利（Nigel Gresley）為它們取了類似的名字：像是野天

鵝、黑脊鷗、海鳩、麻鷺和海鷗。[3]古瑞斯利今年62歲，健康開始走下坡，他當年的設計深獲國際肯定及模倣。他設計的火車，包括「飛翔的蘇格蘭人號」（Flying Scotsman），都是以安全舒適為目標而推出的。他的成就與史蒂芬生（George Stephenson）及布魯內爾（Isambard Kingdom Brunel）這兩位英國的鐵道工程偉人可謂旗鼓相當。但是，對這位工程師來說，那些火車顯然沒有一輛能像綠頭鴨號這樣得天獨厚，具有動態線條、增強的氣缸壓力，以及新型的煞車閥門、雙煙囪與鼓風管，使蒸汽的生產力能發揮到極致。

綠頭鴨號在史托克·班克得到一展長才的機會。由於軌道維修，它行駛通過格蘭罕時已經稍微減速。但是，它以75英里的時速抵達史托克·薩米（Stoke Summit），此刻更在漫長的下坡伸展中加速前進。從峰頂以降，在每一英里結束的地方，都記錄了它的速度：時速87½、96½、104、107、111½、116 和 119英里。[4]喬·達丁頓（Joe Duddington）是住在當卡斯特的英國人，當時61歲。自從倫敦與東北鐵道（London and North Eastern Railway）公司於1921年成立時，他就受僱於該單位，也是綠頭鴨號當天的司機。當綠頭鴨號風馳電掣地行經林肯郡（Lincolnshire）的小白騰（Little Bytham）村落時，他輕微地加了一把勁。「她一鼓作氣，就像是活生生的動物一樣！」幾年之後他回憶道：「在（測力計）車廂的幾個傢伙緊張得不敢喘氣。」這輛火車達到了125.88英里的最高時速，這是至今為止蒸汽火車的最高紀錄。

●●●

　　歲月流逝，75年後有一場了不起的聚會：90名老前輩齊集在約克（York）的國家鐵道博物館（National Railway Museum），暢談當年在綠頭鴨號擔任列車人員以及在廠房工作的往事，也為另外一大群集合在大廳的參觀者導覽，介紹6輛流線造型的A4火車，它們也是至今全部的倖存者（一共造過35輛）。這6輛閃閃發光的龐然大物是英國的產物，它們是綠頭鴨號、加拿大領地號（Dominion of Canada）、麻鷺號、南非聯邦號（Union of South Africa）、奈吉爾・古瑞斯利爵士號，以及德懷特・D・艾森豪號（Dwight D. Eisenhower）。它們全都是令人讚歎的火車頭，但是綠頭鴨號具有巨星派頭：它跑得最快、是唯一可以分130組零件購買的火車頭，也是它的創造者最喜愛的作品，而且比起其它火車頭，也確實更受到萬眾矚目，猶如當年的影星瑪麗蓮夢露和加里・格蘭特（Cary Grant）。理應見多識廣的成年人站在這輛火車頭面前會搖頭嘆息，就像是見到了電影明星而自慚形穢，彷彿它是和人類不一樣的高大生物。它雖是一輛人造的鋼鐵火車頭，同時也是一尊神明，高高在上地閃耀著巨大的光芒。我排隊爬上了它的鍋爐板，要是能得到允許的話，我會穿上工作服、戴上帽子，開始鏟煤。

　　火車，尤其是蒸汽火車，能圈限男性的深沉渴望。70歲以上的人一聽到「過去的時代」這個觀念，往往會想起煙霧迷漫的火車站，汽笛聲交雜而且污垢無所不在。在火車站的大廳裡，是來來去去的男人拖著疲憊的妻子，大包小包的塑膠提袋裝滿無數的紀念品——只有幼稚的人會想要參觀鐵道博物館。別忘了法國人可是會因為你懷舊而把你關起來。

　　我特別去聽一位老前輩說話：他叫歐夫・史密斯（Alf Smith），

已經92歲，態度風趣坦率。他在綠頭鴨號的鍋爐板擔任過將近4年的司爐（鏟煤員及加油員），「我每天都過得很愉快，都過得很愉快」。他提到綠頭鴨號和司機時，充滿了敬意。他說到和司機的故事：他們在外面寄宿過夜，然後一起吃早餐，司機總是把餐盤上的食物挖出四分之三給他。「不是一次、也不是兩次，是每一次，只要我們在那裡一起吃早餐，他就是這樣。我問他：『喬，你在幹嘛？』他說：『我一顆蛋就夠飽了，你還要幹粗重工作呢——你就吃吧！』綠頭鴨號是我們故事的一部分，嗯，是我們過去的故事。那是我的火車頭。」他說話的時候，他的火車頭在樓下被觀眾團團圍住。在禮品店裡，這輛火車完全沉浸在週年慶的榮耀之中，有海報和特製磁鐵在特賣，還有適合買來為模型上色的小罐藍漆。

● ● ●

　　火車的速度紀錄往往可以維持很長的期間：你以絕對的速限撐個幾英里，然後基於安全考量或者根本就是沒有這方面的野心，這紀錄就可以稱霸幾十年。例如從倫敦到亞伯丁這一段路，在1895年時一共花了8小時40分，在接下來的80年內再也沒有更快的。在1930年代中期，從倫敦到利物浦需要2小時20分，而我們的紀錄比這少了不到15分鐘。但是到了21世紀，火車再度肩負起創紀錄和速度的責任。相對來說，火車的發源地參與這場盛會的時間有點晚。HS2[5]的第一階段預計在2026年開通，將使倫敦到伯明罕的車程從1小時24分縮減到只需49分鐘。

　　在世界上的其他地方，進度一向快得多。2010年在西班牙，

AVE S-112這輛造型像野鴨也暱稱「野鴨號」的火車時速為205英里，將馬德里到瓦倫西亞（Valencia）超過兩小時的車程縮減為1小時50分。同一年，在俄國聖彼得堡與芬蘭赫爾辛基之間的旅客，能以3小時30分鐘的時間完成跨國之旅，比Sm6 Allegro號火車從義大利車廠抵達之前的年代，快了兩小時。在中國則有CRH380，這是2011年的新款式火車，它以186英里的時速從北京開到上海，車程從10小時縮減為4小時45分，是2010年的一半不到。日本呢，果然不出人意料，比所有人都更快一點：2015年4月，在靠近富士山的測試鐵軌上，乘載49名旅客的Maglev（「磁浮」）火車懸浮在鐵軌上方10公分，以374英里的時速輕輕鬆鬆就打敗了法國的TGV。它預期將在2027年投入東京與名古屋之間的客運服務，這段路程有165英里，車程將控制在40分鐘時間內，是目前新幹線子彈列車的一半。

　　針對這項史上最了不起的進步，我們需要回到火車這個觀念誕生的年代，也回到前維多利亞時代東北部英格蘭煙塵迷漫的黎明。

◎ 二、還有什麼更可怕的暴政？

　　利物浦與曼徹斯特鐵路於1830年開通時，徹底翻轉了我們對生活的想像。它能將蓬勃發展中的棉花廠與30英里之外的主要船運港口連結起來，這個事實簡直是石頭縫裡迸出來的。蒸汽火車既縮小了世界，也使它膨脹了。它加強了貿易、加速了觀念傳播，它也激勵了全球工業。比起其他一切發明（姑且不論時鐘，太空火箭或許也不算），火車改變了我們對於時間的認識。

　　火車不同於電腦，電腦的擁護者很清楚知道他們所投入世界的是

什麼。1820年代後期，利物浦與曼徹斯特鐵路的秘書兼財務主管亨利・布斯（Henry Booth）向可能的支持者與緊張的群眾提出這一條鐵路的構想（人們認為他們的肺會衰竭、乳牛會擠不出奶，鄉村也會被燒掉），他提到這兩個城市之間的旅客，在過去僅能依靠行駛於收費公路上的馬車往返，未來只需要花費一半的時間。[6]「曼徹斯特的商人可以在家裡享用早餐，」布斯預測說：「然後搭乘火車前往利物浦做生意，在正餐之前就可以返回曼徹斯特。」（在1830年，正餐是指午餐。）人們應該更記住布斯才是，比起史蒂芬生及布魯內爾，他更加能言善道地預言了鐵路的衝擊。他正確指出鐵路將會改變「時間對我們的價值」。「關於1小時或1天能做多少事，我們的推估改變了」，這會影響「生命本身持續的時間」。或者如維克多・雨果（Victor Hugo）後來所宣稱的：「世上所有軍隊的力量，都不如一個應運而生的觀念來得強大。」[7]

利物浦與曼徹斯特鐵路在當年是有史以來最龐大的機械化工程計畫，當然也是那時候世上最快的鐵路，能以2小時25分鐘的時間完成31英里的路程。[8]它開通之後的幾年內，全國到處意外頻傳，然而也同樣迷漫著強烈的工業冒險與解放意識：如今全世界的經濟命運正在鋼鐵車輪上飛馳，時鐘的分針發現了它重要而不可或缺的存在目的。

英國的蒸汽火車頭運銷全世界。在1832年2月，一份名為《美國鐵路日報》（*American Rail-Road Journal*）的出版品報導了有關厄里（Erie）和哈德遜（Hudson）運河的沿河鐵路消息，以及新澤西、麻塞諸塞、賓夕法尼亞與維吉尼亞等州即將開通鐵路的計畫。法國的載客鐵路於1832年開通、愛爾蘭是1834年、德國和比利時是1835年，古巴則是1837年。到了1846年，藉由挖掘、鑽通或鋪設等方式，

全英國營運中的鐵路已經有272條。

　　隨著鐵路開通，帶來另一項發明：那就是旅客時刻表。1831年1月，利物浦與曼徹斯特鐵路只敢列出火車出發的時間，即使它的車程一直在縮短中。鐵路公司現在希望這兩個城市之間的旅途，「以頭等車來說，通常可在兩小時內完成」。頭等車確實可以行駛得更快，它配備更多煤，說不定還有更具效能的火車頭。火車的時刻表有兩種：第一種是頭等車，單程票價5先令，在上午7點、10點、下1點和4點30分發車，在星期二和星期六下午5點30分，還有專為曼徹斯特商人加開的晚發車。第二種是二等車，票價為3先令6便士，發車時間為早上8點和下午2點30分。

　　若是你想要到更遠的地方，例如從蘭卡郡（Lancashire）到伯明罕或倫敦，那會怎麼樣？雖然幾家競爭的鐵路公司未能彙整它們的時刻表〔於中部到西北部之間營運的大樞紐鐵路（Grand Junction Railway）、倫敦和伯明罕鐵路（London and Birmingham Railway）、里茲和雪碧鐵路（Leeds and Selby Railway）、約克和中北部鐵路（York and North Midland Railway）等公司〕，協助願意在一天之內搭乘多條路線的旅客，不過在1830年代晚期，這已經是可行的。

　　第1份結合多條路線而大受歡迎的時刻表出現在1839年，但是它有先天的缺陷：整個大不列顛的時鐘尚未同步化，在鐵路網形成之前很少人看出這個需求。如果牛津的時間比倫敦晚5分2秒，或者布里斯托（Bristol）晚10分鐘，以及艾克斯特（Exeter）晚14分鐘（在1830年代，這3個倫敦以西城市的情形確實如此，它們的居民都很樂於這種比倫敦晚一點看到日出日落的生活），那麼當你到達時，就要調整

一下你的鐘錶。[9]在市政廳或大教堂的時鐘，通常就是當地社區主要的計時器，它仍是依照正午的日照設定時間。對於相對靜態的居民來說，他們並不關心國內其他地方的時間如何，只要本地的鐘錶都是同一個時間就行了。如果是經由公路或水路旅行，他們可以在途中對時（有些客運公司提供對時表），或者是根據旅客的懷錶或車船上的時鐘。後者必須依據這些懷錶或時鐘有多不可靠而有相應的判斷。但是鐵路出現之後，一種新的時間意識影響所有旅客：「準時」這個概念有了新的意義。

因為自己的手錶很準而感到自豪的旅客（隨著這個世紀繼續往前邁進，這種人越來越多），現在加入了一個全新的階級：鐵路員工。這兩類人都無法忍受準確性有不必要的差池。要是任由火車站的時鐘不保持同步，那些組合式的目的地與抵達時間比較時刻表，不僅會讓人混淆及失望，想要維持這種作法也越來越不可能而且危險。鐵路可是充斥於鄉間，若是司機們的手錶時間各不相同，最後勢必撞車。他們在1年之後找到了解決辦法，至少在英國是這樣啦。這是計時這回事首次成為全國性的標準化，鐵路開始將它自己的時鐘烙印在全世界。

在1840年11月，大西部鐵路（Great Western Railway）率先採用統一時間的觀念，不論旅客是在哪裡上下車，全線的時間都應相同。這個作法之所以可能，是因為前一年電報機問世，格林威治的時間信號可以直接經由軌道邊的管線傳送。於是，「鐵路時間」與「倫敦時間」一致了。到了1847年，這種作法已普及西北鐵路（North Western Railway，它的最大擁護者正是亨利・布斯）、倫敦和西南（London and South Western）、蘭卡斯特與卡利瑟、東南、卡勒東尼恩（Lancaster and Carlisle, South Eastern, Caledonian）、中部

（Midland），以及東蘭卡郡（East Lancashire）等路線。

另外也有特立獨行的標準化時間擁護者。在1842年，有一位出身伯明罕的玻璃製造商及氣象學家名叫亞伯拉罕・佛雷特・歐斯勒（Abraham Follett Osler），他對於在鐵路事務之外也建立標準化時間的信念異常堅定，以至於自告奮勇、捨我其誰。他募足資金在伯明罕哲學院（Birmingham Philosophical Institution）外面豎立了一座大鐘，有一天晚上他更進一步將它的當地時間改成倫敦時間（往前調7分15秒）。人們不僅注意到，同時也讚賞它的準確。在一年之內，當地的教堂及店家也紛紛將時間調成和它同步。

到了19世紀中，英國的鐵路約有90%都是以倫敦時間運作，雖然這種管理方式遭到當地人輕微的反對。許多市政官員反對來自倫敦的任何干預，他們在時鐘上維持兩支分針，第二支分針通常是代表當地的舊時間，藉由這種方式表達不以為然。有一篇文章的篇名為〈鐵路時間侵略〉（Railway-time Aggression），一名任職《錢伯斯愛丁堡日報》（*Chambers' Edinburgh Journal*）的通訊員在文中以滑稽的手法表現他的反感：「時間是我們最棒也最寶貝的財產，現在卻岌岌可危。在英國的許多城鎮與村莊，（居民們）被迫向蒸汽的意志低頭，並且得加快自己的步伐去遵從鐵路公司的律法！還有什麼暴政比這種作法更加可怕、更令人無法容忍嗎？」作者舉出許多實例支持他的不屑，包括晚宴與婚禮都被時間差異毀了。在呼籲讀者團結之前，他說：

這隻邪惡的怪獸給我們陰險的美好承諾，而且肯定能有牠惡毒的收穫。我們崇尚自由的英國人民能夠容許牠嗎？當然不能！讓我們展現決心，團結在「舊時間」之下，表達我們的抗議；如果有

需要，我們也要抵抗這種獨斷獨行的侵略。讓我們大聲喊出「要陽光還是要鐵路！」英國同胞們，反對這項危險的發明刻不容緩！一切已經迫在眉睫：「醒醒吧！站出來！不要後悔莫及！」

光是有鐵路時間的存在，就可能要了你的命。有一位名叫艾佛瑞·哈維蘭（Alfred Haviland）的醫生，他是流行病學家，著有指南書籍《療養勝地史卡伯洛》（*Scarborough as a Health Resort*）。他在1868年出版一本書，書名是《急於赴死：或者，關於匆忙與興奮的危險之少許建言，特別針對火車旅客》（*Hurried To Death: or, A Few Words of Advice on the Danger of Hurry and Excitement Especially Addressed to Railway Passengers*），他以相當令人窒息的筆調警告說，過度鑽研火車時刻表、追趕火車發車，以及過於關心這個時代的新時刻表，都是具有風險的。他提出的證據達到了既可信又可疑的地步，它們集中於這樣的研究：研究指出經常冒險搭乘伯明罕與倫敦鐵路線的人，壽命比其他沒這麼做的來得短。

時間的新壓力造成了某些娛樂。在1862年，有一本叫作《火車旅客便覽》（*Railway Traveller's Handy Book*）的書，是本不可或缺的指南。它教導旅客搭乘火車時應該如何穿著打扮、應該有怎樣的言行舉止，以及火車行經隧道時應該如何自處。這本書還包括一段文字，是關於新手旅客如何趕搭還有一點時間才會出發的火車：

火車要啟動前大約5分鐘，會發出鈴聲作為信號，提示旅客準備出發。不熟悉鐵路旅行的人，會以為這個鈴聲代表火車立刻就要發車。最好玩的是，你可以看到菜鳥們在月台上慌慌張張地快

跑，他們以為火車就要棄他們而去。為了搭上車，他們急忙追趕，一上路跌跌撞撞地通過所有人和東西。

另一方面，那些經常搭火車旅行的人，則是利用這個鈴聲作為信號，站立「在車門邊冷酷地俯視驚慌失措的群眾」。[10]

1880年是時間統一之路的最後一段行程，當時國會通過了《章程（時間之定義）法案》〔Statutes (Definition of Time) Act〕。如今在市立建築物蓄意展示錯誤時間，是一種擾亂公共秩序的行為。但是，在大不列顛以外地區，時間另有不同的軌道。法國比其他許多的歐洲鄰國更晚接受鐵路，他們找到一個新方法，能使傳統上對於時間的反常態度適應新的運輸。法國大多數火車站的時刻表和車站外的時鐘，均採用巴黎時間，然而在車站建築物內部的時鐘則是始終刻意提前5分鐘，稍微紓解遲到旅客的壓力（這種形式持續的期間大約是1840年到1880年；這項騙術當然會讓常客學乖，進而調整他們的時間安排。這真是放任主義的美好展現）。

在德國，鐵路像是魔法般的發明，似乎能使時間縮水。神學家大衛・弗利德里希・史特勞斯（David Friedrich Strauss）於1840年代晚期搭火車從海德堡到曼海姆（Mannheim），他驚歎這段車程一共花了「半小時而不是5小時」。1850年，路德維克（Ludwigs）鐵路公司更進一步縮短了時間。它的廣告說，從紐倫堡（Nuremberg）到弗爾斯（Fürth）之旅將「以10分鐘走完1個半小時」的車程。德國神學家格哈德・多恩－范・羅森（Gerhard Dohrn-van Rossum）在他的《時辰的歷史》（History of the Hour）一書中注意到，現代人不斷提及鐵路造成「空間與時間之破壞」以及「從大自然解放」。如同利物

浦的亨利・布斯,穿過群山、跨越峽谷的旅客們認為,能打破這些障礙,讓他們感到壽命幾乎翻了一倍。此一想像加速了一切可能性。

　　德國人的民族性格決定,火車不止要一貫地按時刻表行駛,也要透過與柏林同步的時鐘,告訴它們按時刻表行駛。不過,花了超過50年的時間,德國大眾才接受由「外部」的當地時間轉變成「內部」的鐵路時間。只有在1890年代,鐵路時間才統一過德國。然而,迫使這項改變的力量是政治和軍事上的便利,而非對旅客的關心。在1891年,曾在法國有效利用鐵路從事軍事行動的赫爾穆特・馮・毛奇元帥(Field Marshal Helmuth von Moltke)於國會(Reichstag)談到全國單一時間的需求。鐵路協助他完成有生以來所遇過最偉大的一次進軍行動,亦即在4週內調集43萬名兵力。但是,有一個問題必須要先克服。

　　各位先生,在德國我們共有5個時區:北德,包括薩克森尼(Saxony),使用柏林時間;巴伐利亞(Bavaria)使用慕尼黑時間、溫特堡(Würtemburg)使用史特嘉(Stuttgart)時間、巴登(Baden)使用卡爾斯路(Karlsruhe)時間,以及在萊尼希・巴拉汀奈特(Rhenish Palatinate),我們則使用路德維克沙芬(Ludwigshafen)時間。在法國和俄羅斯邊境我們害怕遇到的一切不便和缺點,今天我們在自己的國家都體驗到了。我可以說,這是殘存的廢墟,是德國中斷期間的遺跡。如今我們既然已經成為帝國,就應該徹底抹除這處廢墟。

　　於是德國採用了格林威治的精準時間。[11]然而,是到了北美這一

片廣闊的大陸，標準時間這個議題才真正面臨它最大的挑戰。即使到了1870年代早期，在美國搭乘火車的旅客還是必須意志堅定才行，因為火車站的時鐘提供了從東部到西部的49種不同時間。例如當芝加哥是正午，匹茲堡是12點31分。1853年之後，這個議題顯得特別急迫，因為不規則的計時方式已經造成多樁鐵路死亡事件（這種計時方式無助於火車行駛，因為通常在單一軌道上雙向都有火車往返）。

波士頓和普羅維登斯鐵路（Boston and Providence Railroad）的廠長W・雷蒙・李（W. Raymond Lee）在1853年8月發行一套時間計算的說明書，道破了時間議題的複雜性以及人類犯錯的傾向。它讀來部分像是美國喜劇演員馬克斯四兄弟（Marx Brothers）的劇本，一開始是這樣寫的：「標準時間比波士頓國會街17號『邦與兒子』（Bond & Sons）店面的時鐘晚兩分鐘。」「波士頓車站的售票員與普羅維登斯車站的售票員負責調整車站的時間。前者每天應比對該時間與標準時間，後者每天應比對該時間與列車長的時間。車站時間如有出入，則依任何兩名列車長同意的時間變更。」[12]

所以，統一時間的需求轉向了一群不太可能的專家。長久以來，美國的天文學家均主張他們的天文台時間是當今最精準的，現在他們被要求盡可能為各處車站設定時間（取代以鎮上時鐘及珠寶商店面當作可靠依據的作法）。於是，在1880年代即以美國海軍天文台（US Naval Observatory）為首，由20家天文機構為鐵路管理時間。

除了天文學家，還有一個人也很突出，他是鐵路工程師威廉・F・艾倫（William F. Allen），曾擔任一般時間會議（General Time Convention）的常任秘書，深切了解世界時間系統（universal time system）的優點。在1883年春的一場會議中，他在與會全體官員的眼

前攤開兩張地圖，此舉似乎讓他的主張不容置疑。其中一張地圖五顏六色，顯示了將近50條線，看起來就像是一名小鬼頭氣極敗壞下的傑作。另一張圖則是呈現4道滑順的彩色長條，由上到下，每一條分別占據15度經線。艾倫強調，新地圖蘊涵所有「我們對未來所渴望的啟發」。[13]艾倫正提出一項了不起的建議：他的大陸時間計算方式並非根據全國的經度，而是根據超越國境的經度，以及從格林威治的皇家天文台經由電報所發出的信號。[14]

1883年夏，艾倫將他的地圖及提議的細節寄給570名鐵路公司的經理，獲得絕大多數人同意。接著他提供「翻譯表」給他們，以便將地方時間轉換成標準時間。於是，我們熟悉的公共計時年代，就從1883年11月18日星期日這一天的正午開始，而且已往的49個時區縮減為4個。艾倫觀察紐約市西部聯合會大樓（Western Union Building）的過渡情形，他寫道：「聖保羅教堂的鐘按照舊時間敲響。4分鐘之後，遵守來自海軍天文台的電力信號……地方時間被捨棄了，或許是永遠捨棄。」

如同在歐洲的情況，對鐵路的約束逐漸蔓延到鐵路所在地，而在軌道上遵守的時刻表則是傳播到了日常生活的每個層面。然而，也跟歐洲一樣，並非所有城市均樂於接受外加的統一性。匹茲堡禁止標準時間，直到1887年才解除，奧古斯塔（Augusta）和薩凡納（Savannah）則是一直抗拒到1888年。在俄亥俄州，貝萊爾（Bellaire）學校的董事會投票採用標準時間，隨即被市議會逮捕。在底特律抗議的聲浪最大：雖然嚴格來說它是中央時區的一部分，卻仍堅持地方時間（比標準時間晚28分鐘），到了1900年才肯罷休。亨利·福特（Henry Ford）在徹底改變汽車事業之前，是一名訓練有素

的鐘錶匠。他製造及銷售可以同時顯示標準時間與地方時間的手錶，一直到1918年這兩種時間都還繼續使用。[15]

● ● ●

將近1883年底，《印第安那波里斯百年報》（*Indianapolis Centennial*）指出，在人類與大自然之間的終極爭執中，人類最後獲得了無法被扳回的勝出：「太陽不再是工作的主宰……太陽將被要求按照火車時刻表作息。」這份報紙厭惡新系統，在其厭惡的核心是教堂日漸褪色的角色以及它的鐘聲，呼喚教徒為之禱告（實際上是呼喚上帝所給予的整體事物架構）。「未來所有星球的繞行，均必須依據鐵路業巨頭們安排的這一類時間表……人們也將必須按照火車時刻表結婚。」[16]在辛辛那提州有一名記者觀察到：「越資深的通勤族越變得像個活時刻表」。

「通勤族」是個嶄新的字眼（意思是「通勤」或縮短旅程的人）。但是，鐵路時刻表這個在1830年利物浦與曼徹斯特路線剛創立時全新的觀念，如今已深植在靈魂之中。[17]第一屆國際鐵路時刻表會議於1872年在德國科隆（Cologne）舉辦，與會代表來自奧地利、法國、比利時及瑞士，共同加入新近剛統一的德國代表中。他們所爭辯的主題既簡單又複雜：如何協調跨境行駛的火車，才能促進旅客和貨運在旅程中的順暢，以及操作員的服務效能？其次是如何將這項服務廣告周知，進而鼓勵及簡化這個程序？其中最為重要的協議之一，是如何以視覺化方式表現時刻表：他們決定使用以12小時格式為基礎的羅馬數字。此會議的人數與生產力年年提高，很快就有匈牙利、荷

蘭、西班牙、波蘭和葡萄牙加入創始會員國，而且倫敦的標準化時間
確保旅客越來越能正確地連接各路線。這些會議針對夏季與冬季時刻
表每年舉辦兩次，直到第一次世界大戰為止。戰爭導致合作終止，在
很多情況下跨境旅行也隨之結束。（戰爭使鐵路的崇高特質大受打
擊，然而鐵路的潛能同樣可助長現代戰事。威靈頓公爵必然很清楚它
們的價值，而墨索里尼當然也不會不知道。[18]）

要不了多久，火車的象徵地位就從速度與警報的典型，轉移到寧
靜的模範。我們很快即可見到汽車取代它，成為速度與壓力的縮影。
但是，讓我們先跳到其他軌道和節奏，回到迷人的奧地利：在那裡有
一位披頭散髮的男人，他將要指揮一個神經緊繃的樂團。

註釋

1 　譯註：gauge是玩具火車的規格，指軌道內緣之間的距離。O gauge代表該火車模型與原寸火車的比例為1:43、1:43.5、1:45或1:48。

2 　這是個巧妙的循環：哈協特公司的創辦人路易斯・哈協特（Louis Hachette）是1820年代在火車站的書報攤創建它的出版公司以及分冊出版帝國，與W.H. Smith的過程相同。（譯註：W.H. Smith是英國的大型連鎖零售商，主要商品為書籍、雜誌和文具。）

3 　2015年時，為了在國王十字路（King's Cross）車站鑄造一尊古瑞斯利銅像，用以紀念他逝世75周年，在鐵道與野鴨媒體界曾掀起一番爭議，爭議的內容是他的腳前該不該出現綠頭鴨。在早期的設計中曾有過一隻野鴨，最後則是遭到反對。

4 　在當時蒸汽火車的世界紀錄還是時速124.5英里，是兩年前行駛於漢堡及柏林之間的火車所締造的。火車上的乘客為他們的成績而歡欣鼓舞，這批乘客包括納粹德國的軍政要員萊茵哈德・海德里希（Reinhard Heydrich）和海因里希・希姆勒（Heinrich Himmler）。希特勒從宣傳部長約瑟夫・戈培爾（Joseph Goebbels）那裡直接獲知此消息，因為乘客名單正是約瑟夫・戈培爾所擬。這項成就不僅是德國工程技術的勝利，也是納粹霸權的一大斬獲。

5 　譯註：英國的高鐵二期

6 　在火車誕生之際，另一種緩慢的運輸方式是透過運河，它會受季節影響而不可靠，而且主要是供貨運之用。

7 　意譯自雨果1877年所著〈一件罪行的歷史〉（Histoire d'un crime）一文。

8 　鐵路在1830年9月15日開幕，與會的人士有威靈頓公爵和其他政要。當天實際車程所用的時間稍微久了一點，因為發生一場死亡意外，死者是利物浦的國會議員威廉・哈士金生（William Huskisson），他同時也是新鐵路的重要支持者。當時火車在中途暫停加水，乘客在鐵軌附近亂逛，這位身體虛弱的先生誤判「火箭號」在軌道上開到他站立處所需的時間，於是被火車撞上了。喔，這可是進步的象徵呢！在那時候，這種錯誤是家常便飯。

9 　在倫敦以北的城市，這種不一致的情形同樣很明顯：里茲比倫敦晚6分10秒、卡恩佛斯（Carnforth）晚11分5秒、巴洛（Barrow）則是晚12分54秒。

10　對有些人來說，火車站的慌張景象，只不過是代表步調快速的現代世界，另一項不受歡迎的侵擾。1835年湯瑪斯・卡萊爾（Thomas Carlyle）從倫敦寫信給美國的拉夫・瓦爾多・愛默生（Ralph Waldo Emerson），信中說：「由於鐵路、蒸汽船、印刷機，我們共同的生活已確實成為最可怕的『生理組織』。」他套用歌德《浮士德》（Faust）的話：「咆哮的時間紡織機」令他驚恐。應該一提的是，印刷機到當時也已經存在3百年了，不禁教人好奇這兩位作家要走到哪裡才能擺脫它。

11　或者如國會公告所述：「德國的法定時間是格林威治以東第15度緯度的太陽平均時間。」

12　平行軌道是用於高頻率交易的超快光纖纜線的路線，例如用在紐約及芝加哥的證券交易與貿易商。這些路線是沿用大約150年前的鐵路所設定下來的電報路線。

13　他的提議是以C.F.寶德（Dowd）教授獨特的構想為基礎。寶德教授是紐約州薩拉托加市的天普古洛夫青少女學院（Temple Grove Seminary for Young Ladies）的校長，首先建議將全美大陸

劃分為4個或更多個「時間帶」。

14 在標準化之前，沿著從巴爾的摩（Baltimore）到華盛頓這一條大約40英里的路線，以電報傳送的第一份訊息是：「神為他行了何等的大事！」（What hath God wrought!）

15 在俄羅斯則沒有這類劃分：在1891年到1916年西伯利亞鐵路建造的全程期間，儘管它牽涉到這麼長的距離，這一條鐵路完全是按照莫斯科的公民時間運作。它如今橫跨7個時區，全程需時8天。

16 引自傑克‧比提（Jack Beatty）的《背叛的年代：美國1865-1900年的金錢之勝利》（*Age of Betrayal: The Triumph of Money in America 1865–1900*）（New York, 2008），以及伊恩‧R‧巴特奇（Ian R. Bartky）的《販賣真正的時間：19世紀美國的計時》（*Selling the True Time: Nineteenth-Century Timekeeping in America*）（Standford, 2000）。後者的內容廣泛，本章關於美國的細節，它是非常有用的參考來源。

17 那些近乎鐵路狂熱者以及麥克‧波提羅（Michael Portillo）的崇拜者（如今的人數更勝已往）（譯註：麥克‧波提羅是英國知名主持人，主持過BBC一系列英國鐵路紀錄片），都將會知道布萊德蕭（Bradshaw's）指南。它從1839年開始出現於英格蘭，是口袋型的時刻表，很快就擴大為全英國的鐵路圖，是旅客指南以及歐洲人手冊。它無比便利而且非常準確，由於它大受歡迎，使鐵路公司不得不準時發車。也就是說，印刷版的時刻表主導了鐵路服務，而不是受制於鐵路服務。

18 許多目擊者的說詞暗示準時的法西斯火車根本是則神話，然而有一點是無庸置疑的：迄今為止同步化的部隊調遣仍是不可能的。

CHAPTER

聲音革命：來自披頭四的 3 分鐘狂喜。

節奏，永不停息

The Beat Goes On

◎ 一、演奏《第九號交響曲》

　　1824年5月7日，星期五。下午6點45分，在維也納市中心的一家劇院冠蓋雲集，聆賞音樂史上最偉大巨作首演。貝多芬在近乎全聾的狀態下創作了《第九號交響曲》，它的形式史無前例並且富於無拘無束的精神，將近兩個世紀以來的鑑賞家莫不能從中發掘新的啟迪。世界分分合合，但這樣的音樂永垂不朽。

　　那時候當然無人能夠預見它的成就。皇家宮廷劇院（Theater am Kärntnertor）從1709年落成以來，經歷過海頓、莫札特和薩里耶利（Antonio Salieri）的首演，它的觀眾也都善於品味高檔歌劇。貝多芬上一次在這間劇院表演的偉大作品是新近修改過的《費黛里歐》（*Fidelio*），那已是整整10年前的事了，當時觀眾看得如癡如醉。它的創作者現年53歲，財務狀況總是捉襟見肘。他接受來自倫敦、柏林和聖彼得堡宮廷與出版商的許多委託，往往無法如期交件。一般認為貝多芬不僅是因為工作而忙得不可開交，同時也為了姪子卡爾（Karl）的監護權官司疲於奔命。此外，貝多芬的剛愎自用與牢騷滿腹早已遠近馳名，所以沒人期望他能寫出更傑出的新作品，尤其是大家都已經知道這次的新作又長又繁複：管絃樂團比一般的排場更大、壓軸部分有獨唱及合唱，以及區區不到4天的彩排。還有，儘管已經公告此次音樂會的指揮工作將由劇院的專任指揮麥可‧阿姆洛夫（Michael Umlauf）負責，並由首席小提琴手英格滋‧夏本齊（Ignaz Schuppanzigh）輔助，他們仍同意貝多芬在演出時也會全程待在舞台上，他的指揮譜架會放在阿姆洛夫身旁，表面上看起來是在演奏進行中指導管弦樂團（或者我們用音樂會前一天正式公告的內容

來說：「路德維克・范・貝多芬先生本人將會擔任總指揮」）。這當然會讓樂團左右為難：該看哪裡？該跟隨誰的節奏？目擊者鋼琴手西吉斯蒙德・塔爾貝格（Sigismond Thalberg）堅稱阿姆洛夫要所有演奏者偶爾看看貝多芬以表尊重，但是完全無視貝多芬的節拍。

　　當晚開場時一切順利，首演之前還有他的另外兩件近作：一是《獻給劇場》（Die Weihe des Hauses）序曲，這是兩年前接受委託，為維也納另一家音樂廳開幕而作；二是取自貝多芬的大作D大調《莊嚴彌撒曲》（Missa Solemnis）的三個樂章。隨著他的交響樂新作拉開序幕，舞台上的貝多芬即成為充滿戲劇性的人物。他披頭散髮配上四處狂亂揮動的雙臂，借用當晚交響樂團小提琴手約瑟夫・伯恩（Joseph Böhm）的說法：「貝多芬忽前忽後來來去去，活像個瘋子」。伯恩更追憶道：「才見他整個人站起來，下一刻卻趴倒在地。他手舞足蹈，彷彿是要演奏一切樂器以及唱遍所有合唱。」一名年輕的合唱團成員賀蓮・古瑞本那（Helène Grebner）回憶說，當時貝多芬對時間的計算可能有點跟不上，雖然他「看似以目光追隨樂譜，在每一樂章結束時則是一口氣翻了好幾頁」。那時候，大概是在第二樂章結束時，女低音卡洛琳・昂格（Caroline Unger）必須使勁拉扯貝多芬的襯衫，提醒他身後的掌聲雷動。時至今日，觀眾對他這部傑作的讚賞能暫時壓抑到表演結束才表現出來。在當年可不是這樣，熱情的讚揚在固定的間隔下即會湧入。仍面向著合唱團的貝多芬顯然對於身後的掌聲一無所悉，要不然就是忙著讀慢板的樂譜。但這樁軼事究竟是如假包換，或者只是長久以來被精巧地誇張的神話？[1]整場表演還留下更大的疑惑：一名近乎全聾的人創作出來的音樂，怎麼可能讓所有聽眾欣喜若狂？貝多芬的祕書安頓・史奈德（Anton Schindler）提

到「這種既瘋狂又親切的掌聲前所未見⋯⋯它受歡迎的聲勢空前絕後，觀眾一連4次爆發狂烈的讚美」。[2]在《維也納大眾音樂報》（*Wiener Allgemeine Musikalische Zeitung*）的一名評論家認為「貝多芬永無止境的天才為我們別開生面」。但是，他們是否聽出來作曲家的理念？那我們有嗎？

我們知道它的樂譜：例如第一樂章是永不停歇的奏鳴曲形式、合唱團本身即處於互相較勁之態、第一節柔和而低迴的張力很快就迎面撞上激烈澎湃的漸強趨勢，宣告這部作品是一股堅若磐石的情感力量。第二樂章是詼諧曲，它居於舒緩的第三樂章自制而令人窒息的美妙旋律之前，是引人入勝而又緊迫盯人的節奏，形成沛然莫之能禦的局面。接下來是充滿想像力的最後一章：席勒（Schiller）的《歡樂頌》（*Ode to Joy*）是鼓舞人心的樂天主義，以驚天動地的轟然雷鳴之姿唱入雲霄，它本身已堪稱激動狂熱的交響樂，正如同德國評論家保羅・貝可（Paul Bekker）所言，此曲源自「個人體驗的氛圍而上達寰宇，它並非生命的描繪，而是宣講生命的永恆真諦。」

然而，我們對其樂譜真的了解多少？

音符是一回事，節奏又是另一回事。這部交響樂早已成為人類文明景觀的一部分，它有個正式的標題是：《D小調第九號交響曲》（Symphony No. 9 in D Minor），作品編號125。它的通俗標題是《聖詠曲》（Choral），圈內人則簡稱它為《B9》。但是，它始終缺乏的是對時間掌握的共識，即使是最寬鬆的共識也付諸闕如。例如演奏第二樂章時應該多強烈？第三樂章應該悠緩到什麼程度？關於第四樂章，托斯卡尼尼（Arturo Toscanini）的激動版本憑什麼硬是比克倫培勒（Otto Klemperer）冷若冰霜的詮釋快了4分鐘，還能把一切

交待得清清楚楚？19世紀的指揮家比21世紀的指揮家提前15分鐘讓觀眾滿意地欣賞完全曲，這是怎麼辦到的？在1935年2月菲力克斯・韋恩格特納（Felix Weingartner）指揮維也納愛樂以62分30秒演奏完《第九號交響曲》、1962年秋季荷爾伯特・馮・卡拉揚（Herbert von Karajan）領銜的柏林愛樂以66分48秒表演完同一部作品，而2006年4月的倫敦交響樂團則是以68分9秒，這是怎麼一回事？回到2003年，西蒙・拉托（Simon Rattle）用了69分46秒，這又怎麼說？還有現場錄音的完整版本，在樂章之間有暫停也有咳嗽聲，其中最有名的是李奧納・伯恩斯坦（Leonard Bernstein）的例子。1989年的耶誕節，他在柏林指揮由多國組成的交響樂團演奏《第九號交響曲》，紀念推倒柏林圍牆。在這一場表演的壓軸合唱中，「歡樂」（joy）一詞被「自由」（freedom）取代。這一場表演用了81分46秒，教人印象深刻。難道說我們對交響樂的耐性，在現代世界凡事求快的怪癖下逆勢擴張了？是不是我們對天才的崇拜，要求我們耐心品味他的每一個音符？

　　音樂的壯麗繫於其作曲，同樣亦繫於其詮釋，而且是詮釋賦予音樂生命力。藝術無法被化約為絕對值，情感也不能用時間尺度衡量。但是在19世紀之初，詮釋當代音樂的方法改變了，貝多芬的暴躁及基進主義與之脫不了關係。

　　《第九號交響曲》在每一樂章都附有常見的介紹與指導，通論其節奏及情調。不過，就算是玩票的觀眾也看得出來，對於這一部非比尋常的作品，這些指導有多麼不合身：第一樂章鼓舞「活潑和歡樂，但適可而止，然後是略帶莊嚴」；第二樂章是「非常快速而有力」；第三樂章為「從容而抒情」；而第四樂章，也就是空前的合唱壓軸，

則是「翩然奮起，活潑而沉穩堅定，悠緩而甜美」。

這些節奏從何而來？它們來自人類的心跳和步伐。任何定義都需要有一道基線，而後根據基線（也就是正確時間）開始操作，可以快也可以慢。信步而行以及輕鬆自在的心境，一般公認的心跳速率為每分鐘80下（bpm），這可以視為「正常的」起點。1953年一位充滿傳奇色彩的音樂史家寇特・塞克斯（Curt Sachs）指出，在音樂會表演時有個下降及上升的下限和上限，避免使它變得令人費解。「允許穩定步調或敲擊的最慢限度大約為32（bpm）……最高的速度則大約是132（bpm），再快的話指揮家只是手忙腳亂，不是敲打節拍。」塞克斯也製作了一份對照表，這份對照表最多只是近似值，不過它的原創性十足。它連結精確的bpm與模糊的術語，而且很不巧與他上述的推估互相矛盾。照他的算法，慢板（adagio）是31 bpm、小行板（andantino）是38、稍快板（allegretto）是 53 ½，快板（allegro）則是117。[3]

我們現在熟悉的關於節奏的描寫〔那些「活潑的」（vivaces）和「中等的」（moderatos）全部都是〕，是義大利人引入的。到了1600年，古典音樂的情調（moods）則已經確立，情感不再是直覺而已，例如「喜樂」（allegro）和「悠閒」（adagio），它們已經是用以刻劃的用語。阿德理亞諾・邦契爾里（Adriano Banchieri）1611年在波隆納表演時，他的風琴樂譜便已附有非常特別的指示，如急板（presto）、中急板（più presto）和最急板（prestissimo）。50年後，這些音樂辭彙擴充到最不連貫的nervoso（緊張）以及最美妙的fuso（融化）。義大利文表示四分休止符的術語是sospiro（嘆息），我們看到傳說中節奏與心跳之間的連結，在這裡有更深刻的共鳴。

　　然而這裡有個問題：情感這回事是易受影響的，不見得能從作曲家轉譯到指揮家，也無法在不同國家文化之間轉譯。1750年代，約翰·塞巴斯蒂安·巴哈（Johann Sebastian Bach）之子C.P.E. 巴哈（C.P.E. Bach）指出「在（德國以外的）其他國家，很明顯地將慢板演奏得過快，而快板則是過慢」。差不多20年後，莫札特則發現當他在那不勒斯演奏時，他對急板的詮釋無與倫比，以致義大利人認為他的精湛技藝與他的魔法戒指有某種關連（後來他取下戒指以免被認為出老千）。

　　到了1820年代，這些指導已經讓貝多芬感到敷衍而且落伍。他在1817年寫給音樂家兼評論家英格滋·馮·莫瑟爾（Ignaz von Mosel）的信中說，這些關於節奏的義大利術語是「從音樂的野蠻時代因襲而來的」。

　　比如說，還有哪個詞比「快板」更荒謬。它不過就是表示愉快的意思，然而我們脫離這個描述的真正意義有多遠？遠到與音樂作品本身所表現出來的恰恰相反！以這4個涵義（快板、行板、慢板、急板）而論，它們毫不正確，或者說不如四季的風向一樣真實，不需要它們，我們照樣過得很好。

　　莫瑟爾同意貝多芬的看法，貝多芬則擔心他們兩人會「被說成離經叛道」（雖然他認為這還好過被指控是「封建主義」）。儘管有這些異議，貝多芬仍心不干情不願地保留了老式風格。直到他的最後一部四重奏，他的作品都前置了他深深不以為然的義大利式安排。[4]為了緩和他的不滿，他偶爾會在樂譜的主體作點小變動：例如他在《第九

號交響曲》第一樂章開始不久處註記ritard，這是ritardando（漸慢）的縮寫，表示在旋律開始四處奔放時優雅地舒緩下來。不過，在貝多芬《第九號交響曲》的整份樂譜，貝多芬還是為指揮及演奏者提供了既新穎而且也更有意義的指導，那是新近發明的音樂小工具，它的功用是衡量精確的時間。

對貝多芬來說，節拍器是一大革命，如同顯微鏡對17世紀的細菌學家一樣。它既能帶來終極的穩定，還能提供細微時間差的變化，而且可將作曲者精確的意圖傳達給整組合唱團。在音樂表演伊始，於樂譜的小節嚴謹註明節奏以及將節奏劃分到分鐘的程度，這是再清楚、再精確不過了。節拍器讓年邁的作曲家相信他正在轉化時間的本質，還有什麼更能使他深感天人合一？

貝多芬在寫給莫瑟爾的信中，將1816年發明的節拍器歸功於德國的鋼琴家兼發明家約翰・梅切爾（Johann Mälzel），雖然梅切爾不過就是將幾年前阿姆斯特丹一位名叫狄崔西・溫克爾（Dietrich Winkel）的人所開發的裝置，拿來複製、改良，最後再申請專利而已。（溫克爾是受到鐘擺可靠的運動模式啟發的，而早在17世紀早期，從伽利略的時代開始就已經有人利用鐘擺輔助作曲。但是早期的節拍器是十分笨拙又不準確的機器，外表酷似直立的秤，不像我們現在所用的那種小型金字塔的模樣。溫克爾的發明主要的創意在於鐘擺附有可移動的重錘，使鐘擺會沿著重錘的下方中心點擺動；舊式機器的鐘擺則是由頂端擺動。梅切爾以溫克爾發明的機器在全歐洲取得專利，梅切爾唯一的創新之處是新加入刻劃了凹痕的測量板。[5]）

梅切爾具有複製之後聲稱自己作品的天份：貝多芬曾經指責他在《維多利亞戰役》（Battle of Vitoria）的創作上過分邀功。那是貝多

芬為了慶祝威靈頓公爵（Duke of Wellington）於1813年打敗拿破崙而創作的短篇音樂，貝多芬與梅切爾兩人在一開始共同合作。貝多芬曾經想要使用梅切爾的潘哈莫尼康琴（panharmonicon），那是一種風琴樣式的機械盒子，能製造出軍樂隊的聲音；但是後來貝多芬擴大了作品的規模，使這項新樂器顯得累贅。[6]

梅切爾是他那個時代的卡拉克塔可斯・帕特（Caractacus Pott）。[7]他是風琴師傅之子，對機械奇蹟的沉迷，在推廣自動棋手「土耳其人」（Turk）一事上，可謂達到巔峰又跌落谷底。（「土耳其人」當然是個騙局：它在台面下的密室中藏匿一名身材短小的下棋高手，由他控制「土耳其人」的每一個棋步。令人嘖嘖稱奇的是，它居然還在歐洲巡迴表演，於19世紀前半葉持續了好幾年，偶爾也會在貝多芬的音樂會中場休息時展示一番。）梅切爾也為貝多芬製作了4具耳戴式喇叭，其中有兩具可直接掛在頭上而空出雙手。這一點或許可以說明貝多芬後來渴望修補他們之間的分歧並支持梅切爾的節拍器。他寫給莫瑟爾的信，在結尾之處設想了一種局面：很快地「每一名鄉下教員」都會需要一台節拍器，這款熟悉的音樂教學及表演工具即透過這種方式被世人普遍採用，「不用說必須有人在使用上帶頭引起注意，才能掀起人們的熱愛。我自信能讓你充分信任，你在這項任務中將交辦給我的工作，我亦樂觀其成。」

他的支持並沒有因歲月流逝而衰退。1826年1月18日他寫信給他位在梅因茲（Mainz）的出版商蕭特父子公司（B. Schott and Sons），保證「一切都能迎合節拍器」。同年稍晚他又寫信給他的各家出版商：「節拍器的記號隨後就到，請勿錯過。這樣的作法是本世紀不可或缺的。我也從柏林的朋友寫來的信中得知，那部（第九號）

交響曲的首演大受歡迎，這一點我要歸功於使用節拍器。時至今日我們演奏者已經幾乎不可能再死抱著tempi ordinari（普通節拍）這類記號不放，而是應該追隨自由奔放的天才所想出來的絕妙構思……」。我們大可以相信一切到此已經拍板定案。這位豪放不羈的天才雖千萬人吾往矣，從此他的作品就會只有一種節奏：我們端坐在音樂廳的時候所聽見的音樂，就像在將近兩個世紀以前，聽眾所初次聆聽到的新作，基本上是一模一樣的作品。遺憾的是，世事總是不盡如人意。貝多芬的節拍器記號字跡漫漶，讓音樂家們如墜五里霧中，人人僅能盡其所能地應付——其實是幾乎無視它們的存在。

小提琴家魯道夫・寇力希（Rudolf Kolisch）於1942年12月在紐約音樂學協會（New York Musicological Society）有過一場劃時代的談話，對於貝多芬的節奏問題發出一番自我解嘲的輕描淡寫：「一般來說，這些記號並未有效表達了他的意圖，或者是在演奏中一致地採用。相反地，它們進不了音樂家的法眼，大部分的版本根本就沒有這些記號。各門各派的演奏傳統及慣例更是十足偏離了這些記號所表示的節拍。」換句話說，音樂家和指揮有他們各自的詮釋，完全不甩原創的作曲家。寇力希說，他們寧可要那些不清不楚的義大利式記號，也不要更精確無誤的新玩意。他認為：「這種奇怪的現象，值得深入探索。」

眾人之所以決定無視貝多芬的節奏感，我們所知的一個常見理由是：這些記號無法準確表現貝多芬的期望。要說音樂家使用節拍記號卻辭不達意，舒曼（Robert Schumann）是另一個經常被引用的實例。其他不願意採用這些記號的音樂家宣稱，貝多芬所使用的節拍器有別於20世紀的工廠所生產者，他的節拍器可能比較慢，因此靠它寫

下的記號現在卻變得太快，幾乎不可能演奏得出來。樂評家樂得稱這些記號是純屬「抽象」的「印象派」。另外還有一個比較具有哲學意味的看法：使用節拍器會令人感到像是嚴格的數學計算，以致「匠氣十足」。貝多芬像是在打臉自己，從寇力希的演說看來，作曲是自由自在、不受拘束的行為，「萬萬不可……被限縮在機械化的框架內」。

《音樂季刊》（*Musical Quarterly*）在50年後發表魯道夫・寇力希的演說之修訂版，納入貝多芬最早的關於梅切爾的節拍器之書面參考資料。貝多芬稱節拍器是「值得叫好的工具，能保證我作的樂曲在任何地方都可按照我想要的節拍表演。很遺憾我的節拍總是被人誤解。」[8]我們可別忘了貝多芬是個狂熱自戀的傢伙，他曾經用這樣的話阻撓一名樂評家批評他的作品：「老子拉一坨屎都強過你狗嘴裡吐出的象牙。」（當然，他的意見會隨著時間改變。在擁護節拍器之前，他在自己的作品中賦予的節奏值就顯得相當鬆懈：在某個場合他才說他的記號僅適用於前幾個小節，在另一個場合又說「他們要嘛就是高明的音樂家，應該知道如何演奏我的音樂；要嘛就是彆腳的濫竽充數，那我的記號對他們可一點幫助也沒有。」）

或許唯有最具挑戰性與天才的作曲家才值得在每次演奏中獲得全新的詮釋，也或許只有曠世傑作才能經得起一而再、再而三的推敲。誠如美學教授湯瑪斯・Y・列文（Thomas Y. Levin）所說的，音樂在節奏架構中只是活著，其他諸如「換氣、樂句處理、永無止境的複雜性，以及時間的微妙結構，在此一構成性的約束之下，一如往常，仍是演奏者的責任。」[9]關於這樣的架構，或許即便是以最精確的方式表示作曲家的音樂節奏，也不過是最為寬鬆的指導吧。

那麼，演奏者的責任是否每一世代都不一樣？對於時間，我們與生俱來的尺度可能和兩百年前大不相同。1993年瑞士裔的美國指揮家萊恩‧波茨坦（Leon Botstein）因為急於趕火車，就遇上了這些問題。「我開著車行經鄉村小路，發現前頭有兩匹馬拉著一輛車廂半掩的馬車，」幾個月後他在《音樂季刊》寫道：「讓我震驚的是，前面這兩匹馬看起來確實跑得夠快。這裡並非中央公園有速限的觀光客車道，然而當我緊跟著前面這玩意兒的腳步，它移動的速度之緩慢，真教我痛苦萬分，難以忍受。」

波茨坦變得更加火冒三丈並且開始感到不解：如果這是所有旅行方式的最高速度（它確實一度如此），他得花多久的時間才能抵達目的地？「到了我能超車時，我的怒氣轉而成為自由聯想。有沒有可能貝多芬從來就沒有體驗過比這輛馬車更快的速度？關於時間、持續，以及事件和空間在時間中彼此的各種可能關係，他的設想是否與我們的極其不同？這一點是否重要？」

貝多芬的節拍器記號對波茨坦而言太快，在許多作品來說卻又顯得太慢。舒曼為《曼夫雷特》（*Manfred*）所作的記號遲滯不前、孟德爾頌（Felix Mendelssohn）在神劇《聖保羅》（*St Paul*）的部分記號同樣是令人無法忍受的拖拖拉拉、德弗札克（Antonín Dvořák）的《第六號交響曲》（Sixth Symphony）也有一些記號讓音樂家們深感無法匹配音樂的活力。它引申出另一個難以回答的問題：按照歷史上特定時期的作品而分配音樂節奏，在歷經數十載寒暑之後的現代化快速生活中，是否必然是正確的？所謂創新是否永遠都是在過去？地球不斷在轉動，藝術革命帶來的衝擊從震撼轉成了分析，於是立體主義（Cubism）被看成運動而非爭議、滾石（Rolling Stones）音樂也不

再是家長眼中可怕的主張。

　　一部傑作的詮釋，除了手稿或CD附件上的節奏之外，當然還有其他的。意圖就是其一。1951年，當威廉・富特文格勒（Wilhelm Furtwängler）在拜羅特依音樂節（Bayreuth Festival）完成他著名的《第九號交響曲》表演之最後樂章，他可不是追隨節拍器這麼簡單，他追隨的是第二次世界大戰。當代的分析指出，有時候他顯然根本並不在意音符，更別說是節奏。他的指揮簡直是要透過樂譜而燃燒胸中的義憤。「熱情」一詞如今已被用濫了，但是對富特文格勒的聽眾和他的樂團來說，那一場演出猶如重溫貝多芬的熱情，再現首演時的雙臂狂舞以及他對腦海中的眾聲喧譁暴怒不已。

　　值得探索的領域還有一個：在1824年的維也納，關於速度和加速時間這些概念的內涵，共識是非常低的。當時的維也納還稱不上現代社會，指揮這件事更是一如它兩、三百年的面貌。已往時鐘不見得都是精準的計時器，時間隨興而行，或快或慢，我們也不需要更高的精確性以及同步性；那時候鐵路和電報尚未改變整個城市。有人將一具精準而且無情的節拍器拋入了這個混雜的城市，引發驚天一爆，震聾了全世界。

　　故事總是回到了耳聾，對貝多芬來說或許是無可避免的。柏林愛樂的第二小提琴手史丹利・竇茲（Stanley Dodds）曾經好奇貝多芬《第九號交響曲》的主要謎題其深層原因是否並非自由：「有時候我會自問，假使有人完全聾了，音樂只能以想像的形式存在於腦海中，它當然會喪失特定的物理特性。人的心靈是自由自在的，這一點能夠說明也有助於理解這部作品的巨大創意以及在作曲上的創作自由，是從何而來的。」以上是竇茲針對一個平板電腦應用軟體而接受專訪

時，所表示的看法。他詳細比較了《第九號交響曲》的幾次表演，如1958年的佛倫茨‧弗利克塞（Ferenc Fricsay）、1962年的荷爾伯特‧馮‧卡拉揚、1979年的李奧納‧伯恩斯坦，以及1992年的約翰‧艾略特‧加德納（John Eliot Gardiner）。[10]他並且覺得貝多芬的節拍值「相當詭異」而且太快了。凡是想要推崇那些節拍值而留下的演奏錄音，「聽起來都有點像是樂譜程式的表演，就像是由機器演奏出來的」，然而真人的演奏不止於此。

當我們以實質的形式呈現音樂，它是具有重量的。琴弓必須上上下下移動，並且在每一次更換時旋轉，我們可以將音樂的重量定義為琴弓的重量。或者，甚至是份量不重的嘴唇也行，它們必須振動才能使銅管樂器發出聲音。再或者也可以用定音鼓的鼓皮，它必須具有彈性。舉例來說，雙重低音的音效似乎需要更長的時間才能傳送到。

這些實質的延遲，整體來說也許表示貝多芬的樂譜根本就是無法實際呈現的。「但是，因為貝多芬是在他的心裡想像，你的心靈卻是徹底自由的。我自己的經驗是這樣的：我可以在心裡把音樂想得比我的實際演奏更快得多。」

《第九號交響曲》首次在維也納爆棚後3年，貝多芬溘然長逝[11]，舉城為他的喪禮默哀，時鐘也停擺向他致敬。他生命的最後幾個月都消耗在修改早期作品，尤其是增加節拍器記號。為了提昇他的作品在未來的表演，在他心裡沒有比這項工作更重要的事。我們知道天不從人願，然而這個故事還有個特殊的轉折，只是150年後才發生。

◎ 二、一張 CD 究竟該多長？

　　1979年8月27日，飛利浦和索尼兩大公司的執行長及首席工程師在荷蘭的恩荷芬市（Eindhoven）齊聚一堂，就是為了一個簡單的目的：改變人們聽音樂的習慣。早在CD這個字眼發明的幾十年之前，他們就在計劃大規模的破壞性技術。刻槽式的黑膠唱片已歷時30年卻幾乎沒有絲毫長進，污垢、灰塵、刮痕及彎曲都能對它造成影響；另外還有一項真的是單調至極的限制：即便你正在聆賞的是最簡短的交響樂，你得在中途舉起唱針、清除細絨毛、唱片翻面，然後重新開始。在這種情況下，試問你如何可能沉醉其中？（唱片當然還是能帶給你聲音的美妙、觸感及溫度，而且能有移情轉化的作用，但我們就事論事，現在談的是進步。）

　　接下來是雷射唱片問世，至少是被孕育出來。它的構想是將卡帶這項現代產品的乾淨俐落，結合影碟之聲音持久性以及可以隨機切入的特色，試圖以這種作法說服音樂愛好者轉而愛上這項新玩意。[12]CD是小型物品，以光學方式讀取它的數位錄音。它缺乏的是聲音的溫度，而它用活力、精準、隨機切入和乾淨平滑的表面作為補償。〔它同時也是很酷的新產品，雖然乖乖掏錢買險峻海峽（Dire Straits）合唱團《手足情深》（*Brothers in Arms*）專輯的少數人可能會預期擁有CD，它同樣也是一條公開的匝道，引導社會大眾進入初生的數位宇宙。〕

　　在達成目標之前有個問題必須先克服，那就是格式。在錄影帶市場曾有過一場Betamax和VHS之爭，這兩種互不相讓的技術為了爭取

消費者而一決勝負，導致所有人都受到影響。飛利浦和索尼有鑑於這兩種格式的戰爭，同意用前所未有的方式共同研究。[13]他們開發了類似的技術，並於1979年3月公諸於世。不過，它們的規格卻不相同，消費者再次面對不相容播放器的選擇。它們需要有統一的外觀才行，尤其是如果它們想要說服音樂愛好者再買一次已經擁有的相同音樂。

然而一張光碟究竟該壓縮到何種程度？它應該塞進多少資訊？

在恩荷芬市和東京舉行的執行長與工程師會議持續了好幾天，獲致的結論是一本名為《紅皮書》（Red Book）的產業標準手冊。多年以後，飛利浦的音響團隊有一名叫作漢斯·B·皮克（Hans B. Peek）的長期成員在國際電機電子工程師學會（Institute of Electrical and Electronics Engineers）的期刊《IEEE通訊》（*IEEE Communications*）摘要發表該協議，對於這項推動了文化的產品，他對自己的貢獻感到非常自豪。皮克認為唱片已經過氣了，它在微型化時代毫無用武之地，各種唱片堆積如山，笨重的唱機則深藏在櫥櫃裡。皮克寫到了CD凹槽的細小「坑洞與平地」以及音響信號的數位登錄，這些缺陷是如何被駕馭的。CD不像唱片，CD是從內部往外部邊緣讀取資料的，像是遺漏、雜訊、中斷，這些都是光學讀取時的錯誤，它們可能只是由於光碟表面有指紋這樣簡單的因素所造成的，這些都必須加以克服才行；而且關於資訊密度也必須獲得共識。在索尼公司投入之前，協定的光碟直徑為11.5公分，跟卡帶的對角線長度一樣。CD一開始的播放時間則定為1小時，這是多麼美好的一個整數，對唱片來說也是一大進步。

1979年2月，在寶麗金（PolyGram）公司的音響專家面前，CD播放器和CD的原型正式登場。寶麗金公司是飛利浦與西門子

（Siemens）共同開設的唱片公司（這個合併效益使他們能夠取用德意志唱片公司的全部產品），寶麗金的人愛上了這項新產品。最重要的是：當CD播放出幾段音樂樣本，他們完全無法分辨CD和母帶的差別。1個月後，輪到記者首次聽見CD，它的聲音再度讓人驚豔：最早的一批錄音中有一件是蕭邦的華爾滋全集，你甚至可以聽見助手翻動樂譜。當音樂在中途暫停時，現場即落入一片闃寂，媒體同樣喜歡這種什麼都沒聽見的時刻。它精準的暫停鍵能令音樂時間中止與延長，已堪稱重大變革。CD所帶來的不僅如此，也帶來了全新的音樂時間意識。親眼目睹樂曲的秒數以綠色或紅色數字出現在顯示窗中，可供人暫停、重複，乃至倒退──怎能不教人欣喜若狂？如今操作者能以前所未有的方式控制時間，人人都是快狠準的DJ、走到哪「艾比路」就跟你到哪。14

接著飛利浦派人飛到日本洽談合夥製造事宜，他們的代表與JVC、先鋒（Pioneer）、日立（Hitachi）及松下（Matsushita）都談過15，只有索尼簽下合約。索尼的副總裁大賀典雄於1979年8月抵達恩荷芬市，開始就產業標準敲定細節。但是，直到1980年6月於東京再度會商，雙方才獲得共識，並且提出最終專利申請。到了那個時候，原本由飛利浦提議的格式已經變更。J.P.辛友（J.P. Sinjou）在飛利浦的CD實驗室率領由35名人員組成的團隊從事研究，據他所述，11.5公分直徑的光碟改成12公分，純屬大賀典雄的個人願望。大賀本身是訓練有素的男中音，熱愛古典音樂。光碟新增的寬度可讓光碟播放的時間大幅延長，「有了12公分的光碟，」漢斯・B・皮克寫道：「大賀特別偏愛的貝多芬《第九號交響曲》74分鐘版就能錄得進去。」其他問題則是更加簡潔明快地獲得解決：「辛友拿出一枚荷蘭

的一角硬幣放在桌上，在場人士遂一致同意（CD中央的）孔洞的精確尺寸就是這麼大。比起其他冗長的討論，這只算是小意思。」[16]

CD一開始的長度是否受到貝多芬《第九號交響曲》的漫長錄音啟發（如1951年富特文格勒在拜羅特依音樂節所作的詮釋）？那不是很奇妙的故事嗎？這段故事只不過是一名工程師引用的「軼事」，是真是假不禁令人生疑。另一個版本裡的貝多芬粉絲不是大賀先生，而是他的夫人。或許貝多芬的故事是出於事後杜撰，好個充滿巧思的行銷妙招。這故事還有個轉折：富特文格勒的74分鐘版固然可以放進一張CD，卻是無法播放的。最早期的CD播放器僅能應付72分鐘的CD，命中註定這位指揮家得和美國搖滾電吉他手吉米・罕醉克斯（Jimi Hendrix）的《電力淑女國度》（*Electric Ladyland*）同在一張CD。時至今日這兩部優秀的音樂作品均能分別錄進一張CD，當年卻是都必須分成兩張才行。

倒是現在還有誰會買CD？如今只消3秒鐘你就能下載一首歌，除非你是純粹派的，才有那個美國時間走進唱片行買一張實體CD。這是個SoundCloud 和 Spotify當道的時代[17]，人們願意花時間聆聽的，哪裡還是藝術家創作時的完整無壓縮版？格式再也限制不了藝術的形式，然而，且看艾比路櫃台收銀員收藏的唱片，我們會了解格式確實曾經是非常嚴格的。

◎ 三、轉呀轉

且讓我們稍微加快腳步：披頭四就要錄製他們的第一張唱片呢。現在是1963年2月11日星期一的清晨，艾比路的2號錄音室分為3個租

借時段，即上午10點到下午1點、下午2點半到5點半，以及傍晚6點半到9點半。這種時間劃分方式符合音樂家聯盟（Musicians' Union）的規則，每一時段不得超過3小時、不可使用長於20分鐘的錄音材料、每名藝人每一時段都會獲得相同費用（7英鎊10先令），而且必須在當日結束前簽好收據，從艾比路的收銀員米切爾（Mitchell）先生那裡領取音樂家聯盟費。披頭四初次註冊收費時，他們的樂團還是生面孔：約翰・藍儂（John Lennon）填寫的詳細資料為「姓名：J.W. Lewnow，地址：Mew Love大道251號」，低音吉他手的角色則是署名喬治・哈里遜（George Harrison）。

披頭四在那裡待了一整天，這種情形是十分少見的。租借錄音室時，這個樂團只發表過一首單曲。這時帕洛風（Parlophone）唱片公司的品牌負責人喬治・馬汀（George Martin）發佈將要製作長時間唱機的消息，這可是非常引人注目的公告。那時的流行音樂僅限於單曲，過去兩年來全英國最暢銷的唱片不是克里夫・理查（Cliff Richard）或亞當・費斯（Adam Faith）的作品，甚至輪不到貓王艾維斯・普利斯萊（Elvis Presley），而是喬治・米切爾吟遊歌手（George Mitchell Minstrels）的《黑白吟遊歌手秀》（*The Black And White Minstrel Show*）專輯裡的歌曲。

那一個上午時段就從披頭四錄製一首名為〈有個地方〉（There's a Place）的普通歌曲展開，這首歌的靈感來自《西城故事》（*West Side Story*）的〈某處〉（Somewhere）。[18]他們一共完整錄製7次以及3次假開唱[19]，最後一次假開唱持續了1分50秒，在錄音室的錄音表上註記為「最佳」。接著他們直接進入清單上標示「17」的歌曲，一共錄製9次，包括一次假開唱；在回放時則確認第一次的成果最好。幾

天後它的歌名改為〈我看見她佇立前方〉（I Saw Her Standing There），他們並且決定讓這首歌成為專輯的第一首曲目，就像它也曾在許多次現場演唱會中擔任開場曲目一樣。但是，喬治・馬汀察覺到缺少了什麼──那就是他最近在利物浦（Liverpool）的卡文俱樂部（Cavern Club）看到披頭四唱現場時，他們所散發出來的活力。因此，在第1次錄製一開始的時候他就塞進了4個字；保羅・麥卡尼（Paul McCartney）在第9次錄製時也在一開始的時候使用這4個字：「1、2、3、4!!!」然後，午餐時間到了。

● ● ●

1948年真可謂精彩萬分：有以色列建國和柏林空投，NHS（英國國家健保局）和馬歇爾計畫（Marshall Plan）也在這一年誕生；此外還有12英吋的唱片上市。12英吋唱片為每分鐘33又1/3轉，看起來就像是世界大事的倒影，然而它的衝擊卻教世人大吃一驚。它每一面可以錄製22分鐘，不像老式每分鐘78轉的10英吋或12英吋唱片，只能錄製4或6分鐘。它改變了作曲家和音樂家對音樂的觀念和創作方式。一整個世代以來人們從音樂獲得大量樂趣和啟發的方式，至此已然改觀。詩人菲力普・拉金（Philip Larkin）認為性革命發生的時間差不多就是在披頭四首張專輯發行時，這可不是空穴來風。

如果說音樂表演的標準時間長度，主要都是取決於錄音技術的限制，難免失於膚淺。不過，在覆蠟的錄音圓筒和留聲機發明之前，我們可以確定音樂是不太需要結構的。在非洲大地有古歌數百年來傳唱不已；在中古世紀的宮廷，只要龍心大悅即可絃歌不輟；或者，直到

你再也發不出賞錢為止。再晚近一點的時代，則表演不過是在測試人類的耐性：我們能有多專注？我們能自我約束多久？一場音樂會總是隨著蠟炬成灰才會曲終人散。在古代的劇場也是如此：觀眾可以在沒有空調的空間裡安坐多久，才會開始要求來一份羅馬時代的雪糕呢？

音樂錄製從1870年代開始大行其道，它畢竟改變了我們聆賞音樂的能力。早期的愛迪生或哥倫比亞兩家品牌留聲機是覆蠟式的滾筒，它的限制先是2分鐘、接著是4分鐘，對人心的限制就像斷頭台那樣不容商量的餘地。同樣地，10英吋的蟲膠78轉唱片持續不過3分鐘，12英吋唱片（在微槽式長時間唱機之前）則是運轉4分半鐘。7英吋45轉黑膠單面唱片於1949年面世，它略有不同，大約可轉3分鐘，後來的凹槽刻劃過於整齊，以致聲音會變質，還會跳針。[20]

馬克・卡茲（Mark Katz）是錄音領域的重要歷史學家，他指出：在唱片出現之前，在家聽音樂是件與眾不同的麻煩事。[21]他引述1920年代藍調歌手桑・豪斯（Son House）的怨嘆：「你得站起身來將它放回原位翻個面轉動唱臂整理就位放下喇叭」。對藍調和爵士樂來說這已夠糟了，對古典音樂而言簡直就是災難：一部交響樂硬是被拆成10張唱片的20面〔「專輯」（album）一詞的由來不就是這樣：一個資料夾裡面放了一整套78轉的唱片〕。

在那些年代錄製的聲音勢必被當成奇蹟一般看待，當然人們還是會習慣的。但是在創意上，它可不僅是件麻煩事，分明是個阻礙。一齣歌劇或者一部協奏曲不再是依作曲家的意思劃分為幾幕或是幾個樂章，而是因應覆蠟式滾筒或唱片的4分鐘限制，切割成數段假樂章。這樣一來音樂可是會戛然而止的，能讓音樂繼續下去的唯一方法，是有人肯離開座下的安樂椅。這會有什麼影響？答案是錄製時間比較短

的唱片，或者是錄製更多簡短的曲目。馬克·卡茲提到：在20世紀上半葉雖然仍有一般的交響樂及歌劇，「瀏覽唱片目錄……能顯現特寫作品、詠歎調、進行曲和簡短的流行歌曲及舞曲占盡優勢。……時間限制不僅影響了被錄製的音樂家，它影響音樂家公開演出方式的日子也不遠了。」會有越來越多聽眾想要他們從唱片中得知的簡短作品。[22]有能力錄製略長的音樂，就算沒有造成流行歌曲的3分鐘格式，也是鞏固了這種形式。然而令人訝異的是：這種作法存在於流行音樂之前，並且超出了流行音樂的領域。

當伊戈爾·史特拉文斯基（Igor Stravinsky）於1925年創作他的《鋼琴小夜曲》（Serenade for Piano），有個特定的原因造成這件作品只有12分鐘長，而且分為4個幾乎相同長度的段落。「在美國我安排了一家唱片公司（Brunswick），為我的部分音樂製作唱片，」史特拉文斯基解釋說：「這讓我想到，我應該根據唱片的能力創作些音樂。」於是我們有了4個3分鐘以下的樂章，每一樂章恰恰符合10英吋78轉的唱片單面的長度。[23]作曲家也願意裁剪自己的作品，迎合唱片的限制。在1916年，愛德華·艾得格（Edward Elgar）就縮減他的《小提琴協奏曲》（Violin Concerto）樂譜，使它符合4張78轉唱片，而完整版的演奏則輕易就可持續它兩倍長的時間。

即便是音樂家提供的演奏，從獨奏音樂會到錄製的版本，也會有所出入。現場演奏的畫面，必須善用顫動或者其他共鳴，才能以某種方式在聆賞者的心靈再造它的質感。指揮家尼可拉斯·哈儂寇特（Nikolaus Harnoncourt）深信「如果聽者看不見音樂家……就必須加入一點憑藉，使聽者能在想像中看見音樂表演的過程。」時機的安排也是會變化的，例如兩個樂章之間的間隔，或者其他戲劇性的暫

停，這些都不是枝微末節。在音樂廳裡，音樂家輕抹琴弓或額頭，或者是替打擊樂器消音，都可能在沉默中為音樂會的進行注入戲劇效果；到了CD則沉默只會是一片死寂。表演這回事，越是井然有序就會變得越狹隘，它的修飾效果也會隨之貶低。

● ● ●

披頭四用過午餐之後回到二號錄音室，錄製了〈蜂蜜的滋味〉（A Taste of Honey）、〈你想不想知道一個祕密〉（Do You Want to Know a Secret），以及〈悲哀〉（Misery）。再來是另一次休息，也是晚餐時間。在6點半到10點45分這個馬拉松式的傍晚時段，他們繼續錄了〈抱緊我〉（Hold Me Tight）、〈安娜（去找他）〉〔Anna（Go To Him）〕、〈男孩們〉（Boys）、〈重重鎖鏈〉（Chains）、〈寶貝，是你〉（Baby It's You），以及〈又扭又叫〉（Twist and Shout），這些歌曲大多是進行一次或兩次完整錄製；此外，他們也會領到超時加班費。

「在那樣的情境下我們這麼有創造力，真是歎為觀止！」喬治・馬汀在2011年時與保羅・麥追憶那一段錄音室內的時光，如此說道。麥卡尼的回應是：「我跟大家說：『早上10點半到下午1點半，兩首歌。』就在3小時的時段過了一半，你提醒我們：『嗯，那一首歌差不多夠了，兄弟們，讓我們把它完成吧。』然後他謙虛地說，你們在1個半小時內學會了出色的表現。」

馬汀回憶道：「但是我的壓力很大。你們繞著地球跑，能給我的時間少之又少。我跟布萊恩・艾皮斯坦（Brian Epstein）說：『我需

要更多錄音室的時間。』他說：『那麼我給你星期五下午或星期六傍晚』，他施捨時間給我，就像拿碎屑餵老鼠一樣。」[24]

1963年2月11日當天所錄製的每一首歌都物盡其用，一點也沒浪費掉，全部收進了專輯，專輯名稱為《請取悅我》（*Please Please Me*）。在這十首新歌之外，還包括已經錄在兩張單曲唱片A、B面的四首歌〔〈一定要愛我〉（Love Me Do）／〈P.S.：我愛你〉（P.S. I Love You），以及〈請取悅我〉（Please Please Me）／〈問我原因〉（Ask Me Why）〕。[25]

然後，1963年2月11日星期一這天結束了。這個樂團即將成為世界上最強最大最了不起的天團，他們的首張唱片已經準備好進行混音，39天之後就會發行。幾年後，〈永遠的草莓田〉（Strawberry Fields Forever）需要二打以上的完整錄音次數並且歷時5週。但是首張專輯全部的曲目，單曲不算，只花了1天的時間。

● ● ●

另一方面，馬克・路易松（Mark Lewisohn）正要用相當長的時間描寫那一張專輯，還有披頭四不同凡響的7年錄音史中，其他專輯的故事（僅僅7年——每次想到這一點，都教人拍案驚奇）。路易松是《這些年》（*All These Years*）一書的作者，對披頭四以及他們的世界，有精闢又扣人心弦的見解。他的寫作最後可能會變成持續30年的計畫，但是他當初只是想寫3部書，並且於1970年代完成。現在作者打算出版第4部，它將會包含單獨的專案以及事後的餘波盪漾。

「這是摸著石頭過河，且想且做，」他說：「我在2004年開始寫

作時，它原本是個12年的計畫，可是……這真是大大的失算。」這3
部書的出版時間原本是訂在2008、2012及2016年，「所以今年應該
能看到這一套書的完結篇。」從變更過的時間表看來，第2部的出版
時間為2020年、第3部則是2028年。「如果我要寫第4部，那大概就
要到2030年或其什麼時候才能出版了。」我在2016年與路易松會面
時，他是57歲，要寫到第4部的話，那他可是70好幾了。「在美國，
羅勃‧卡洛（Robert Caro）關於政治人物林登‧B‧詹森（Lyndon
B. Johnson）的一系列著作，就是個類似的實例，」他說：「他還有
一本書要寫，而他都已經80多歲了，所以他正在和時間拔河。」26

　　路易松是在伯克罕斯帖（Berkhamsted）的家中工作，那是位於
哈特福德郡（Hertfordshire）的一座古代市集城鎮。當他坐到書桌
前，會淹沒在汗牛充棟的書籍、音樂報章雜誌、錄音帶、紙箱、檔案
櫃以及其他林林總總的材料中，幾乎不見人影。以私人收藏的披頭四
文件資料來說，當今無人能出其右。訪客呢？你只有一小塊4英吋平
方的空隙可以放上一杯茶。路易松的筆電置於一具托架上，以便在下
方騰出更多空間。然後，在他的腦海裡響起了雜音。「就好像馬戲團
裡轉盤子的雜耍，」他說到並行的時間表：在第1部中「倫敦、利物
浦及漢堡有許多事件同時發生，到了第2部和第3部，盤子的數量更要
加上幾倍。就算我不提起披頭四對印尼、紐西蘭或阿根廷的影響，光
是談到在倫敦、利物浦或其他地方所發生的事，就夠讓讀者應接不暇
了。想想這些材料的份量還有如何才能全部消化，我知道我一直都是
在自討苦吃。」

　　我去找路易松，是為了談披頭四的鼓手林哥（Ringo Starr），還
有他怎麼會被中傷那麼多年〔像是綜藝節目《莫肯與魏斯秀》

（*Morecambe and Wise Show*）稱他為邦哥鼓（Bongo）就是〕。[27]路易松是林哥的強烈擁護者，他告訴我：「他補足了披頭四所欠缺的。披頭四的所有唱片中沒有所謂不好的或甚至是恰到好處的擊鼓，他那一部分的表現始終都是充滿想像力並且讓人耳目一新。以時間的掌握來說，他算得上是人肉節拍器。」

不過，那時候我對路易松自己的節奏開始感到興致盎然。以我這一行當作家的來說，為期30年的寫作計畫，確實會讓人一想到就頭皮發麻；為了應付這項寫作任務，他如何安排每天的時間？「1天的時間是不夠用的，」他說：「我試著把一天當兩天用——盡可能早起晚睡，直接在書桌前吃午餐，而且心無旁騖。」

這些考量是理所當然的。這個計畫裡有這麼多都跟時間有關，故事裡的眾多角色也是依照各自的時機相繼登場。路易松在第一部這樣寫道：有這麼多事件「已經完美地安插在拼圖之中」，或者是「不折不扣的時間奇蹟」。披頭四和美國音樂家小理查（Little Richard）的見面就是十足的「天賜良機」，而布萊恩・艾皮斯坦第一遇見披頭四，是1961年11月9日星期四，在卡文俱樂部，「這來得正是時候……兩條向來平行的軌道終於交會了。」或許在人類的一切歷史上，因緣際會與時機湊巧只是稀鬆平常的事，要不然就是該來的早晚終究會來。然而，正如路易松在他的〈導言〉裡頭所說：「在這整個歷史中，每一件事的時機永遠都是盡善盡美。」

註釋

1 主要的依據似乎只能又是約瑟夫・伯恩的說詞：「貝多芬興奮莫名，渾然不知道發生何事，對喧嘩的掌聲無動於衷。耳聾讓他什麼也聽不見，每次總是被告知才轉向鼓掌的觀眾致意，那不屑的態度令人匪夷所思。」本段譯文見於H.C. 羅賓斯・蘭登（H.C. Robbins Landon），《貝多芬：文件研究》（*Beethoven: A Documentary Study. London,* 1970）。另見R.H. 蕭福勒（R.H. Schauffler），《音樂解放者貝多芬》（*Beethoven: The Man Who Freed Music.* New York, 1929）；喬治・R・馬瑞克（George R. Marek），《天才貝多芬傳》（*Beethoven: Biography of a Genius. London,* 1970）；巴瑞・考伯（Barry Cooper），《貝多芬》（*Beethoven.* Oxford, 2000）；湯瑪斯・法瑞斯・凱利（Thomas Forrest Kelly），《前幾夜》（*First Nights.* Yale, 2000）。

2 這段話是史奈德寫的，寫在貝多芬400本對話簿的其中一本。這些對話簿是貝多芬耳聾之後，和訪客溝通之用的口語雜記簿。

3 這種說法亦獲得呼應。從20世紀開始，音樂已分化為各種類型，而定義這些音樂類型的依據往往只是態度及節奏而已。爵士樂找出五花八門的方式定義不可捉摸的部分，咆勃（bebop）通常表示快速，酷派爵士樂（cool jazz）則主要是代表更加輕快。從敘事曲到速度金屬樂（speed metal），各種定義也延伸到流行音樂及舞曲。現代酒吧的舞曲螢幕差不多全是用來表現bpm，有些設定在120-130，而且在130-150時將你帶入迷離恍惚之境。電音舞曲（breakbeat）差不多介於它們之間，至於速度硬核樂（speedcore）只有到了180才叫正點。

4 在他的信中有多處暗示他仍是將快板、行板等視為表示特性的有用方式，不要用於節奏就行了。

5 然而貝多芬另外也提到，早在溫克爾／梅切爾的改良品出現前幾年，作曲家已經很熟悉老式的節拍器。他當然很清楚知道舊型的鐘擺節拍器與時鐘之間顯而易見的關聯，而且在他的《第八號交響曲》也表明了這個連結關係。在《第八號交響曲》簡短的第二樂章中，出現時鐘式的斷斷續續滴答旋律，一般聽眾對貝多芬的真正目的雖有爭議，但有些人相信這是他對節拍器的禮讚。它也可能是受到海頓《第101號交響曲》（《時鐘》）啟發。

6 「metronome」（節拍器）一字（德文為metronom）源自希臘文的metron和拉丁文的metrum，意思是「衡量」。「metre」（長度；詩律）一字的字源亦同上。

7 譯註：Caractacus Pott是007系列小說原著作者伊恩・弗萊明（Ian Fleming）為他兒子撰寫的童書《飛天萬能車》（*Chitty-Chitty-Bang-Bang: The Magical Car*）之男主角，係一名怪咖型的發明家。

8 一個世紀後，也就是與音樂創作時間已相隔一個世紀之遠，阿諾德・匈伯格（Arnold Schoenberg）同意貝多芬想要控制節奏的這個開創性企圖。他在1926年時寫道：「難道作者不能有這樣最起碼的權利，可以在他自己出版的樂譜中標註，表明他希望自己的構思如何被實現？」

9 《音樂季刊》，1993年春季號。

10 這項應用軟體是由塔屈普瑞斯（Touchpress）和德意志唱片（Deutsche Grammophon）兩家公司在2013年聯合出品的。它是一項相當了不起的產品，使用者可以靠它追隨或比較每一次的表

演，無論是1824年的樂譜或是樂團的任何一件樂器都行。它所附加的註解及訪談也同樣趣味盎然。

11 該音樂廳已經夷為平地，如今矗立在它原址上的是薩赫酒店（Hotel Sacher），也就是聞名於世的薩赫蛋糕之家。

12 卡帶是飛利浦於1962年推出的產品，在新一代的流行音樂迷及汽車駕駛之間受到廣大歡迎。但是，由於它存真的效果不佳以及強烈的回捲傾向而聲勢受挫。唱片產業界一度愛死了卡帶（直到用它來錄製收音機的音樂，才開始退燒）。影碟也稱為雷射光碟，它有一部分也是由飛利浦開發出來的，但是事實證明只有Bang & Olufsen公司的支持群眾和熱愛科技的電影迷才會看上它，而且後繼無人。

13 錄影帶格式的戰爭有很大一部分集中於錄影卡帶的時間長度。如果說索尼的Betamax能持續1小時而JVC的VHS則是持續2或4小時，凡是喜歡運動或電影的人都不會難以取捨。另外還有一項不相容的競爭者是以Video 2000的形式存在的〔飛利浦和根德（Grundig）兩家公司在這項產品都以慘賠收場〕，而且至少有一小段期間還有松下公司名為VX的系統。如此一來我們有了早期而且原始的可程式化定時裝置：這個機盒本身即稱為「美好時光機」（Great Time Machine）。

14 譯註：艾比路（Abbey Road）是英國一條小街道，也是披頭四樂團第11張專輯的標題。

15 譯註：Matsushita為Panasonic之舊名。

16 1982年8月（即CD和CD播放器首度上市）到2008年初這段期間，全球的CD銷售量推估為2000億張。CD催生了CD-ROM，成為電腦主要的儲存方式，隨後出現可錄CD，再來則是可在相同平台播放的DVD及藍光光碟。

17 譯註：SoundCloud 和 Spotify 都是線上音樂網站。

18 這首歌和該專輯的其他歌曲一樣，一開始係署名出自「麥卡尼－藍儂」（McCartney-Lennon）之手。

19 譯註：假開唱（false start）是指僅錄製歌曲的起始部分，將來可作為介紹之用。

20 如果你有雷‧查爾斯（Ray Charles）的〈我該說什麼〉（What'd I Say）（1959年，6分半）、鮑伯‧狄倫（Bob Dylan）的〈如同滾石〉（Like a Rolling Stone）（1965年6分15秒）、唐‧馬克連（Don McLean）的〈美國派〉（American Pie）（1971年，8分42秒），你得翻到B面才能繼續聽完。在這個趨勢下，大家最容易注意到的例外是披頭四的〈嗨，裘德〉（Hey Jude）。它之所以特別，是因為1968年時對於複雜技術的掌握，使壓製廠能夠將7分11秒的歌曲製作於單面，在B面則是清爽地放置〈革命〉（Revolution）。

21 參見馬克‧卡茲的《捕捉聲音：技術如何改變了音樂》（*Capturing Sound: How Technology Has Changed Music*）（University of California Press, 2004）。

22 再也沒有其他場合，比流行音樂的現場演唱會更能掌握到熟悉與流行之間的關係。然而，一旦某一新作的首演被認為是個令人興奮而且榮幸的機會（比如說貝多芬《第九號交響曲》的首演），如今它會被認為是個光臨酒吧的良機。這是尼爾‧楊（Neil Young）的故事：在他人生中比較叛逆的其中一個階段（也就是他最後的40年生涯），他對一群聽眾宣佈，他的音樂會上

半場都是新作，下半場則全是他們已經知道的歌曲。他先表演了新作，而既然新作已經不算新作，於是他在下半場又表演了一次。

23 基於這個以及其他理由，許多作曲家和音樂家並不信任唱片，認為它們為後人記錄了錯誤、抹煞了讓人驚喜的興奮。貝拉·巴透克（Béla Bartók）指出，即使是作曲家自己錄製的唱片，也會立即限制了他們的音樂，讓它無法「持續不斷的變化」；艾倫·寇普蘭（Aaron Copland）則寫道：「這項不可預測的元素是非常重要的，是它使音樂真正具有生命……卻在唱片播放第二輪的那一刻消亡了。」

最著名的首推約翰·凱吉（John Cage），他對唱片的憎恨可是無人能及的。他相信唱片是沒有生命的東西，他曾經告訴一名訪問者，唱片「無法摧毀人們對真正音樂的需求……（唱片）讓人以為置身於音樂活動中，其實根本不是。」1950年，就在唱片問世之後兩年，凱吉寫信給皮耶·包勒茲（Pierre Boulez）（他本身正不遺餘力地推廣這項異端產品），半開玩笑地說自己將成立「一個叫作『資本家公司』（Capitalists Inc.）的協會（這樣我們就不會被指責是共產黨員），凡是想加入的人都必須證明已經砸壞100張以上的唱片或者一具錄音器材，每一名加入的會員也會自動成為會長。」〔有關凱吉和錄音之間的關係，請參見大衛·古魯伯斯（David Grubbs）所著《唱片毀滅了地景》（*Records Ruin the Landscape*）（Duke University Press, 2014）。〕

24 取自2011年BBC的系列節目《劇場》（*Arena*），該單元名稱為〈喬治·馬汀製作〉（Produced by George Martin）。

25 他們也錄製了〈抱緊我〉，但是沒有收入專輯。喬治·馬汀初次聽見披頭四在艾比路演唱〈請取悅我〉，認為唱得太慢了，與其說它是利物浦默西之聲（Merseybeat）風格令人振奮的喧譁歌曲，反而更像是美國歌手洛伊·歐賓森（Roy Orbison）的哀怨曲調，節奏全不對盤，他要他們再檢討一番。「它真的真的需要注入生命力」，馬汀後來說道。「事實上我們感到有點悶，他抓到的節奏比我們的更棒，」麥卡尼如此承認。所謂注入生命力的作法顯然有效，那首歌成為他們第一首冠軍曲目。

26 《林登·詹森的時代》（*The Years of Lyndon Johnson*）共計5部，至2015年為止卡洛已經出版到第4部，第1部係於1982年出版。在下一章我們會再談到林登·詹森。

27 譯註：《莫肯與魏斯秀》是1968年起在BBC電視台播出的綜藝節目，由艾瑞克·莫肯（Eric Morecambe）與艾米·魏斯（Ernie Wise）共同主持。艾瑞克·莫肯和艾米·魏斯原本是在ATV電視台主持綜藝節目《獨一有二》（*Two of A Kind*），本節目從1961年起播出，是「莫肯與魏斯秀」的前身。直到1968年兩人跳槽到BBC，本節目才開始稱為《莫肯與魏斯秀》。披頭四其實是上《獨一有二》節目，並非《莫肯與魏斯秀》。該集是在1963年12月2日錄影，於1964年4月18日播出。莫肯與魏斯的主持特色之一，是經常藉由弄錯來賓的身分和姓名來搞笑。在那一集中，一開始艾瑞克就故意把披頭四當成另一組流行歌手「凱氏三姐妹」（Kaye Sisters），還說他們染了頭髮。接下來則多次故意把Ringo的名字叫成諧音的Bongo。這本是為了節目效果而開的玩笑，聽者不以為忤，但本文作者的意思是：林哥的鼓手角色不受重視，由此可見一斑。

總算安靜了：珍・梭蒙在丈夫終於
閉嘴之後向他致意。

說多少算是說太多？

How Much Talking
Is Too Much Talking?

◎ 一、在摩斯家的時間

去年在我55歲生日時，收到一封電子郵件。發信人是康妮・狄樂提（Connie Diletti）女士，給我一個很誘人的提議。狄樂提是加拿大多倫多IdeaCity年會的製作人，IdeaCity召集50名演講者齊聚一堂談論重大議題，例如氣候變遷、食品科學，以及加拿大和美國合併的可能性等，她希望我能共襄盛舉。今年這個年會包含一個愛情與性的單元，她詢問我是否願意談論情書這個主題（我寫過一本關於書信寫作的書，我列舉的最佳實例都是各種形式的愛情）。我不曾參加過IdeaCity、沒到過多倫多，而我一直希望有機會可以就近觀賞尼加拉瓜瀑布，所以我表達了真誠的參與興趣。我以電子郵件回覆她，想知道她的條件：IdeaCity會幫我出幾個晚上的飯店錢？以及航班行程如何安排？

康妮・狄樂提的回函極盡拉攏之能事。為了換取我發表17分鐘的談話，他們提供機票、五星級飯店住宿、把我演講的過程以高畫質影片永久存放在IdeaCity網站的主機、每晚安排派對，以及「在星期六的一場演講者特別早午餐會，地點是在摩斯（Moses）的家」。

她開出的條件還有很多，這些只是比較顯著的。其中最突出的一點，是只要求我發表17分鐘的演講。這不像是我常有的45分鐘含問答形式，或者是15分鐘甚至20分鐘的整數。我納悶為何是17分鐘。這個神奇的數字難道是經過多年縝密分析的結論？（這是IdeaCity成立的第16年，和25年歷史的TED會議比起來，它只算是新秀。不過這是相對比較的結果，它本身的歷史也夠長，長到它一定已經清楚知道，聽眾容易在何時昏昏欲睡。）或者只有我是17分鐘，而其他演講者的

時間長度也和我的一樣，純屬隨機分配嗎？另一位參加者勞森議員（Lord Nigel Lawson）會不會只拿到12分鐘發揮他的專長，也就是否認全球暖化？艾米・雷曼（Amy Lehman）博士是不是會有28分鐘，大談在坦噶尼喀湖（Lake Tanganyika）湖岸濫用瘧疾蚊帳的情況？會不會有口才伶俐又準備了有趣投影片的演講高手（有一位大學老師將演講冰山的科學），能讓他們的演講時段流暢飛快地過去，而其他人用相同時間談論「大蒜的神話」或「用饒舌歌介紹宗教」，則是顯得冗長乏味？還有，「摩斯」是誰？

　　3個月後我抵達多倫多，發現其他人也都是整整17分鐘。我知道所有TED演講的目標都是18分鐘整，TED的一名研究員克里斯・安德森（Chris Anderson）將這個時間長度定義為甜蜜點（sweet spot）：它讓演講者有足夠時間可以嚴肅地談話，但是不夠時間讓你學術化。將訊息濃縮成只有18分鐘，在演講者與聽眾兩方面，其「闡述效果」是一樣的，任何一方都不會感到無聊。而且，這也是一場演講能夠在網路上像病毒一樣擴散的理想長度，因為這差不多是喝一杯咖啡的時間。

　　但是，用摩斯的話來說：IdeaCity的17分鐘是對TED的「一點小小唾棄」。康妮・狄樂提告訴我，IdeaCity成立於2000年，當時的名稱是TEDCity，這是他們與TED的共同創辦人理查・烏爾曼（Richard Wurman）的合作（TED成立於1984年）。曾有一段期間，TED 和 TEDCity的每一位演講者在講台上都有20分鐘時間，但是TED將它改為18分鐘，而且整個組織也擴大並稍微調整了方向。摩斯於是決定分道揚鑣，重新規劃這項「唾棄」的組成元素。（很有可能將來會出現一個受IdeaCity啟發的競爭組織，為了要勝過

IdeaCity而把時間再次縮短，成為16或15分鐘，甚至是8分鐘。時間縮減就如同良好的法國股票縮水，都是和本質有關。）

摩斯的全名是摩斯・慈奈默（Moses Znaimer），他是猶太裔立陶宛人，也是年逾古稀的傳媒大亨，在當地就像是媒體巨擘魯伯特・梅鐸（Rupert Murdoch）和《花花公子》創辦人休・海夫納（Hugh Hefner）的結合，只不過作風較為自由。他很有魅力，可是我看得出來，他能爬到這麼高的地位，不只是靠魅力。在我收到的電子郵件中概述了他的事業版圖：他擁有電視台、廣播公司，以及嬰兒潮文化／政治雜誌《伸縮鏡頭》（Zoomer）。他也喜歡身邊有美女雲集和漂亮的汽車環繞（他開一輛DeLorean和一輛古董Jaguar）。他也在IdeaCity開了一個節目，介紹每個單元的演講者。他會與每一位參與者合照，並且充當非正式計時員。正式計時器是講台上一具顯眼的長方形數位時鐘，你的金口一開它就會開始倒數計時。不過，這位非正式的計時員可是比較鬼鬼祟祟的，一旦你達到了17分鐘的限制，摩斯便會出現在講台一側。如果你超過1分鐘，摩斯會慢慢逼近你；若是你繼續講下去，他會悄悄地靠得更近，直到肩並肩與你站在一起，準備發表機智的評語為你打圓場，也可能是會讓你洩氣的一番話。

幸運的是，我的場次是在第二天的上午，有很多時間可以吸收他人掌握時間的經驗，同時也難得很緊張。演講活動的地點是在寇爾納音樂廳（Koerner Hall），會場呈馬蹄形，可容納超過1千名聽眾。它是加拿大皇家音樂學院（Royal Conservatory of Music）的所在地，所以視線與音響效果都非常出色，播放PowerPoint的螢幕技術也不例外。這當然只會教人更繃緊神經。你還知道演講的時候有人正在錄影，而且起初的電子郵件就向你保證，「影片會永遠存放在我們的網

站」，這同樣會讓人緊張起來。如同IdeaCity的演講者告訴你的，很有可能來一場生態或人文的恐怖災難，這世界就會緩慢走向可怕的末日。然而即使到了那時候，我的演講仍會保存在某個地方，連個喜歡的人也沒有。

　　若是你的演講有將近1小時，你不止有可能會在迂迴曲折中迷失了脈絡，在結束之前也還會有時間可以將它們兜攏。如果你在前面的半小時遺漏了什麼，可以在最後的15分鐘，或者甚至是利用問答時間，將它補充回來。但是17分鐘可不是說著玩的，它容不下沉悶、不可重複，也沒有閃躲、迴避的餘地。此外，觀眾們可是花了5,000元加拿大幣來的，你最好絕無冷場。

　　該我演講的那個上午到了。貴氣的環裝節目表上說，我的時段從10點01分開始。起先我以為是印錯了，不過我看到其他演講者的開始時間也跟我的一樣，精確得好愚蠢：像是11點06分、1點57分、3點48分。差不多在我上場之前的1小時，我才知道許多演講者鉅細靡遺地排練過他們的演講，剪裁再剪裁，直到合乎16分30秒長，這樣還能允許演講途中的笑聲、喘氣和呼吸。我一向害怕在公開場合演講，這可以追溯到學生時代讓人感到無力的口吃。每個字從我的嘴裡說出來，彷彿需要用上一輩子的時間，而且有些字我根本就說不出來，例如「st」開頭的。學校的環境並不是改善這個障礙的好地方：對全班演講已經夠嚇人，卻完全比不上集會時對全校演講，偏偏我們時不時就必須做一次。我還有另一個毛病是愛現，因此口吃意味我的沮喪會加倍。我被要求宣傳打書時，這種恐懼仍持續著，不過焦慮的程度逐漸減輕，演說能力也改善了，變得開始期盼書展。我認為已經克服了恐懼，因此感到高興。但是，眼看著其他人恰到好處地講完17分鐘，

一個接著一個流暢無比，我又開始自我懷疑了。

幸好有9點31分那位女士，她沒算好時間，誤差大得很離譜。她演講的主題是關於一種新型的約會，在那種約會中，如果她的朋友們為她安排的感情能夠持久，她就會送給朋友們很有價值的禮物。（如果感情能維持到結婚，她會獎賞安排有功的朋友價值2000元的渡假旅遊。）她才講了11分鐘材料就用完了，剩下來的時間全用來回答摩斯的棘手問題，例如「這聽起來好像有點冷酷無情，你說是吧？」在她之後、在我之前，9點41分上場的先生是一名高手，他細心安排了一落卡片還有一組有趣的投影片。前一天的演講主題包括「年齡相關疾病之治療」和「純素食的好處」，受夠這些沉重議題的觀眾，會覺得他的講題是天上掉下來的禮物。現在我們將會聽到新興的自動駕駛汽車，如何成為車床族的福音。他真是講得精采萬分（哈哈）。

直到現在我才恨不得有排練和計算過演講內容的時間。我的開頭還好，只是有點虛弱無力。我上台之前，製作人秀了一段短片，是英國演員班尼迪克·康柏拜區（Benedict Cumberbatch）朗讀我書中的一封情書。我演講的開頭是向大家說抱歉，班尼迪克無法親自在這裡朗讀這封信，這麼一說引起大家一陣暗笑。接下來我談到書信已經有2千年悠久的歷史，推特只不過是很蹩腳的替代品，而且可不止是歷史學家才會這樣想。我第一次瞄倒數計時器的時候，已經用掉8分鐘。我一共有17張投影片，才放了兩張。我並沒有驚慌失措，但是我意識到腦袋裡正同時在想幾件事，沒有一件是可以公開說出來的：我快沒時間了；他們出錢找我來的，但是錢白花了；摩斯將會向我挨過來；我就要出糗了；為什麼都有了這麼厲害的技術，控制室裡面的傢伙卻沒把我的PowerPoint設定在「簡報者檢視畫面」，讓我能看到下

一張投影片是什麼？以上這些只是清楚想到的念頭，其他還有很多是一閃即逝的；我記得我茫然地看著聽眾，至少有5秒鐘那麼久。（神經生理學家指出，我們能以13毫秒的高速處理視覺刺激的資訊，非視覺的連接還更快。）

這一場演講剩下的部分變成了操練，讓我練習將它壓縮到有限的時間內，並且設法維持連貫性。這就像是人生：時間已經成為我的敵手。在現實上，我曾希望在演講中為聽眾帶來知識和樂趣，並且稍微辯護一下書信的價值（非常諷刺的是：書信寫作已經被其他的替代品給徹底擊敗，而且正是輸在時間與速度）。我突然發現還有9分鐘可以播放13張投影片和說故事，通常這些故事至少要花上半小時才說得完。演講者要將故事濃縮得很好而不會落得不知所云，能濃縮的程度有限。我現在的處境是前所未有的：在我的內心，我和時鐘之間正有一場慘烈而急迫的戰鬥。但是，只有我看得見時鐘，聽眾卻是渾然不覺的，雖然他們或許已注意到，我越說越快而且顯得有點手忙腳亂。

剩下3分鐘的時候，我還有8張投影片。我不必讓他們看完全部投影片，或者把我想說的故事全部說完，可是我在結尾有一句台詞應該會很爆笑，怎麼樣都不甘願就此放棄。我繼續追趕，整個會場的空氣好像一點一滴地消失。現在在我的視線完全離不開時鐘，它的每一個動作都像是催魂鈴。摩斯也出現在講台左側，在那裡走來走去。我快速地顯示投影片，活像個緊張兮兮的孩子在歷史考卷上條列滾瓜爛熟的史實。然後我的時間到了，時鐘由綠變紅，而且開始閃爍。我大概說了像這樣的話：「還有兩、三件事我很快地提一下，」我往左邊看去：摩斯紋風不動，而且客氣地留在原地。

我超時大約7分鐘，以為搞砸了一切，不過事後知道大家還滿讚

賞的。雖然這是極端的例子，而且是我自作自受，這次的經驗終究讓我領悟到，過度專注於時間會有多大的壞處。在這個實例中，經過設計的時間架構賦予專注的焦點，只會限制我腦袋裡面可以自由思考及想像的領域。就像是我又從自行車上摔了一次，我的腦袋自動封閉所有通道，只留下一些必要的部分，讓我不至於用最快的說話速度言不及義。

另一個極端是：用非常緩慢的方式廢話連篇，是否有價值呢？如果說，就像接下來的例子：時鐘不會閃爍，時間像是永遠用不完似的，那會有什麼結果？假使有人可以不停地說下去，又會如何？

◎ 二、干擾議事

史托姆・梭蒙（Strom Thurmond）是民主黨參議員，別的先不說，他是名信念堅定的政治人物，而他最深信不移的一個信念，是黑人應該被限制在他們自己的地方。1950年代中期，在實務上這個信念即意味學校、餐館、等候室、戲院和大眾運輸工具，以及對私設絞刑視若無睹的司法體系等，都應該用膚色隔離。

但是，史托姆・梭蒙還有別的事可以一提：他能在政壇上享有長久的聲名，不僅是因為他是美國史上唯一在100歲仍然擔任參議員的政治人物，也因為他在54歲那一年發表了美國政治史上最長的演講，據我們所知，即使在世界史上也是首屈一指。[1]

他的演講之長，連他的家人與助理都大感意外。1957年8月28日的下午8點54分，當他站起身來那一刻，沒有人知道他會說到什麼時候才會再坐下來。3、4個小時之後，時鐘已經過了午夜時分，很少人

還有毅力或好奇心想知道他會講多久。有些人吃起了消夜，至於那些想硬撐聽完梭蒙演講的人，本地旅館也已經把臨時床位送來國會。他說到的事情之一（如今這種說法會令我們吃驚，更不必說是從參議員的口中聽來，而他還有長遠的政治生涯等著他），是「我永遠不會支持種族融合」。

●　●　●

在1950年代剛開始的時候，公民權就算尚未成為社會運動的焦點，也已是個非常切身的議題。但是在那前5年裡社會大眾日益升高的不公平意識，碰上了幾個一觸即發的衝突事件，如今我們認為以下這些事件是轉捩點：例如在密西西比州有一名黑人男孩埃米特・提爾（Emmett Till）被謀殺；在阿拉巴馬州的蒙哥馬利市，黑人民權運動者羅莎・帕克斯（Rosa Parks）因為在公車上拒絕讓座給白人而被捕，事後引起黑人群眾抵制公車；還有1957年馬丁・路德・金恩（Martin Luther King, Jr.）的政治化運動；在它之前3年，布朗槓上教育局的判決造成長期的暴力後果。當時公立學校依法隔離黑人與白人學生，遭法院判決違憲。[2]艾森豪總統和他的顧問群支持新《公民權利法案》（Civil Rights Act）的構想，此一法案移除選民登記的門檻（如識字測驗和人頭稅要求），將可保障非裔美國人的投票權，也能保護他們免於受到白人優越論者恐嚇。這種作法在人道上及憲法上都是理所當為的，艾森豪的執政團隊也希望它具有政治上的益處。不過他們遭遇到極大的阻礙：南方的民主黨成功封殺了任何民權相關法律的立法，時間超過80年之久。

其中反對最力的莫過於史托姆・梭蒙。他堅信自己正從事一場支持憲法的戰鬥，對抗聯邦政府對美國人民生活的控制，在他眼中那是令人窒息的侵犯（他亦將廢除種族隔離的作法與共產主義順利連結在一起）。[3]他也相信現有的系統運作良好：人人恪守本分而相安無事，示威抗議只是不起眼的少數事件，黑人的待遇比在北方還要好，比起幾百年來世世為奴的生活，不知改善了多少倍，現在他們更有無數機會可以在當地獲得僕役和女傭的工作。在這個信念的核心，是一種感覺。並不是因為謊話說了千百遍，這種感覺才被視為真理，而是他們真心地覺得白人與黑人「和同類相處時比較快樂」。

他一貫的支持盟友包括喬治亞州的參議員理查・羅素（Richard Russell），理查・羅素是南方以策略對抗改革議題的領導人。史托姆・梭蒙等人認為，他們不應該只是投票反對法案，更應該設法破壞它。根據林登・詹森傑出的傳記作家羅勃・A・卡洛的說法，林登・詹森藉由談判得到的折衷方案，是美國史上技術最高超的政治操作。他成功取信雙方，以為他跟他們站在同一邊。他利用午夜致電以及在衣帽間拉攏示好，說服大家法案之通過勢在必行，而只有他們會成為贏家。

詹森堅定認為該法案應該成為法律，他的信念顯然超越個人在政治上的開疆闢土。他在晚年經常提起一件令他感到厭惡的事：他有一位長期的女廚師是名黑人，名叫熱芙・萊特（Zephyr Wright）。每一次她和丈夫搭乘他的公務車從華盛頓返回母州德克薩斯，在路上想吃飯的話只能在黑人限定的餐廳，想小便的話只能蹲在路邊解決。[4]

《公民權利法案》最大的癥結是關於擔任陪審團的權利，這一項修訂案最終將決定法案是否能過關。既然這項法案的設計目的，是保

障黑人選民登記及投票的機會，就必須以法律規定可以起訴藐視法律的行為。因此，法案中有一個單元賦予檢察總長更大的權力，能以法院命令保護公民權利。不過，在另一個單元有一項刻意的修訂，聲明被指控妨礙法律者有權利接受陪審團審判。這一點是為了安撫反對者而特別設計的，因為完全由白人組成的陪審團，會讓被告自信勝券在握。新條文讓法案的支持者怒不可遏，堅稱它會使整個法案形同具文。可是，更大的騙局還在後頭。就在修正案舉行投票之前，林登・詹森以更進一步的附錄討好自由派和工會，保證南方各州會同意在白人陪審團之中加入黑人成員，畢竟這是個確保民主平等的法案。修正案通過了，並且在1957年8月底面臨決定性的投票。就在這一刻，史托姆・梭蒙走進了議事廳。

●　●　●

干擾議事是屈居劣勢的一方用以維持反對力道的手段，目的是破壞或者至少拖延強勢一方的提案，這種政治作法的核心是時間。我們可以視之為憲法和民主的本質而感到欣慰，它相當於擇善固執、誓死反對到底的示威抗議，也是讓人們踏入政壇的唯一原因。或者，若是你政務繁忙，有很多工作必須完成，而且你相信多數決，那麼這種作法也可能被看成精心策劃的不民主行徑，只是狂妄之徒為反對而反對的不可理喻。為了區別這兩種情況，往往必須仔細聆聽原委。

到後來大家才看清楚，為了準備一場漫長的演說，梭蒙可是用心良苦。那一天稍早，他就到參議院的蒸氣房進行身體脫水。他相信體液的含量越低，吸收水分的速度會越慢，他就越能憋住尿急。他在外

套塞滿緊急供應物資：一個口袋是麥乳精片、另一個是潤喉糖。他開始演說時他的妻子珍也在場，他很感謝珍幫他帶來用錫箔紙包裝的牛排和裸麥黑麵包。[5]他的公關助理哈利‧丹特（Harry Dent）（後來到了白宮，成為尼克森總統的重要幕僚）注意到梭蒙那一天彙整了許多閱讀資料，以為是作為研究之用。事實上，梭蒙收集的材料大多數很快就成為表演的一部分。

梭蒙的體格健壯結實，頭頂幾乎全禿了。他站在辯論室後方，開始對在場的15人演說：「我認為這個法案不應該被通過，主要理由有三，」他一開始這樣說道：「首先，它毫無必要。」[6]接著他開始按照字母順序，逐一朗讀48個州的選舉法規，試圖證明冠冕堂皇的聯邦法律根本是疊床架屋，深入干涉將會造成「極權國家」。其次，梭蒙論證陪審團審判立法的細部要點，將範圍擴及14世紀到18世紀英國軍事法庭的軍事案件先例，對於1628年涉及查爾斯一世（Charles 1）的案例特別感興趣。接下來的幾個小時裡，他朗讀了《獨立宣言》、華盛頓總統的《告別演說》（Farewell Address）以及《權力法案》（Bill of Rights）。臨近午夜時分，伊利諾州的民主黨參議員艾佛瑞‧德克森（Everett Dirksen）表態支持該法案，可能是迫不及待想要睡一覺吧。他跟同僚說道：「哥兒們，看起來要通宵達旦了！」另一位伊利諾州的參議員保羅‧道格拉斯（Paul Douglas）稍後拿了一瓶柳橙汁給梭蒙。梭蒙很感激地喝了一杯，還沒來得及再倒一杯，哈利‧丹特便拿開果汁，唯恐他會衝進洗手間，就此結束了馬拉松演講。當巴瑞‧高德瓦特（Barry Goldwater）要求在《國會公報》（Congressional Record）中插入梭蒙的發言作為附件，梭蒙把握在議事廳裡僅有的這一次休息，毫不遲疑地奔往洗手間。

還不到天亮，梭蒙的聲音已經逐漸模糊不清，變成單調的耳語。有同僚要他大聲說話，他卻建議對方靠過來一點。其他人偷偷打起盹，包括克萊倫斯・米切爾（Clarence Mitchell），他是「全國有色人種進步協會（National Association for the Advancement of Colored People, NAACP）的首席說客，正坐在旁聽席上，意興闌珊。梭蒙開始談到種族不安已經達到新高，他相信這是《公民權利法案》相關的騷亂所直接造成的。他說，在過去幾個月，「我們受到強烈催促，要讓有錢的黑鬼買得到房地產，他們想要更好的房子，可以遠離黑鬼向來聚集的擁擠房舍。然後，就在白人的社區附近，會開始出現黑鬼專屬的住宅區，這一點沒有人表示反對。這種事即使不是絕無可能，至少現在看來還很困難，因為黑鬼們不願意合作……顯然有人讓這些黑鬼相信，就算天上的月亮也能垂手可得。於是，激怒了目無法紀的極端白人。」

梭蒙有兩次差一點喪失發言權：一次是在被中斷的時候坐下（坐下是不可以的，即使是在演說中也一樣，倚靠亦然），另一次是在衣帽間吃三明治，忘了如果他不想被取代，就必須有一隻腳維持在議事廳的地板。幸運的是，當時負責主持參議院的副總統理查・尼克森（Richard Nixon）正在查閱文件，沒有注意到梭蒙離席（這可是梭蒙的傑出表演）。

於是梭蒙繼續喃喃說個不停。在下午1點40分時，他宣稱：「我已經站了17小時，而且我覺得身體還不錯。」《時代》（Time）雜誌這樣形容他：「充其量只是枯燥乏味、嗡嗡作響的喇叭」，這本雜誌是在下午7點21分的時候提到這件事。梭蒙打破了參議院「最落落長」演說的紀錄，那是奧勒岡州的韋恩・摩斯（Wayne Morse）在4

年前創下的。韋恩・摩斯的演講只持續了22小時26分，當時是為了反對通過關於州石油所有權的法律。[7]〔摩斯是從羅勃・「戰鬥鮑伯」・拉・佛勒特（Robert 'Fighting Bob' La Follette）手中奪得冠軍寶座，羅勃在1908年創下18小時演說紀錄。[8]「我向他致敬，」摩斯提到梭蒙的時候說：「能說這麼久，可是要有很大的本事才行。」〕

大約1天後，梭蒙收到哈利・丹特的鄭重警告，他的助理越來越擔心他的健康。哈利去見過參議院的醫生，帶著醫生的指示回到議事廳：「去叫他下來，要不然我讓他沒有腳走下來。」於是，史托姆・梭蒙聽從建議，在下午9點12分結束24小時又18分鐘的演講。

娜婷・寇荷達斯在傳記中記載，梭蒙離開議事廳時很明顯鬍渣變濃了。丹特提了一個水桶在走廊恭候，以備急需。珍・梭蒙（Jean Thurmond）也在等他，她吻了梭蒙的臉頰，這一吻上了早報。然而梭蒙並沒有因此被推崇為英雄，連他的盟友也不買帳。他的南方選民有很多人無法理解為何他的「南方民主黨員」同志沒有支持他、沒有輪番上陣繼續干擾議事（這是常見的干擾手段，或者至少是他們可採用的威脅：也就是以緊密串聯的反對案，將參議院綁住好幾個星期）。可是，他的同伴非但沒有聲援他，還指責他譁眾取寵。南方民主黨員深信他們根本不用退讓半步，這是可以到手的最佳交易。但是梭蒙為了能在時限之前破壞法案，他所冒的風險正是毀掉這筆交易。理查・羅素是他以前最親密的戰友之一，他說：「在當時我們所面臨的形勢下，如果我以個人阻撓的方式進行干擾議事，我會終生自責，因為我犯了背叛南方選民的罪過。」

梭蒙的努力可謂徒勞無功，參議院隔天以60票對15票通過了該法案，艾森豪亦在1957年9月9日簽署，使它正式成為法律。然而干擾議

事向來都不只是為了獲得勝利，它們是關於熱情的企圖以及信念的強度。一般人認為，信念越強烈，就會有越多選民及政治人物注意到法規條文，因之信念就越能主導議程。這在公民權利方面來說當然屬實，雖然發生作用的方式並非如史托姆・梭蒙所想要採取的那種。

● ● ●

干擾議事是最純粹的民主形式，反對觀點有權利在眾聲喧譁中被聽見。它們是與堅定的信念有關，它們之所以能成為盛行數十年的反對形式，而且仍將持續抓住我們的想像，至少這是其中一項理由。不過近來有另一種觀點日益引人注目：這個觀點認為干擾議事與其說是象徵熱情，不如說是冥頑不靈和違憲混亂的標誌。在世上其他國家的議會，近年來已經少有令人印象深刻的長時間干擾，或許針對潛水和色情例外。[9]

「干擾議事」（filibuster）一詞衍生自軍事和革命，起初它是用以形容有人試圖在外國造成動亂，其目的通常是為了謀取財物。19世紀拉丁美洲和西班牙西印度群島被入侵之後，這個詞才逐漸流行起來〔這個詞有西班牙文字根filibustero，它出於荷蘭文的vrijbuiter；filibustero也催生了「海盜」（freebooter）一詞〕。

在現代用法上，這個詞並非普遍適用於美國參議院以外的議會。以英國為例，這類表現最廣為人知的是冗長的演說。這些堪稱最長的政治演說，當然也會標榜它們的排名，雖然它們的目的並非都是作為拖延戰術。這份排行名單一開始通常是亨利・布洛漢（Henry Brougham）（1828年在下議院的法律改革，也是他成為大法官之前

兩年，持續大約6小時）、湯米・韓德森（Tommy Henderson）
〔1936年以北愛爾蘭獨立工會會員（Independent Unionist）的身
分，針對政府部門的每一筆支出預算，漏夜進行10小時演講〕，以及
前保守黨議員伊凡・勞倫斯爵士（Sir Ivan Lawrence）（1985年為反
對控制水中加氟範圍的法案，為時4小時23分，是20世紀下議院的紀
錄）。歐洲的政治明星如綠黨議員維納・寇格勒（Werner
Kogler），2010年在奧地利連講12小時。但是往回算到馬茨塔法・柯
馬・阿塔圖克（Mustafa Kemal Ataturk），相形之下（1927年，一
共講了36小時31分，雖然這是在6天之內的總和），根本不值得一
提。近年來最費盡心力的，是2013年在德州州議院由溫蒂・戴維斯
（Wendy Davis）所進行的干擾議事，在11小時的馬拉松行動下，成
功阻擋通過限制更嚴格的墮胎法律。戴維斯議員在事後透露，她為了
那一次的馬拉松行動而安裝尿管。她的演說讓她當了一陣子紅人，或
者說是再度成為紅人：兩年前她也在參議院干擾議事，反對削減對公
立學校的資助。在這兩次事件中，她的演說只是拖延，並未翻轉法
案。然而她的立場就已經夠看了：它提供了希望、審查、能見度，以
及對承諾的渴望。

　　這些演講，姑不論它們的時間長度和孤立狀態，最共通之處是什
麼？《夏洛特觀察家報》（*Charlotte Observer*）將它置於1960年2月公
民權利運動的高度（到了那時候它是一項運動），說得很好：「這是
話語和時間的戰鬥、是人力和必然性的戰鬥、是聲音和力量的戰鬥，
那力量企圖削弱聲音，最後達到消音的目標。」

　　在2005年，當時來自亨頓（Hendon）的工黨議員安德魯・狄斯
摩爾（Andrew Dismore）以3小時17分鐘的演說，成功擊退一項法

案，該法案想要賦予屋主更大的權力以抵禦入侵者。「演說的目的並非發洩所有不滿，」幾年後他在《衛報》（*Guardian*）上反思當年的演說：「你要做的是將想要表達的重點，組織得有條有理。你必須以井然有序的方式呈現，要不然議長會叫你閉嘴。你可以暫停3到4秒，但是停頓得更久是有風險的。」他提到良好的支援團隊很重要，「當你開始搖旗子發出信號，你需要同僚介入，而最棒的是你的對手想要表示意見。在3小時的演說中，理想的情況是有20到30分鐘的介入。爭論用語的意義，像是『可』（could）和『得』（might），也是很有用的緩兵之計。」

英國也和美國一樣，這些年來議事規則越訂越嚴格，為了確保發言者不會離題。你無法再像狄斯摩爾那樣，朗讀一份貝類的清單；或者是像路易西安那州的參議員胡威・P・龍恩（Huey P. Long），他在1935年一次長達15小時的干擾議事中，朗讀炸牡蠣的食譜。龍恩的豐功偉業啟發了一集《白宮風雲》（*The West Wing*），劇中有一名來自明尼蘇達州的參議員史塔克豪斯（Stackhouse），他抗議一項保健法案的手段是朗讀海鮮菜餚與奶油甜點的成分表。

梭蒙永遠不會原諒他的同僚對他棄之不顧，但是真正的問題在於：我們能原諒史托姆・梭蒙嗎？對於歷史上站錯邊的人，我們能原諒到何種程度？如果是在今日公開發表，那些煽動性言論勢必讓他坐穿牢底。然而他的觀念是時代的產物，確實也曾盛極一時。比起那些用奴隸船將黑人送到農場的歐洲人，他當然會自以為他對黑人的觀點更加高明。

梭蒙的演講至今仍是紀錄保持人，這些年來似乎誰都不再有那種毅力。較小規模的干擾議事仍然可以成為新聞，因為任何耐力測驗都

是公共奇觀，我們一向都樂於見到政治人物吃點苦頭。可是到了21世紀，干擾議事的應用方式已經大幅改變，我們甚至很少指望能看到反對者勞動大駕，他們光是威脅要干擾議事，就足夠表示抗議了。[10]為了迎戰反方干擾議事，正方必須援引「辯論終結」（cloture）程序，這需要100名參議員之中有60名同意縮短辯論的時間。因為有大量干擾議事是威脅到爭議性、冷門的立法，或者是總統提出的任命案，參議院通常會採取五分之三的多數決，而非簡單地劃分為51比49，這樣可使議事有效運作。

梭蒙是時代的產物，他拒絕接受社會正義，這一點使他儼然成為反動的白人優越論者，而他確實當之無愧，只不過他是非暴力類型的。後來所發生的事並沒有減緩或寬恕他的偏見，儘管後來所發生的事非常有趣。

●●●

後來的幾年梭蒙成為共和黨員，支持巴瑞・高德瓦特對上林登・B・詹森角逐總統大位的未竟之志。但是，梭蒙同時也溫和而緩慢地轉向支持種族平等（他支持任命黑人擔任高等法院的法官，雖然那是一次保守的任命）。梭蒙的轉向同樣也是時代的產物。若是看不出來黑人票越來越舉足輕重，他不就是個蹩腳政客？過去那些充滿敵意的攻擊，可能會令他感到懊悔；但是他不曾公開宣佈放棄對種族隔離的整體看法。直到他過世前十年，他才向他的傳記作家清楚表示：他的所作所為都是基於一個信念系統，對於他的千千萬萬支持者來說，那是理所當然的系統，而且符合強大的民主原則。

時代畢竟不同了，或者說，至少讓他嚐到了苦頭。梭蒙在1971年任用非裔美國人湯瑪斯‧莫斯（Thomas Moss）作為參議院辦公室的職員。1983年，他支持將馬丁‧路德‧金恩的生日定為聯邦假日（雖然他的聲明看起來像是辯解：「對於我們的偉大國家之創造、保護與發展，美國的黑人及其他少數民族均有眾多深遠的貢獻，本人完全認同而且感激不盡。」）。

假使我們難以接受老舊而且令人感到羞愧的價值系統，通常這就代表在道德方面，我們已經有了健全的改善，是不容否定的進步。昔日曾經讓人居之不疑的事物，如今卻是教人顏面無光，也因此被棄如敝屣。在1957年，梭蒙有過怪誕的時間試煉，那是他最充滿戲劇性的時刻。但是在超越這一切的某些地方，美國黑人的生活正在轉型。如今一件飽受爭議的事（如果它值得爭議），它究竟是高瞻遠矚或是落伍過時，最終將會揭曉。如果我們能預見它的發展，如果我們的壽命夠長，我們將會成為既明智又富足的人。

就在梭蒙干擾議事之後不久，另一件時代的產物在充滿活力的黎明裡誕生了。根據《時代》雜誌報導，南方人有了「新武器」。牧師馬丁‧路德‧金恩博士公佈他的「爭取黑鬼投票運動」宣傳活動，活動內容包括成立「投票診所」，目的是說明選民登記和投票。這也是一次提高意識的運動，能讓「黑鬼們了解，在一個民主國家中，他們改善生活的機會就在於自己的投票能力」。（58年過去，如今歐巴馬的總統任期僅剩下最後四分之一。這位黑人總統公開談到，是否有可能在參議院一勞永逸地結束干擾議事，它已經過時了。他說：「在現代政治上，沒有能力有效治理國家並且往前推動政治的多數黨，它的方向可能會因干擾議事而偏離太遠。」）

本故事還有一項戲劇性的發展，是種族傳統的另一次改變。梭蒙於2003年過世，不久之後有一位名叫艾西・美・華盛頓－威廉斯（Essie Mae Washington-Williams）的女士帶來驚人的消息。為了這一刻，她已經等很久了。如今她已78歲高齡，終於可以爆料她是史托姆・梭蒙的混血私生女。她的母親是凱莉・巴特勒（Carrie Butler），梭蒙的父母有一位黑人女傭正是這個名字。凱莉16歲時懷了梭蒙的孩子，梭蒙負擔他女兒的教育費，也送錢給她的家人，同時嚴守兩人的祕密。艾西在洛杉磯當老師，育有4名子女。她出書描繪自己的一生，獲得普立茲獎提名。她與父親的對話經常談到種族議題，她相信是這個因素拓寬了父親的理解，並且軟化他的作法。她在2013年去世，是歐巴馬宣告競選連任之後兩週。當時在美國的眾議院已經有43名黑人議員，在參議院則有1名。參議院僅有的一名黑人議員是提姆・史卡特，他是南卡羅萊納州的共和黨員，那裡是艾西・美・華盛頓－威廉斯的出生地，史托姆・梭蒙也在那服務了48年。

史上最出名的干擾議事，並不是發生在美國的參議院或英國的下議院，而是在好萊塢。在法蘭克・卡普拉（Frank Capra）執導的1993年電影《華府風雲》（*Mr Smith Goes to Washington*）中，詹姆斯・史都華（James Stewart）飾演涉世未深的小子。他滿腔熱血，意念堅定地想要揭發新水壩建設的貪贓枉法。在聽眾鼓掌之前，他的演說超過了23小時。他的女性同夥珍・亞瑟（Jean Arthur）激勵他勇往直前，同時卻認為成功的機會渺茫，就像「要從40英呎高跳進一個裝滿水的浴缸」。史都華飾演的史密斯上場時準備了熱水瓶與水果，威脅說為達目的不惜戰「到世界末日」。欣喜若狂的記者們衝出議事廳，高喊「干擾議事！」其中最誇張的是有人把它稱為「現代最龐大

的戰爭，而迎戰巨人的大衛連彈弓都沒有……」最後是史密斯大獲全勝，這樣的結局當然不讓人意外，畢竟是電影嘛。電影處理時間的方式總是讓人皆大歡喜。

註釋

1 他再婚一事也為他招來罵名：他的嫩妻小他不止40歲。

2 指美國最高法院於1954年所裁定的「布朗訴托皮卡教育局案」（Brown v. Board of Education of Topeka）。該案是以奧利佛‧布朗（Oliver Brown）為首的黑人家長集體對托皮卡教育局提出的訴訟，控告教育當局堅持白人與黑人學童必須分校就讀的政策。

3 他在1948年參選總統的動機十分明顯，正是為了反對杜魯門（Harry S. Truman）總統的公民權力議程。梭蒙在南方以2.4%選票贏得4州；杜魯門則是在連任選舉中，意外地（至少根據民意調查來看是這樣）以49.6%的選票贏得28州，擊敗湯瑪斯‧杜威（Thomas Dewey）。

4 詹森總統於1964年簽署這項影響深遠的《公民權利法案》，他將這支立法的筆送給熱芙‧萊特：「妳比任何人更有資格擁有它。」

5 梭蒙的傳記作者娜婷‧寇荷達斯（Nadine Cohodas）指出，他的演講之長，讓他的妻子以及在場所有人都嚇了一跳：她「知道她的丈夫不會回家吃晚餐，卻完全沒料到連早餐都省下來了」。

6 他的演說全文請見： http://www.senate.gov/artandhistory/history/resources/pdf/Thurmond_filibuster_1957.pdf

7 參見〈最後的沙啞喘息〉（The Last, Hoarse Gasp），《時代》，1957年9月9日。

8 拉‧佛勒特採取過兩次大型的干擾議事，一次是1908年、一次是1917年，美國正準備參戰（他極力反對以武裝商船對付德國）。他在1908年的演說之所以被人記住，主要是因為他在長篇大論時喝了一杯牛奶：由於拉‧佛勒特喋喋不休，參議院的廚房遂必須保持開放，員工們顯然因之感到失望，於是他們合謀在他的牛奶中攙入臭掉的雞蛋。超過18小時後，這名參議員宣稱因為身體不適而無法繼續。

9 深入討論請參見格瑞古瑞‧寇格（Gregory Koger）所著《干擾議事》（Filibustering）一書（University of Chicago Press, 2010），以及凱薩琳‧費斯克（Catherine Fisk）與艾文‧切莫林斯基（Erwin Chemerinsky）合著的長文〈干擾議事〉（The Filibuster），《史丹佛法律評論》（Stanford Law Review），1997年第49卷第2期。

10 有一些情況例外，可以將它們當作無濟於事的輝煌事蹟，而且與我們的政治傾向無關。例如德州參議員溫蒂‧戴維斯和肯塔基州的自由主義共和黨參議員蘭‧保羅（Rand Paul），他們在參議院演講了將近13個小時，談論使用無人機進行間諜活動〔藉此蓄意拖延歐巴馬總統遴選約翰‧布瑞南（John Brennan）掌管CIA（中情局）的任命案〕。蘭在坐下之前不久，提到了史托姆‧梭蒙，對他憋尿的耐力深表佩服。

06

哈洛德・洛依德：

為我們牢牢抓緊啊！

電影時間

Movie Time

◎ 一、如何掛到時鐘上

在洛杉磯街道上方，有一名戴眼鏡的男子高掛在巨大時鐘的指針上——這是所有電影中最永垂不朽的影像之一。光憑象徵手法，達不到更誘人的效果。掛在時鐘上的人是哈洛德・洛依德（Harold Lloyd），他說想出這幅影像並不難，棘手的部分在於先要解決怎樣才能掛在那裡。以下的故事就是他如何辦到的。

● ● ●

1893年4月，哈洛德・洛依德在內布拉斯加州（Nebraska）的布查德（Burchard）出生，那是一個小村落，僅有幾間木造房屋在強風中挺立著。直到1881年，由於芝加哥、伯靈頓（Burlington）和昆西（Quincy）等鐵路通過，當地才被劃入美國的版圖。火車為哈洛德賺到第一筆收入：他的母親先做好爆米花，由他分裝到袋子裡，帶到最近的火車站，在火車跳進跳出，一路沿著每一節車廂叫賣。通常他才走到一半，就會被一個叫作「大魔王」的人趕下車。「大魔王」已經在火車上建立起他的地盤，賣的是甜點及香煙。許多年後，洛依德回憶道：「我還是個小伙子，只靠半列火車就賺到不少錢。」對於弱勢者，他也有些認識。洛依德的外表看起來瘦弱，卻曾經當過業餘拳擊手。過了一段期間之後傳出他的抱怨，如果你了解他，這樣的抱怨是很順理成章的：他不喜歡擊中他臉的人，是靠著幫馬戲團搭帳棚賺錢的傢伙。幸運的是他的臉經得起猛烈拳擊。他的傳記作者提到，他似乎非常具有女人緣，好多女人都想疼愛他。

　　洛依德的興趣一開始是演舞台劇，但是在他的父母離異之後，他和父親於1910年搬到加州，發現在電影界大有賺頭。他開發了3個默片角色，前兩個是查理・卓別林（Charlie Chaplin）的翻版，他們是威利・沃克（Willie Work）以及龍森・路克（Lonesome Luke）。威利・沃克是性情溫和的流浪漢，龍森・路克則是頭戴軟氈帽或高頂禮帽，手持枴杖，走起路來垂頭喪氣、步履零亂，臉上還有用化妝油彩塗成、由兩個大圓點構成的小鬍子。龍森・路克讓洛依德獲得很多搞笑角色的戲份，他參與演出的默片超過200部，其中有許多劇名顯示對於押頭韻（alliteration）的極度渴望，例如：《路克笑宵小》（*Luke Laughs Last*）、《路克牢裡樂》（*Luke's Lost Liberty*）、《路克騙皮家人》（*Luke Pipes the Pippins*）、《路克推車不給推》（*Luke's Trolley Troubles*）、《路克抓賊贓》（*Luke Locates the Loot*），以及《龍森・路克律師》（*Lonesome Luke, Lawyer*）。還有一些則是帶有軍國主義信仰，例如：《路克加入海軍》（*Luke Joins the Navy*）、《路克和投彈手》（*Luke and the Bomb Throwers*），以及《路克的萬全準備》（*Luke's Preparedness Preparations*）。洛依德的角色往往是一名天真的旁觀者，任由令人興奮又破壞力強勁的新世紀在眼前急馳而過。在1916年末、1917年初，美國即將加入第一次世界大戰，他有一部電影的片名是《打垮缺德的德國》（*Kicking the Germ out of Germany*）。

　　洛依德對路克的角色侷限開始感到厭倦，直到他採用第3種形象，才得以走出卓別林的陰影，也藉此讓他名利雙收。他稱這個形象為「玻璃角色」（Glass Character），跟他本人十分相似：為人正派、充滿正義感，生性害羞卻又渴望令人印象深刻。他穿著整潔體面而入時，經常斜戴一頂硬草帽。他的視力良好，卻戴著一付圓框的玳

珸鏡架眼鏡。不知道為什麼，這讓他的樣子看起來又是笨拙又是好學不倦，活像隻褐色貓頭鷹。接下來幾年，他也讓那一款眼鏡流行起來。他有點蠢，但談不上是個傻蛋。你會為他喝彩，特別是看到他比有權有勢的人聰明，或者為了討好女人而作出瘋狂的行徑時，更是如此。他戴的眼鏡是沒有鏡片的，而且一旦戴上，就不再摘下來，即使是（或特別是）在他最賣座的電影《新鮮人》（*The Freshman*）裡大打美式足球時。

1920年代中期，是洛依德聲名的巔峰，他1週的收入差不多是30,000美元，相當於現今李奧納多・狄卡皮歐、布萊德・彼特、喬治・克隆尼等人的水準。他在洛杉磯投資房地產，耗資1百萬打造一座「綠園」（Greenacres），是在比佛利山莊占地16英畝的大宅院。從那裡他能看到默片男星魯道夫・華倫提諾（Rudolf Valentino）的家，還能邀請查理・卓別林、巴斯特・基頓（Buster Keaton）和肥提・阿巴寇（Fatty Arbuckle）這些演員鄰居來家裡作客。他比這些人拍過更多電影，然而歲月並不眷顧那些電影。洛依德在晚年時估計，他的電影約有7成毀於材料易燃，以及人們普遍不在意它們的長遠價值。電影業在1920年代晚期引入聲音技術，很少人敢說有一天默片會成為懷舊或學術研究的對象。在這個腳步飛快的國家，它們已經沒前途了，淪落為沒人要的舊玩意兒。如今時代不同了，那樣的看法雖已改觀，可是回到當時，誰有足夠的豪氣，能把那一大桶一大桶的膠片看成未來的圖書館藏？更別說是將它們當作寶庫。（在那個當下尚且未考慮到檔案的儲存問題。）

看電影的樂趣之一當然是逃離現實，不止是為了能在那漆黑的幾個小時裡逃離，也是為了能永遠逃離。電影不僅教我們如何自由自

在，也揭示了更美好、更豐富而且能獲得救贖的未來。這不是逃離現實，是逃入現實；雖然那是故事裡的現實，不是我們自己的。早期電影裡一再著墨的自由，是輕如鴻毛的承諾。每當新形式的自由映入視野，像是蒸汽火車、曲柄軸忙碌不已的車輛、能帶你前往任何城市的飛機，尤其令人神往。有一段期間，即便是高樓大廈都能讓人感到激動，因為它們就要突破天際的限制。

● ● ●

威廉·凱瑞·史特羅瑟（William Carey Strother）在1896年生於北卡羅萊納州，就人們記憶所及，他就是喜愛爬高爬低。說得粗淺一點，他根本是爬牆虎。比爾·史特羅瑟（Bill Strother，他的藝名）從大樹開始不斷地爬，上自教堂尖塔下至縣內法院，越爬越遠也越高，建築物能蓋多高他就能爬多高。過不了多久，他成了名符其實的「蜘蛛人」（Human Spider），而且這是他成功的因素。早期他可以靠「專業」攀爬賺到10美元，巔峰時期則可以賺到500美元。

500美元是筆誘人的數字，很快蜘蛛人就出現了競爭對手「蒼蠅人」（Human Fly）。事實上蒼蠅人有兩個，有一次蜘蛛人和其中一名蒼蠅人在同一天攀爬同一棟建築，史特羅瑟贏了。[1]

大樓攀爬的致勝關鍵，是在地面上先計畫好手腳的每一次動作。和登山者一樣，在攻頂之前的幾個月就必須規劃好登山路線。基礎工作準備妥當後，即可以加入各種花樣和把戲，像是假裝滑落、英勇地向群眾揮帽致意、在窗戶上耍特技。史特羅瑟也從事過一些慈善攀爬活動，如1917年他開始為「自由債券」募款，資助美國參戰。他的攀

爬事業並未遭遇到阻撓，但是他自覺面臨相當大的風險。1918年4月時，他如此說道：「這一行非常危險，你攀爬的時候死神也與你同在。3年內我賺夠了錢就可以離開這一行。」

然而，史特羅瑟賺到的錢從來不夠他離這一行；或者說，當他不幹這一行，他的錢還不夠退休。他試過賣狗食以及經營旅館為生，那時候他想到了一件很有興趣去做的工作。多娜·史特羅瑟·狄更斯（Donna Strother Deekens）在她的《米勒與羅德茲百貨公司的真實聖誕老人》（*The Real Santa of Miller & Rhoads*）一書中，重述她這位遠親的故事：他在一年一度裝扮大鬍子、穿著天鵝絨禮服的工作中，找到了新的價值感。米勒與羅德茲是一家豪華的百貨公司，位於維吉尼亞州的里奇蒙（Richmond）。在本世紀中葉時，他們讓比爾·史特羅瑟成為全世界收入最高的聖誕老人。為什麼他能如此被看重？那是因為他的「聖誕老人節目」包括爬進煙囪，而且小朋友還能看見他梳理大鬍子。當他表演結束，能吸引大批群眾跑進茶館享用他的「魯道夫蛋糕」。[2]

1951年時，他的聖誕老人名聲如日中天，他在《星期六晚郵報》（*Saturday Evening Post*）的專訪中說，他喜愛見到所有的小朋友，但依舊對高聳的建築充滿渴望。「當你往下看見歡欣鼓舞的群眾，會讓你的內心瀰漫著喜悅。那個詞是怎麼說的？──狂喜！我狂喜得不得了！」1922年的某一天，他正爬上一棟大樓，再度感到內心瀰漫著喜悅，此時哈洛德·洛依德漫步路過現場。

1962年，洛依德告訴《電影季刊》（*Film Quarterly*）：「當時我人在洛杉磯，正往第七街走去。我看見一大群人圍著布洛克曼大樓（Brockman Building），我往上一看，發現蜘蛛人正爬在大樓的牆

面……他爬到3樓或4樓的時候，我真的感到夠震撼，再也看下去。我的心臟都快跳到了喉嚨，趕緊繼續走回街上。」

但是洛依德仍是情不自禁地回頭，想知道史特羅瑟是否還在那裡。蜘蛛人一路爬到樓頂，洛依德在事後去找他，邀請他參加下一部電影演出。不過在開拍之前，史特羅瑟發生摔落事故，因此得到另一個全新的角色叫林皮·比爾（Limpy Bill），洛依德則開始思考要親自上場從事更多攀爬。

●●●

《最後安全！》（*Safety Last!*）已經出品超過90年，時至今日再觀看這部電影，會讓人體驗到既複雜又不斷飛昇的樂趣。它的導演是洛依德長年的合作夥伴弗烈德·C·紐梅爾（Fred C. Newmeyer）和山姆·泰勒（Sam Taylor），以各種標準來衡量，它都稱得上是一部現代電影：它有深刻的性格、三幕式結構，它建構高潮的手法就如同貝多芬的交響樂。

電影的開頭是一張字幕卡：「這名男孩——最後一次看到大賓德（Great Bend）的日出……隨之而來的是漫長的旅途。」然後，背景是一付套索，有一名看似牧師的男人前來安慰他。但是我們都被唬住了，這部電影騙人的地方很多，這是第一騙。下一個鏡頭呈現相反的角度，我們看到的實際上是車站的月台和隔離邊界的圍欄，而套索是一種夾住紙張的裝置，用來將訊息傳給快速通過的火車。洛依德呢？他是要到大城市去淘金。

洛依德向他的情人保證，等他事業有成便會回來娶她為妻。不

過，我們再次看見他時，是在他和林皮・比爾合住的陽春套房；他的經濟拮据，才剛剛當掉了留聲機。

哈洛德在一間現代百貨公司的服飾部門上班。他無意間聽到經理宣布，公司需要一次宣傳噱頭吸引新客戶上門，有最好點子的人可以獲得1千元獎金。林皮・比爾答應協助他，在百貨公司大樓外牆表演攀爬。但是發生了一些複雜的狀況，還牽涉到警察，於是洛依德得自己上場。在攀爬的過程中，每一層樓都有阻礙，像是有堅果掉到他身上而招來鴿子、被網子纏住、卡到木匠的踏板等等。當他爬到靠近大樓頂端的時鐘而抓住指針，這一幕讓我們永遠都印象深刻。

在電影放映之前，戲院的經理要求有護士在現場待命。有報紙的報導是：「《最後安全！》上映，觀眾陷入歇斯底里」，還有「洛依德式驚悚前所未見，女士嚇暈」。《紐約時報》總結說道：「河岸（Strand）戲院的觀眾，不是在座位上笑得前仰後合的時候，就是驚嚇過度，雙手緊握扶手。」

《最後安全！》片長70分鐘（7個片盤），然而觀眾覺得時間彷彿凍結了。如同在維也納陰影下的奧森・威爾斯（Orson Welles）以及浴室裡的珍妮・李（Janet Leigh），生命都暫時停止了，而這些意象已深深植入我們的腦海。[3]哈洛德・洛依德高掛在城市上空的時鐘搖擺不定時，我們整個現代世界也懸掛在那裡。

你要道德寓意？當洛依德終於完成任務（好吧，就當作是他完成任務，不過在途中他得先搞定跟繩子以及老鼠有關的麻煩），他的女友就在樓頂等著他。在攀爬的終點是愛情：自盤古開天闢地以來，一切電影都是說著相同的故事。

Timekeepers: How the World Became Obsessed With Time

◎ 二、迎面而來的火車

1896年1月，觀眾在盧米埃爾兄弟（Lumière Brothers）的電影裡初次看見一輛火車迎面而來，這確實會令人驚聲尖叫。它是早期電影的最佳宣傳之作，不是嗎？

電影未能好好說個故事之前，它必須先說好自己的故事。這個故事涉及時間和空間：一個男人打噴嚏的5秒鐘影片、工人們拖著步伐走出工廠、一對情侶接吻（擁抱了幾乎長達20秒，第一次招來了審查員干涉），或者是一輛行駛的火車。電影如果不是為了呈現時間，它的目的是什麼？

第一次播映這部火車電影時，觀眾對於即將播放的內容事先已得到許多線索。它的片名是《火車抵達拉·西約塔車站》（*L'arrivée d'un train en gare de La Ciotat*），影片開始時火車迎面而來的方式，全部經過細心安排。月台上期盼火車進站的人群都往後退，確保攝影機能有完整而且清晰的視野。超過半個世紀以來，火車都是法國地理景觀的一大特色，唯一的不同之處是：這一次火車將出現在巴黎一家咖啡廳的黑暗地下室。

這部影片按照導演要求的速度播放，僅僅播了50秒。它的續作廣泛被視為史上第一部電影，相較之下前一部稍微長了一點點。續作的內容是位於里昂的盧米埃工廠，一群工人在一天的勞碌之後下班（它並不是第一部電影，卻可能是第一部欺騙觀眾的電影。這部續作一共拍攝了幾次，而且是在中午拍的，拍完之後所有工人又回去工作）。

觀眾覺得火車電影的片長似乎比較短，這是另一項手法造成的，打從一開始電影業就學會使用了：那就是時間加速的概念。如果照片

令人激動、如果它吸引住觀眾、如果它前所未見，那麼它就會把普通的時間感一掃而空。在這樣的意識流動之中，所有念頭都不復存在。另外一招把戲是：時間會玩弄記憶。在我們的回憶中，可能會想成火車迎面而來，簡直要衝出螢幕。但是那並非製片人的目的，這部電影也不是那樣的內容。那一輛火車只是向我們的側邊開來，而且現在看起來速度還滿從容緩慢的，對觀眾完全沒有威脅感。在影片裡只有不到一半的時間火車是在行進中，其中還有超過一半的行進時間是在減速。在電影剩餘的時間，火車只是停在那裡發出嘶嘶的聲音，接著動作切換到旅客上下車，以及月台上常見的混亂。然而，歷史很少想起忙進忙出的站務搬運工，或者走出車廂後一路跟蹌像是喝醉的男人。

　　默片引起這一切騷動的時候，哈洛德・洛依德兩歲。[4]第一齣螢幕喜劇的片名是 *L'Arroseur arose*《水澆園丁》〔另外的片名是《澆水的人被水澆》（*The Waterer Watered*）或《灑水的人被水灑》（*The Sprinkler Sprinkled*）〕也是由盧米埃兄弟製作，於1895年出品。這部片在片名就說完了全部劇情，它的劇情幽默風趣，觀眾會在綜藝節目中以及後來的英國喜劇電視節目《傻人豔福》（*The Benny Hill Show*）裡看出它的影子。片中是一名男人用很長的水管為一座大花園澆水，在他身後出現一個男孩踩在水管上，切斷了供水。園丁沒看見男孩，大惑不解地往水管的噴嘴裡看。就在這一刻，沒錯，男孩的腳放開水管，園丁全身都被水噴濕，連帽子也被沖走。他發現那個男孩，揪住他的耳朵，甩了他的幾巴掌，然後繼續他的工作。

　　這部影片長約45秒，但是也有40或50秒的版本。在那個年代，電影有多長不過是眾人的猜測。一個片盤的喜劇，它的標準長度略短於1000英呎，但是可以加速拍攝再減速播映，或者反其道而行。在應用

自動馬達之前，這一切都仰賴攝影師和放映師在拍攝與放映時轉動曲柄的技巧。在現今這個萬事萬物均已標準化得很完美的世界，1000英呎長的35mm默片，以每秒16幅的可接受速度播放的話，需要16分鐘半。然而，我們所在的真實世界，已經看過太多默片裡的人是顛顛顫顫地跑來跑去，或者漫無目標地晃蕩。這些不正常的動作是其來有自的。在加入聲音和同步化之前，電影是以徒手轉動曲柄拍攝及人工放映的，而拍攝與放映速度卻經常不一致。例如，《羅賓漢》（*Robin Hood*）〔1922，由道格拉斯・費爾班主演（Douglas Fairbanks）〕和《賓漢》（*Ben Hur*）（1925）這兩部電影同樣是以每秒19幅的速度拍攝，但是電影公司提供的使用清單（cue sheets）要求的放映速度是每秒22幅；《寶嘉先生》（*Monsieur Beaucaire*）（1920年，魯道夫・華倫提諾主演）的拍攝與放映速度分別為18和24，基頓的《將軍號》（*The General*）（1926）這部接近有聲電影邊緣時所製作的電影，則是24和24。如果是拍攝了多片盤的電影，不見得每一盤都會保持同一速度，以致為放映師帶來更多問題。一旦出差錯，你可能會平白為故事加進好幾分鐘。反過來說，如果一切都弄對了，你就能控制觀眾的心情。巴瑞・索特（Barry Salt）在《電影風格與技術》（*Film Style and Technology*）一書中提到「表現變化」（expressive variations），這是指放映師依照導演的命令而執行出來的效果：比如將窸窸窣窣的舞廳場景或親吻減速播放，可以調整出浪漫的心情；一躍上馬的動作也可以放慢，增加它優雅與沉著的味道。其他了不起的電影技巧如夢境的順序和重現，也大可以在拍攝結束再來拉長。當你身處英國歐登（Odeon）旗下的院線，你身後放映室裡的人，在某些關鍵時刻變成了創意過程的中心，儼然電影的導演或明星。[5]

在黑白片中人與動物的動作看起來像是停停走走，還有其他原因：那是戲院經理充滿心機的傑作。1923年，也就是《最後安全！》上映那年（它的長度是6300英呎），攝影師兼放映師維克多·米爾納（Victor Milner）在《美國攝影師》（*American Cinematographer*）上寫道：在晚上8點的忙碌場次，他得用12分鐘的驚人速度搖完1000英呎的片盤；可是到了生意死氣沉沉的下午時段，「同樣長度的片盤卻是用慢到不行的速度放映，以至於莫里斯·科斯特洛（Maurice Costello）（1905年史上第一部福爾摩斯電影的主角）像是要演到天荒地老一樣」。放映師每一天都會接到這樣的指示，戲院演奏席的指揮家也是。戲院裡越是爆滿，戲院外面排隊的人潮就越擁擠不堪，指揮家和演奏者雙手揮舞的速度也越快，而觀眾閱讀字幕卡的速度當然也是急起直追。

我們也以這種方式放映自己的人生，其中或許有藝術方面的理由，讓我們遇到與人類有關的部分，表現得更有活力；身處令人激動的時代，則有更加清晰而果斷的樣貌。在螢幕上一輛火車穿行而來（它是由一台固定式攝影機一次拍攝而成，完全沒有剪接），這一部影片多像真實人生。從此以後，片盤上的人生幫助人們遁入了理想的人生。電影歷史學家瓦特·克爾（Walter Kerr）指出，卓別林在《摩登時代》（*Modern Times*）這部片中，「拍攝的速率使他看起來如同腳底放了彈簧，而且手肘就像一把鬆開的折疊刀。只要按照製片人想要的速度放映，就能讓整部片看起來有這種感覺。」哈洛德·洛依德有多部影片的攝影師都是瓦特·盧汀（Walter Lundin），他以量身訂作的手法轉動攝影機，足以決定一部電影的生死。在追逐的場面，他往往會將速率降到每秒14幅，正式放映時所顯現的速度就會提高。

他轉得越慢,汽車和火車奔馳的速度就會越快。[6]卓別林和洛依德之所以是卓別林和洛依德,至少有一個理由是這樣的:不止在於他們能撰寫及利用攝影重現自己的故事,也因為他們的攝影師與放映師能為每一個動作添加活力,在喜劇的時間掌握上臻於完美。平面攝影方面,稍後在「噴繪」和Photoshop出現了一項可以分庭抗禮的手法,在音樂方面則有自動調音(Auto-Tune)。

有了聲音和機動化,一切都不一樣了,直到這一刻才有可能在海報及宣傳資料寫上片長。哈洛德・洛依德的電影第一次獲得確定片長是在1932年,那部電影是96分鐘的《電影狂》(*Movie Crazy*)。然而,那時候對洛依德來說已經時不我予,而且影迷有了新的奇觀和新偶像,例如《大飯店》(*Grand Hotel*)、《趾高氣揚》(*Horse Feathers*)、《收拾你的麻煩吧》(*Pack Up Your Troubles*)、《木乃伊》(*The Mummy*)、《金髮維納斯》(*Blonde Venus*)、葛麗泰・嘉寶(Greta Garbo)、馬克斯兄弟(Marx Brothers)、勞萊與哈台(Laurel and Hardy)、布利斯・卡洛夫(Boris Karloff)、瑪琳・黛德麗(Marlene Dietrich),以及凱瑞・格蘭(Cary Grant)。

● ● ●

哈洛德・洛依德年歲大了,戴起真的眼鏡。據說他的名聲以及精明的投資都沒有讓他變壞,他和合作演出的女星米德麗德・戴維斯(Mildred Davis)慶祝了歷久彌堅的婚姻。他與電影歷史學家合作,回顧他的從影生涯。他自稱在1953年獲得奧斯卡金像獎的榮耀,讓他高興得很。令他感到內心刺痛的是,他總是被嚴重地忽略,世人只有

在提及卓別林和基頓這些與他同等的天才時，才會偶爾想到他。他朝向有聲電影的轉變，在藝術層次上（如果不是財務上）的成功略勝於其他兩人，這一點倒是很少被人提起。洛依德一共製作了7部有聲電影，如果加上他製作而沒有參與演出的，則是9部。他說，他只有過5部電影是「緊張刺激」之作，因此其他數百部在定義上就談不上刺激了。有件事偶爾會令他感到氣惱：基本上他記不住整部電影，而是只記得噱頭。就電影明星而言，這可謂空前絕後。

1949年時，洛依德正在促銷他的7部舊片重新發行（此舉並非為了撈錢，在人們眼中他可是美國最有錢的電影明星），他說：「在《最後安全！》裡，那些驚悚的場面可不是假的。」

我是真的爬上那一棟14層的大樓。我們所做的，只是在下面低兩層樓的地方準備一片木製平台，這是在攝影機鏡頭看得到的範圍之外。然後，攝影機拍攝我連續爬上幾層，接著暫停，把平台再升高到下一個階段。平台上鋪設了厚墊，可是它只有12英呎平方，而且沒有圍欄。若是加上圍欄，我們就得將平台固定在更低的地方，以免被攝影機拍到。我掉下去的時候必須小心謹慎，用平躺的方式落在厚墊上，不可以回彈起來。我確實掉下來過幾次，嚇死了半條命。那種努力大概有助於這部電影吧。

時間可有讓他挫敗？並沒有。相反地，時間對他大有助益。他掛在大鐘指針上的那一幅影像，是所有默片中最出名也最教人絕望的，然而他最後得到了真愛也得到金錢。人們看到的是：時間流逝，而一名無名小卒卻能堅忍不拔，努力獲得成功。可是，至少現在，我們必

須去拍攝另一部電影。

在2014年春天的一個傍晚，我致電蘇珊娜‧洛依德（Suzanne Lloyd），也就是哈洛德的孫女。她的年少時期都和哈洛德同住在「綠園」。哈洛德過世的時候她19歲，繼承了哈洛德所有電影的財產權及著作權，從此以後她即致力於維護祖父的聲譽並加強哈洛德曝光，避免世人隨著時間流逝而遺忘他。我們在電話中交談時，她正要推出新一波周邊商品，從馬克杯、手機殼到一般常見的粉絲物品都有，全部配上洛依德的精典影像，例如在《大學新生》（*The Freshman*）中哈洛德擠在眾多選手裡搶球、在《高空驚魂記》（*High and Dizzy*）中哈洛德一頭倒豎長髮，以及哈洛德掛在時鐘上。再過幾星期就是「哈洛德‧洛依德一百年」（Harold Lloyd 100）活動起跑，也就是《傻人有傻福》（*Just Nuts*）的1百週年慶，這部影片是他第一部製作完善的單片盤電影。這項活動的標誌就在哈洛德孫女電子郵件的底部：哈洛德懸掛在他自己的巨大眼鏡上。

我問她為何深信那張時鐘照片的意象能歷久不衰。「我想……我不曉得，」她說：「我認為這部電影完成後帶來了極大的震撼。它那麼緊張刺激，嚇壞了好多人。雖然有些人不認識他，他們看見那樣的圖片時會說：『喔，我知道那個傢伙。』」蘇珊娜沒在推廣哈洛德照片的時候，則是忙著打照片使用權官司。她提到盜版哈洛德影片以及未經授權即使用照片的訴訟案。她說，最常被盜用的照片就是哈洛德掛在時鐘上。「大家都以為他們擁有那張照片，」她說。

儘管蘇珊娜是孫女，她習慣喊哈洛德老爸。現在的她，有時候仍是會這樣喊。她的母親是哈洛德與米德麗德的長女葛珞麗亞（Gloria），不過蘇珊娜形容她的母親「精神十分不穩定」，無法照

顧自己。在她兩歲以前父母就離異了，只有假日她才會見到父親的面。她的祖父母成為她的監護人，因此哈洛德將她當作自己的小孩一樣撫養。十幾歲時，她負責照料哈洛德的陳舊硝酸鹽膠捲，那是一份髒亂的工作。她記得在一次披頭四的演唱會結束後，哈洛德帶她去見披頭四。她說，每當哈洛德心情不好，他會在牆上貼一大張紙，用紅筆在紙上寫道：「何必擔心？」

蘇珊娜・洛依德德告訴我，她正計劃要在歐洲舉辦洛依德電影節。另外，她也著手推廣哈洛德所擁有的數千張立體照片，包括二戰時在德國「閃電戰」後倖存的聖保羅大教堂、瑪麗蓮・夢露的裸照，以及其他許多火辣性感美女的照片；據信哈洛德和其中一些女人上過床。

我請教她關於哈洛德如何守時，想知道他是不是個準時的人。

天啊！說起來我會抓狂！我的天——準時？我媽媽的情況糟到家了，她總是會遲到兩小時。所以他總是騙媽媽，把見面時間提前兩小時。他是最準時的人——不可思議的準時。他會站在樓梯底下說：「火車就要開了，你會趕不上！」他很準時，準準時時。他自律嚴謹，這是他的一件大事。他總是很自律，你知道的。

哈洛德一向戴著同一支手錶，那是貝比・丹尼爾斯（Bebe Daniels）送他的勞力士。貝比就是史上第一部默片版本《綠野仙蹤》（*The Wonderful Wizard of Oz*, 1901）裡飾演桃樂絲的演員，在好幾部電影中與洛依德並肩演出，包括《龍森・路克盧來盧去》（*Lonesome Luke Leans to the Literary*, 1916）。哈洛德的孫女說，丹尼爾斯是第一個讓哈洛德心碎的女人，他終身戴著她送的手錶。

Timekeepers: How the World Became Obsessed With Time

註釋

1　漫威漫畫裡的超級英雄蜘蛛人直到1962年才登場。

2　根據菲利普・L・溫茲（Phillip L. Wenz）的說法〔他是伊利諾州一座聖誕老人主題樂園的全職聖誕老人，也是印地安那州聖誕老人鎮國際聖誕老人名人堂（International Santa Claus Hall of Fame）的創始會員〕，能將聖誕老人這一套風趣的戲碼表演得恰到好處的，史特羅瑟是第一批人其中的一個。他使扮演聖誕老人的嚴謹工作不會那麼令人感到難為情。史特羅瑟將聖誕老人「提昇到了包含純粹表演藝術的層次。我非常喜愛這一身裝扮。」

3　譯註：以上二者都是電影中的經典畫面。

4　「默片」一詞是新瓶裝舊酒（retronym），創造它的目的是為了描寫技術與社會的進步。其他如黑白電視、精裝書、蒸汽火車、類比手錶這些詞也是。（譯註：隨著社會進步，有些詞所指涉的對象已經與原義不同，因此以這些舊詞為基礎另造新詞，代表它原有的意義，並與舊詞指涉的新對象有所區隔。例如現今的電視都是彩色的，故以「黑白電視」這個新詞代表「電視」原來的意義。這種造詞法即稱為retronym。）

5　電影的重現手法於1908年首次出現在《祖母的童話故事》（*Le fiabe della nonna*），片中老祖母正在說故事，畫面隨之融解呈現出更多細節，再次融解時又回到現在。

　巴瑞・索特同時也不辭辛勞地研究幾十年裡電影場景的不同長度（亦即兩次剪接之間的時間）。他分析了數百部電影，發現在1920年代的美國電影中，以標準放映率來說，一個場景的平均時間長度，範圍是從《唐璜》（*Don Juan*）的3.5秒到《魔法師》（*The Magician*）的7.5秒。然而在歐洲電影中，則是從法國電影《埃爾多拉多》（*Eldorado*）和《紅頭髮》（*Poil de carotte*）的5秒，到德國電影《街道》（*Die Strasse*）和《碎片》（*Scherben*）的13或甚至16秒。歐洲電影老是被批評節奏緩慢，或許這是其中一個原因。在1940年代，喬治・庫克（George Cukor）和哈爾德・霍克斯（Howard Hawks）將場景平均長度延長到大約13秒。索特還發現：到了1990年代，在步調快速的主流好萊塢動作片，以及文化氣氛濃厚的獨立電影之間，出現了極大的差異。如好萊塢的《搖滾新世代》（*Detroit Rock City*）是每場景2.2秒、《水深火熱》（*Deep Blue Sea*）是2.6秒；然而，伍迪・艾倫（Woody Allen）的《賢伉儷》（*Husbands and Wives*），平均每一場景的長度是28秒，《百老匯上空子彈》（*Bullets Over Broadway*）更是長得嚇人的51.9秒；理查・林克萊特（Richard Linklater）那一部名副其實的《懶鬼》（*Slacker*）則是34.5秒。

6　和同時代的其他電影相比，D.W. 格瑞福斯（D.W. Griffith）許多早期的電影顯得非常急促，因為他特別吩咐這些影片要以每秒14幅的速度拍攝。電影歷史學家凱文・布朗洛（Kevin Brownlow）認為，他的電影公司拜沃格拉夫（Biograph）對他設下單片盤1000英呎的限制，而他只是想要盡其可能塞進更多內容。緩慢會造成雙重困難：投影機的燈會燒掉膠捲，而且如果影片播映的速度低於每分鐘40英呎，投影機的防火簾就會落下。

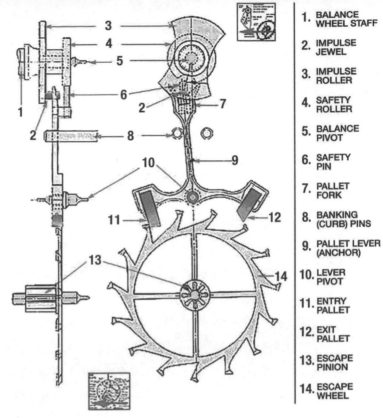

1. BALANCE WHEEL STAFF
2. IMPULSE JEWEL
3. IMPULSE ROLLER
4. SAFETY ROLLER
5. BALANCE PIVOT
6. SAFETY PIN
7. PALLET FORK
8. BANKING (CURB) PINS
9. PALLET LEVER (ANCHOR)
10. LEVER PIVOT
11. ENTRY PALLET
12. EXIT PALLET
13. ESCAPE PINION
14. ESCAPE WHEEL

CHAPTER

07

齒輪裡面還有齒輪：「千千萬
萬不可以用手指碰觸機芯。」

如何製作手錶
How to Make a Watch

◎ 一、很難找東西的地板

「你辦得到的，」2015年夏天，在靠近瑞士、德國邊境的一個中世紀小鎮，一個燈火通明的房間，一位過度自信的男人這樣對我說：「我敢保證，可能性99.98%，你能靠自己完成這個。」

我前面的矮桌上有一盒工具：裡面有一支附有彎曲金屬線的放大鏡，可以把它掛在頭上，讓我看起來像個暗黑天才。還有一支「鑷子」，比我用來整理郵票的那種來得沉重，也比較尖銳。有一支螺絲起子，它的頭又細又小，都快看不見了。有一支小木棒，頂端有人造麂皮。有一支粉紅色的塑膠籤，差不多和牙籤一樣大小。有一片分成好幾格的藍色塑膠托盤，長得很像外帶咖啡的蓋子。然後，是這樣的指示：「萬一你有什麼東西不見或掉到地上，你就不必找了，在這地板上很難找到東西。」還有：「千千萬萬不可以用手指碰觸機芯，否則這只錶就報銷了。」

沒錯，我正要做的事差不多就是製作手錶。我將會取下螺絲、夾板、齒輪，把整付標準機芯拆解，再試著靠我的記憶、巧手以及指導員克里斯強・貝瑞瑟（Christian Bresser），將它重組起來。「無論什麼時候，只要是看到金色發條，拜託不要把它們取出來，」貝瑞瑟繼續說著，並且指向我眼前這個銀色盤面的一個小零件。「我的一位同事不小心鬆開這個齒輪，那個齒輪是在力量最強的情況下，直接就射到他的眼睛，把他弄瞎了。所以，一定要隨時提高警覺。」

機械錶還沒有變得複雜之前，製作一只手錶是相當標準化的作業，幾乎所有手錶都是根據同樣的原則構成的。也就是由一個螺旋式的主發條（以旋緊或其他方式產生動力）驅動一組齒輪，再利用齒輪

使擺輪以每秒若干次的頻率振盪,而振盪的情況則是由另一組稱為擒縱機構的齒輪調節。就是這樣的機構,使錶針以穩定的速率(時針每24小時1次,秒針每分鐘1次)移動所需的距離。不過,在我眼前這張桌子上的,當然是比這還要複雜的手錶。它是鐘錶學150年的精密歷史,也是一門既優雅又錯綜繁複的藝術,讓一名技術熟練的鐘錶匠得花上10年的光陰,才夠得上製作手錶的資格。那可是不斷瞇著眼睛細細檢視,摻雜著汗水和咒罵的10年。而我,只有整整50分鐘。

● ● ●

IWC(全名是萬國錶公司,但是已經沒人會這樣說)的總部位於萊因河畔的沙夫豪森(Schaffhausen),距離蘇黎士北方大約40分鐘車程。這家公司於1860年代晚期成立,從此即成為力量、運輸與靈感的泉源。將近150年來,IWC已經為眼光獨到且忠心耿耿的客戶,製作出無數精巧又昂貴的手錶。它現今的產品,可不是一名菜鳥能在區區50分鐘內做得出來的玩意兒。比如說,有一款葡萄牙三問腕錶(Portugieser Minute Repeater),具有46小時儲能、Glucydur鈹合金擺輪,以及滑桿控制,每小時、每刻和每分都能以兩件式的響鈴組悅耳地報時(這組機構本身就含有大約250個零件),加上白金錶殼與鱷魚皮錶帶,一只售價81,900英鎊。還有典雅的柏濤飛諾(Portofino)系列,其中有一款女仕專用錶,含有中型自動月相,以及18克拉紅金與66顆鑽石的錶殼,在珍珠母貝錶盤上更有另外12顆鑽石(錶盤下方懸浮一個圓環,顯示地球行經天際的移動狀態),它的零售價是29,250英鎊。再來看一款工程師恆定動力陀飛輪腕錶

（Ingenieur Constant-Force Tourbillon），它標榜擺輪的振頻一致，因而具有近乎完美的精準性。它有96小時儲能、可顯示北半球與南半球的雙重月相，錶盤上還有下次滿月的倒數計時，錶殼則為白金與陶瓷，售價205,000英鎊。

再來這一錶款是飛行員腕錶（Big Pilot's Watch），它讓IWC公司在二次世界大戰期間聲名遠播。它的錶盤巨大而簡單，配以即便戴著飛行員手套也能方便操作的巨大把頭。它的內層錶殼具有磁場防護功能，也能保護手錶不受氣壓突然下降影響。它在1940年首度製造，如今的更新款式建議售價為11,250英鎊。（身為瑞士人，而且對鈔票與中立同樣感興趣，IWC所製造的飛行員腕錶賣給英國皇家空軍，也賣給德國空軍，雙方對這一款手錶都非常感激，因為它能幫助他們調校出最佳的方式好彼此轟炸。1944年4月，由於一次導航失誤，沙夫豪森遭到美軍轟炸。這個小鎮災損嚴重，有45人喪生，雖然擊中IWC的炸彈只是穿透屋頂，並未引爆。）

這些手錶都能讓人怦然心動。它們最大的吸引力在於無一是華而不實或霸氣外露的，不像鐘錶市場的很多高檔產品，只知道一味地仿效瑞士刀。如果你想要在手腕掛上大把大把鈔票，只要戴上一只IWC，既不張揚也就不會招來冒犯，那倒是一段人間佳話。IWC是為純粹主義者製造手錶並且引以為傲，這一點或許可以解釋這家公司為何沒有像它的某些競爭對手一樣出名，占據瑞士高級製錶業的中上等級地位。它的地位不如百達翡麗和寶璣（Breguet）那麼崇高，不過，也已高到足以取悅自己的博物館。這一間博物館所訴說的故事，可想而知充滿了輝煌的創新與成長：例如它現今工廠的廠址，在1875年是一座修道院的果園；它在1915年的第一次腕錶運動；1950年的第

一組自動上發條機構；1967年第一只自動潛水錶，能抗壓達20巴（bar）；1980年全球第一只鈦金屬外殼的手錶，設計者是F.A.保時捷（F.A. Porsche）。

在IWC沒有任何一個人願意告訴我IWC有史以來一共製造了多少只手錶，即便是推估也不願意，連去年是多少只都不說。自2000年以來，他們對於這類問題越來越敏感。他們在那一年成為奢侈品集團歷峰（Richemont）公司的一部分（以28億瑞士法郎成交），歷峰旗下的子公司還有萬寶龍（Montblanc）、登喜路（Dunhill）、積家（Jaeger-LeCoultre）、江詩丹頓（Vacheron Constantin）以及卡地亞（Cartier）等精品名牌。不過，IWC在導覽中提供了其他許多統計數字，用來引起訪客的興致。例如，一只超卓複雜型（Grande Complications）腕錶需要659個零件才做得出來，比人體的骨格架構還多出453件。[1]這趟導覽過程中還包括穿著白色外套以及藍色鞋套，那是我們待在密封的氣穴接待室期間，為了盡量減少實驗室的灰塵。有一張告示牌的內容是這樣的：「此批展示品均為複雜且精密的機械錶。導覽員非常樂意為您示範這些手錶的功能，請勿自行操作。感謝您的諒解並祝您有愉快的一天！」

沿路我看到一些先生和女士們正在製作較不繁複的錶款，他們的身旁放著操作手冊，一層一層地組裝著。他們是經過幾週訓練後被錄用的產品線員工，不同於稍後我會遇見的熟練工匠。（在這裡「手錶組裝」與「手錶製作」之間是經過仔細區隔的。手錶組裝的工作主要是將大零件組合在一起，這些大零件已經在別的地方組成，通常是由其他公司生產，再以條板箱運送過來接受組裝。這種作法很像製造汽車或其他複雜的產品，儘管複雜，可以僅靠記性就做能得好。手錶製

作則是一門藝術，得花好幾年而不是幾星期就能學得來。它不止需要鋼鐵般的耐性與專注、對於機械學的深刻認識，還需要實用的靈感。著色畫誰都會，但是只有少數人能畫得像塞尚、莫內和雷諾瓦。）接下來我經過了鑽孔、研磨和拋光的機器、許多整綑的條板，以及品牌大使的照片，有影星凱文・史貝西（Kevin Spacey）和賽車手路易斯・漢米爾頓（Lewis Hamilton）。這些都是刻意呈現的內容，展示IWC參與過的高尚事業及迷人的活動，包括贊助法國弱勢兒童教育、紐約翠貝卡（Tribeca）與英國倫敦電影節，以及加拉帕哥斯群島（Galapagos Islands）的巨鬣蜥保護等。

最後我抵達超卓複雜系列實驗室，這是產生葡萄牙Sidérale Scafusia系列腕錶的地方。它在繪圖桌上蘊釀了10年，是IWC公司有史以來最精緻的手錶。它不僅是恆定動力陀飛輪腕錶，也不止具有96小時儲能功能，它還是恆星時間顯示器，有別於太陽時間，每天短少的時間大約不到4分鐘。它能幫助佩戴者「每天在同一位置找到相同的星球」（在錶底有一幅天體圖，描繪了數百顆星球的位置。天體圖的內容，在製作時可以根據客戶在宇宙間的個人位置而對準。）這一款手錶能讓你同時感到不可一世以及渺小如滄海一粟，外加一張帳單，價格50萬英鎊。

負責這項卓絕技藝的是德國人羅慕勒斯・拉度（Romulus Radu）。拉度今年47歲，一生都奉獻給IWC。他工作的時候完全是將眼睛對齊桌子的高度，我們第一次見面時他看起來開心得像個小孩子似的。他說，他得隨時挺直腰桿和肩膀，「否則會像在餐桌上工作了8小時」。他有3根手指戴了粉紅色塑膠薄套，可增加抓緊的力道。他說，他也製作萬年曆，讓手錶可以提供日／月／年的顯示，持續

577.5年。我問，577.5年之後，會發生什麼事？（或許會自我銷毀，或是變回卡西歐錶？）不過他的答案果然一如意料中的荒謬：在西元2593年，日曆的顯示必須修正1日，「你當地的IWC精品店可以為你效勞」。

「並不是每一雙手都適合這份工作，」這是拉度在製作陀飛輪的底座時觀察到的。我認為他一定具有特別強健的心理特質，才能勝任現在的工作。

「沒錯。」

「因為，」我說：「要是我來做，鐵定會發瘋。」

「有時候我也會抓狂，還好只是有時候。」

我看著在他眼前的各種零件，以及整盤的螺絲起子，其中最粗的轉頭比嬰兒的指甲還薄。我很好奇，他能不分心地連續工作多久，不會想把所有東西扔出窗外。

「人人都有工作不順心的時候，」他說：「但是，通常我能夠在一個零件上工作兩、三個小時才需要休息。」

休息去喝杯咖啡嗎？

「我會在早晨喝一杯，然後在午餐時再喝一杯意大利濃縮咖啡。我可不能大意。」

我看著拉度的工作，突然有了最佳理由，可以買下一只根本用不到的錶。這個理由是：因為它是大師的傑作。人們早在一個多世紀以前，就已經簡化並掌握了時間，因此瑞士、德國、法國（以及直到1950年代的英國）的鐘錶大師有了充足的時間可以進行調整。於是，他們把東西變得複雜。

●●●

1873年5月，美國雜誌《鐘錶師與珠寶師》（*Watchmaker and Jeweller*）刊登一則廣告，宣佈有一家公司已順利成立，「目標是結合美國優異的機構系統，以及瑞士技術精湛的手工」。在5年之前成立的IWC終於開始營業。這則廣告呈現一家宏偉的工廠，其實尚未蓋成，它並且保證這家公司的手錶「最不可能故障」。這家公司的產品一開始是連接細鏈或胸針的精緻懷錶，一共推出17個款式，同時也標榜它的柄軸式上鍊系統，不需要發條鍵。他們供應的這些產品，價格「不在乎競爭」。

IWC的創辦人是佛羅倫汀・阿里奧斯托・瓊斯（Florentine Ariosto Jones），在美國內戰之前，是在波士頓養成的鐘錶匠，內戰結束之後不久搬到歐洲（他可能在戰爭中受傷而失去生育能力。有些說法指出，我們只看得到他的獨照，原因就在這裡）。瓊斯正值20來歲的年紀，他覺察到一個機會：把先進的工業技術，應用到日內瓦與洛桑的鐘錶大師那種家庭式的專業技藝。與其每只手錶都是從無到有地製作，他的想法是以基本模型為準，組建能互用及更換的零件。新作法可以利用研磨機製作螺絲和擒縱輪，再引進工作台從事錶殼裝飾工作。這些美國人〔也就是瓊斯和他的助理查爾斯・基德（Charles Kidder）〕負責帶動產品線，由瑞士提供依舊名聞遐邇的加工學校。

瓊斯固然興致勃勃，卻總是遇到不滿和阻撓，瑞士當地那些說法語的熟練師傅一點都不樂意中斷既有的工作方式。從四百年前最早的鐘錶製造開始，這套作法一直都運作順暢得很。瓊斯在瑞士北方受到說德語的當地人熱情地歡迎，沙夫豪森的居民尤其喜愛有100個新工

作機會的願景。

　　然而，IWC一開始的輸出成果讓人洩氣。瓊斯告訴債權人，他每一年可以生產1萬只手錶，可是直到1874年，公司總共才售出6千只。瑞士的銀行股東解除瓊斯的管理職位，在公司成立9年後，他被送回波士頓（他對鐘錶製作及工程的開發並未中斷，不過他在70幾歲時貧困以終）。時至今日，在IWC寧靜的博物館以及其中一間會議室，他的名字仍縈迴不已。也就是在這一間瓊斯會議室，我得到了手錶生產的專業知識。

　　在萊茵河畔的IWC，現在願意讓一名徹頭徹尾的菜鳥在這裡自取其辱地組裝手錶，其中一個原因就是要讓你知道，為什麼一只要價205,000英鎊的手錶值205,000英鎊。換句話說，就是告訴你，一名大師級的鐘錶師傅精通技術的程度，是凡人無法想像的。他們當然不是讓我拆解頂級的產品，在我眼前的桌子上，是一只手動上鍊的Calibre 98200。錶面大37.8mm，是IWC最大尺寸的產品，供製錶課程專用。我的任務是拆下17個零件再重組回去，這樣仍然未達到可讓手錶完整運作的地步（它沒有指針，也缺少全套動力輪系）。但是，至少已經有一些大小齒輪相連在一起，可以經由細桿及錶冠操縱。我們的任務要在不到1小時內完成，它的構造是完全針對傻瓜的。「我們握螺絲起子的方式有兩種，」我的指導員這種幽默風趣的評語，大概已經用過千百次吧。他說：「正確的方式和錯誤的方式。」

　　為了拆解和重組，我得不停地把錶面和錶底翻來覆去。在這個過程中，我認為容易的部分包含旋緊夾板的步驟（我喜歡拿重新鎖入栓塞來比較），正是夾板單元使不同層次以及複雜的零件得以維持在定位。分針齒輪下方的主發條以一個齒輪狀邊緣的發條盒包覆著，要將

這個發條盒插入以及對齊0.15mm長的樞軸和寶石，則是相當棘手的工作。（我使用的是經過合成設計的紅寶石，這些低摩擦力的寶石軸承特別被用在齒輪系以及防震機構，一向是手錶品質的標誌。手錶裡面的紅寶石越多，它的機芯就越準確、耐用，而且安全。如果沒有額外的複雜功能，一只傳統的機械錶會裝滿17顆寶石；但是IWC層次繁複的精品可能會要求裝入62顆。「複雜功能」這個詞，是指手錶裡面對報時來說完全多餘的任何部分，例如顯示月相的功能就是。）

要製造微小的物品，代價往往極為昂貴，至少在原型以及最後的人工檢核階段來說是如此。在手錶業這一行，細緻零件的精準性是龐大成本的原因之一（即使是最小的螺絲，成本也要8塊錢瑞士法郎）。再來是永不間斷的耐力和最小化的潤滑保養需求。人們之所以如此讚賞這些手錶，這是另一個理由。然而，最為舉足輕重的因素是與人有關的老生常談：那就是代代相傳的智慧。有了智慧，原本只是金屬與石頭的了無生氣組合，才能發揮它的功能並且散發極致之美。「我知道這樣說非常不恰當，」貝瑞瑟告訴我：「然而，這真的是上帝的精品或法蘭克斯坦（Frankenstein）的傑作——穿著白色長袍的你正在創造生命。」[2]我也嘗試在做一件類似的工作，而且做到中途。我正用鑷子去夾制動銷的時候，他說：「要是你把它弄丟了，因為你不是真的鐘錶匠，我不會揍你。」

正當我盡力不讓螺絲掉到地板上，這時候我想到一項新挑戰，人人在家都可以模仿：請試著講出一位還健在的鐘錶大師。你慢慢來沒關係，若非圈內人，很少有人說得出來。這一行向來都樂於沒沒無聞。[3]然而這些職人（幾乎清一色都是男性）當然值得人們注意。例如今年43歲的克里斯強‧貝瑞瑟。他說，他曾經想當戰鬥機飛行員。當

他還是個在牙買加及美國佛羅里達州長大的男孩，最大的嗜好是組合玩具模型。他20幾歲快30歲的時候，在一家德國銀樓當學徒，在此之前他對於鐘錶匠的工作並不感興趣。「我知道這麼說很情緒化，有一些我早期組裝的手錶，我是把它們當成自己的小孩看待。」2000年時，他去過好幾家瑞士的鐘錶公司求職，包括勞力士、歐米茄（Omega）和真力時（Zenith）。他發現這些「金光強強滾」的公司少了他在IWC所體驗到的小家庭氣氛（當時IWC的員工約有500人，如今已超過1,000名）。他在面試時被要求的任務之一聽起來有點熟悉：將一只手錶拆開再重組。不同的是，他要應付的零件更為細緻；而且，在機芯隱藏一個錯誤，他必須找得出來。「一開始我對鐘錶工作的認識只有10歲小孩的程度，」他說道。如今他的才華橫跨萬年曆和雙時區手錶的製作，以及教育推廣。他定期主持鐘錶製作的基礎課程，這項活動可是兼具銷售與鐘錶學功用：菜鳥訪客們完成簡單的製錶過程後感覺良好，眾人對於小齒輪和樞軸的了解也更加豐富，就在這一個小時內將會引導你走向禮品店裡閃閃發亮的廉價小飾品。

禮品店就設在博物館旁，禮品店和博物館在在顯示：IWC在實務運作上仍然走在將近150年前所奠立的軌道上，也就是以機械化產品線的效率，結合加工線一絲不苟的精良技藝。然而，儘管博物館有這麼多別出心裁的展示，並未完整呈現IWC的故事，以及它歷經重重難關之後，傳遞出來的不朽訊息。這家公司挺過了諸多挑戰和波動，例如手錶的流行趨勢和貨幣市場、變動的勞動力需求和工作實務，還有和瑞士其他3百多家鐘錶商之間，激烈而且精彩的競爭，以及中國的山寨。如今到了21世紀的第二個10年，它更面對一場全新型態的競爭。令人意外的是，這場競爭來自一家電腦公司。

　　來自庫比提諾（Cupertino）的沉重氣候不止籠罩在沙夫豪森上空[4]，瑞士的其他地方也難以置身事外。然而Apple Watch帶來的威脅之大，受影響的並非單一產品。呈現在我們眼前的遠景，是徹底的數位化連線，我們憑著觸控，透過智慧手機、智慧手錶，或者好用的小晶片，就能掌握生活中的大小事。它的挑戰在於我們準備走多遠、走多快？誰都還沒有答案。不過，在瑞士沒有人承擔得起忽視這項挑戰的代價，就像他們不敢忽視石英的衝擊。

　　石英是以低價的方式做相同的事，智慧手錶的影響與石英不同。智慧手錶同時具有非常多功能，報時毫無疑問是最不重要的一項。在2015年人們開始佩戴Apple Watch，有許多人卻感到失望：它能做的事似乎不像iPhone那麼多，只不過它的尺寸小得多。它和手機一樣，會通知你有來電和電子郵件；它也可以儲存你的行動文件、幫你的咖啡買單，以及監督你的健身運動。當它的消光黑錶面啟動螢幕保護程式，對某些鈔票多於理智的人來說，光是那美麗的蝴蝶振翅就足夠讓人乖乖掏錢。但是在其他人眼中，尤其是在機械錶的製錶業，蝴蝶意味混沌，Apple Watch（以及在Samsung手機、Pebble智慧手錶、還有其他裝置上的便宜競爭者Android）可能是代表末日的符號。直到2014年的年中，對於蘋果公司以及它的複製品，瑞士人的一切反應不是被消音就是不被當作一回事，幾乎沒有人承認這個複雜的情況。但是，如今情勢已經有所不同，特別是因為優秀的老師傅逐漸凋零。

　　IWC的數位化，起手式稱為「IWC連接」（IWC Connect），它不是手錶而是錶帶，一開始是飛行員錶款專用的。它附有一個大型按鈕，壓下並旋轉按鈕即可連接到你的手機、應用軟體、保健功能及電子郵件通知。這項裝置是向微處理器頷首致意，卻教人感到很囧。

它是傳統高級鐘錶的對比和死對頭，它在錶帶上的位置代表瑞士人擁抱先進數位技術的方式，能同時與數位技術的傖俗及威脅保持距離。在可預見的將來，IWC手錶不會提供MP3播放或攝影機功能，更不可能一年升級兩次作業系統。他們喜愛以優雅的機械風格滴滴答答地計時，靜候風暴早日平息。但願它會平息。

◎ 二、瑞士人究竟是怎麼一回事？

鐘錶業不是瑞士人建立的，這個低調的內陸國家如何獲得主宰鐘錶業的地位？它如何從掌握乳製品一躍而成同時掌握乳製品和微型精密機械學？瑞士錶常常比只賣10英鎊的雜牌錶還不準，卻能要價幾十萬瑞士法郎，瑞士人如何精煉出這樣的觀念？（或者說，瑞士在2014年出口2千9百萬只手錶，這個數字僅占全球手錶總銷售數的1.7%，卻占了銷售額的58%。這種事是如何發生的？）

尤人・雅凱（Eugène Jaquet）和阿弗瑞・恰皮厄斯（Alfred Chapius）在1953年出版皇皇權威巨著《瑞士錶之技術與歷史》（*Technique and History of the Swiss Watch*），他們對於手錶起源的議題略顯得含糊不清。第一批手錶大約出現於1510年，一開始是在德國、荷蘭、法國和義大利登場；起初手錶是圓形錶面，然後是橢圓形。幾十年後，在日內瓦已發展起小規模的手錶交易。有工匠曾受僱為金匠，他們居功厥偉。這些金匠做的是精雕細琢的工作以及琺瑯製品，深諳繁複的鐫刻工具，使他們能將注意力轉移到微型機械學。雅凱和恰皮厄斯找到紀錄，顯示16世紀時在日內瓦共有176名金匠，幾乎可以斷定：來自法國的胡格諾教派（Huguenot）難民，對他們新興的

製錶技術大有助益。最早期的手錶需要特定的膨鬆度，因為錶內含有一個錐形的滑輪機構，稱為均力圓錐輪，它的目的是以最均勻的方式傳遞上鍊後的動力（而不是在循環的一開始全力運轉，到了結束時則軟弱無力）。擺輪發條（在機械錶中維持動力的上鍊游絲）大概是17世紀中葉，由荷蘭數學家克里斯提安・惠更斯（Christiaan Huygens）以及英國的哲學家兼科學家羅勃・胡克（Robert Hooke）獨立開發出來的，使動力控制得以大幅改善（進而增進手錶的準確性）。在此之前，最早期的手錶只敢指示小時，因為說到準確，日晷就能讓它相形見絀。分針也是惠更斯開發出來的，大約到了1670年才被英國的鐘錶匠丹尼爾・奎爾（Daniel Quare）首次應用。

　　資料上首見瑞士出口他們的手錶商品是在1632年，當時來自法國布洛依德（Blois）的皮耶・庫柏二世（Pierre Cuper II）旅行到日內瓦，委託安東尼・阿勞德（Anthoine Arlaud）製造36只手錶，要求這筆訂單必須在1年內交貨。其他的手錶訂單是阿勞德的兒子阿伯拉罕，以及數年後來自君士坦丁堡（Constantinople）某位名叫尚-安東尼・喬登斯（Jean-Anthoine Choudens）的人所製造的。[5]這些跡象顯示瑞士已然奠定卓越品質與裝飾的名聲，日內瓦人同時也是琺瑯錶殼製造的大師。到了1690年代，在巴塞爾（Basel）、伯恩（Berne）、蘇黎士、洛桑、羅爾（Rolle）、默登（Moudon）、溫特爾圖（Winterthur）與沙夫豪森等地均有鐘錶匠，納沙爾泰（Neuchâtel）也成為著名的中心，收容來自歐洲其他地方逃避宗教迫害的熟練工匠。納沙爾泰亦成立製錶學校，它很可能是歐洲首例。這所學校招收十幾歲出頭的學生作為學徒，他們推崇的價值是成為全州（如果不是全國）製錶業的基礎。然而，如拉（Jura）州的拉納沃

維爾（La Neuveville）宣稱是第一座鐘錶城市，當地的主要職業是釀酒與懷錶生產。

　　以上仍不足以說明為什麼是瑞士獲得如此超卓的名聲，而德國或法國卻與之無緣。但是，以上史實之所以無法解釋瑞士的成就，是因為它的曠世盛名主要是在20世紀才形成的。在此之前，還有其他國家也同樣突出。例如在巴黎有寶璣、卡地亞和厲溥（Lip），在德國的格拉蘇蒂（Glashütte）有朗格（A. Lange & Söhne）和許多小型公司，他們均生產珍貴的手錶並建立良好聲譽。至於英國，在17、18世紀時她可以合理地宣稱是時鐘與製錶的創新發明中心，可供參考的重要匠師名單很長，例如愛德華‧伊斯特（Edward East）、威廉‧克雷（William Clay）、湯瑪斯‧馬基（Thomas Mudge）、約翰‧哈里森（John Harrison）、理查‧包溫（Richard Bowen）、理查‧湯南利（Richard Towneley）、弗洛德夏姆（Frodsham）家族、湯瑪斯‧托姆皮恩（Thomas Tompion），以及在倫敦和切爾騰罕（Cheltenham）的S‧史密斯父子（S. Smith & Sons）（亦為「皇家海軍指定鐘錶商」）；這些姓名在人名錄及博物館以外早已被淡忘，主要原因是英國人投資不足的習性（如火車、工業生產、國家足球隊），以及對這個國家曾經引領世界風潮的許多重要方面，絲毫不以為意地忽視。[6]

　　瑞士人仍舊穩定地向前走著：偶爾在歐洲其他地方買下最好的公司；因19世紀中葉的自由貿易運動而受益，也建立了貿易機構及認證標的，提昇鐘錶業的品質和誠信聲望。在19世紀時，工廠的工作內容擴展到機械製造，妥善利用了新近發展出來的可靠擒縱機構與陀飛輪（分別為倫敦的馬基和巴黎的寶璣所發明的）。[7]手錶的外型日益往扁

平發展，懷錶進而演變成腕錶。騎馬的時候，腕錶特別方便好用。瑞士人同時也徹底發揮了上鍊技術的發展，採用早期的柄軸，也就是我們如今所知的錶冠，取代已往用發條鍵上鍊的作法。這一切進步對出口貿易來說舉足輕重。到了1870年，瑞士錶產業至少聘用了34,000人，每年生產的手錶數量估計達130萬只。

接著，世界大戰發生了。由於瑞士保持中立，瑞士的鐘錶商得以繁榮發展。兩次世界大戰期間，IWC並非唯一為交戰雙方製造手錶的公司。[8]在工作台上，平心靜氣有助於專注。然而，只靠平心靜氣並不足以解釋浪琴錶（Longines）或雅典錶（Ulysse Nardin）的優雅脫俗，如同它也說明不了咕咕鐘。[9]奧森·威爾斯在《黑獄亡魂》（*The Third Man*）中飾演哈利·萊姆（Harry Lime），有一段令人印象深刻的演說；其中最引人入勝之處，是它根本就不正確：

有個傢伙這樣說過：義大利在波奇亞家族（Borgias）統治的30年裡，有戰爭、恐怖、謀殺、血腥；然而他們也孕育了米開朗基羅、達文西和文藝復興。在瑞士呢？他們有手足之情、有500年的民主與和平，但是他們創造了什麼？咕咕鐘！

這部電影的劇本中有些台詞不是原作者格雷安·葛林（Graham Greene）所寫，這段話正是其一，而且說得不對。咕咕鐘是由德國人最先做出來的，但德國並不曾享受過500年的民主或和平。

近來對於造就瑞士錶的各種品質已立法分類，如同製造香檳酒或帕瑪森乳酪（Parmesan），進行嚴密監管〔在瑞士錶上的產地說明，用字一向都是Swiss made（瑞士製），或者只有Swiss（產自瑞士）

一字,並非Made in Switzerland(於瑞士製造)。這個傳統可追溯到1890年〕,每只手錶都必須符合若干嚴格的標準才算合格〔或者,套用瑞士鐘錶工業聯合會(Fédération de l'industrie horlogère suisse FH)的說法,所有手錶皆必須遵守「瑞士特性(Swissness)所規定之新要求」。上述的品質分類,也是源自瑞士鐘錶工業聯合會〕。為了能夠被歸類為「瑞士製,手錶必須 (1)使用瑞士機芯、(2)搭配機芯使用的錶殼是在瑞士境內製造的,以及 (3)在瑞士境內接受檢驗及認證。為了能夠被歸類為具有瑞士機芯,手錶必須 (1)在瑞士境內組裝機芯、(2)在瑞士境內檢驗及認證機芯,以及 (3)至少含有60%的組件具有「瑞士價值」(1971年的法律規定為50%,已提高)。這些法律對某些網站並沒有造成太多麻煩,像是perfectwatches.cn,在那個網站賣的中國版複製品(也就是山寨版),勞力士的Daytona錶款售價370英鎊,百年靈(Breitling)的Navitimers則是127英鎊。

● ● ●

瑞士錶有多麼卓越、名聲有多麼高,最好的檢驗方法是站到瑞士以外的地方來看,比如說澳洲。在這裡,例如有一個叫作尼克・赫寇(Nick Hacko)的人,他一直想要做出一只手錶,能像日內瓦或沙夫豪森出產的,既堅固又可靠。但是,他在雪梨組裝,然後以比較低的價格出售,沒有熱鬧的行銷花招。這一項壯舉已經變得很難實現。

赫寇這個人對製錶充滿信心,可是他的性情十分溫和。他不只是鐘錶匠,也是維修師傅及經銷商。他算過,他已經賣出超過9,500只瑞士錶、修過17,000只。他身兼這一切角色,最近開始對瑞士人變得

又愛又恨。2014年2月中旬，當我一走進他的辦公室，他見面第一件事就是塞給我一件T恤，在黑色背景上有密密麻麻而且十分醒目的文字（使用的字體是隨處可見的瑞士Helvetica）。這件T恤要說是衣服，更像是傳單。若是你在派對上看見有人穿這樣的衣服，大概會立刻腳底抹油，有多遠閃多遠。它有一部分文字如下：

這是另一項企業壟斷，迫使獨立貿易商退出這一行。……瑞士的各大鐘錶品牌正積極運作，確保所有維修都是由他們的工作間獨占完成，並且遵照他們的條款。請支持我們的活動：簽署請願書，拯救時間。

「來吧，拿兩件！」他一邊說，一邊又給我一件。一件是M號，一件是L號。「你的尺碼大概是在這兩個中間吧，」他說。

英語不是尼克・赫寇的母語。他是南斯拉夫人，1960年代出生於修錶匠的家庭，12歲的時候開始修自己的錶。1991年南斯拉夫爆發內戰，不久之後他就離開了。他先是搬到德國，1994年再搬到澳洲，那時他31歲。他身上帶著最基本的修錶工具，以及2萬澳幣。這筆錢有一大部分買了債券，保障他的第一家店。「我非常努力工作，」他回憶道：「我差不多花了10年，才建立起我的商譽。」

他現在的店感覺起來像間辦公室，位於4樓，有幾間房間。這棟樓房是在雪梨的卡斯爾雷街（Castlereagh Street），這條街相當於倫敦名店聚集的攝政街（Regent Street）。在他的正下方是幾間展示間，販賣迪奧（Dior）、卡地亞（Cartier）、勞力士和歐米茄等名錶，但是他很不屑會被這種華麗商品支配的人。「修錶匠看事情的方

式總是從內而外，」他說：「但是大多數收藏家只在乎外表。他們喜愛名牌。」

赫寇在這個處處與他唱反調的鐘錶世界，就像P.T. 巴納姆（P.T. Barnum）[10]，在一個沉默寡言及不愛交際應酬的舞台，特別引人注目。他發行的免費通訊有1萬名訂戶，另外有3百名訂戶付費訂閱更專業的內容。他形容他自己這一類人是「知道自己永遠都是對的。是個話很多、牢騷更多的鐘錶匠，但是痛恨浪費時間的人。這種人如果你不曾看過活生生的，那就想像一下英國演員湯姆‧荷蘭德（Tom Hollander），只不過矮了一點，也沒那麼帥。」

他的辦公室有一側是一整面牆的玻璃門櫃子，櫃子裡有一些精美的物品閃閃發亮。但是，訪客的眼光會被拉到更靠近入口處一個堅實的櫃子，裡面是一整排為手錶上鍊的機器。這些機器緩慢地前後移動，模仿手臂的日常動作。「這些錶可不是給懶人戴的，」他解釋說：「如果你收集了很多自動錶，而且它們上鍊的方式是佩戴在手腕上，你就需要給它們動力，才能讓它們保持旋轉。這也是炫耀的好方法。」

他正在製作的手錶稱為Rebelde，這個字是西班牙文「造反者」的意思。是手動錶，有大型錶冠，錶寬42mm，以手術刀品質的精鋼製造，錶身沉重。它還有一個吸睛的錶面，是少見以羅馬數字與阿拉伯數字的混合。赫寇親自設計及訂作所有組件，這只手錶是一件簡單的產品：它「不是要形成一個品牌，拿來炫耀製錶師的天才，或者是拿來滿足你對機械錶的需求，」他在部落格上說明：「它的誕生，純粹只是為了生計。」

「重點在這裡，」他告訴我：「鬼才知道製錶業是從什麼時候開

始的。但是，我們知道它在什麼時候跑到瑞士開始量產，以及跑到美國開始平價量產。然後，日本人就開始製造了不起的玩意兒。可是，最近所發生的事我們看得更清楚——瑞士人是關起門來做生意的。」他提到T恤上面的主張，特別指出無法取得備用零件這一點。「最惡劣的是，他們不承認為什麼要這樣做。他們貪得無厭，但是他們不會告訴你『這是在保護我們的生意』，他們不信任在瑞士以外的鐘錶匠能把錶修好。然而，就是同樣這一批修錶師傅，才讓瑞士的鐘錶業能夠保持了上百年的活力！」

他說，瑞士的政策已經造成非常多技術熟練的錶匠生計困難，他製造的手錶是對這種排擠的示威抗議。他在部落格分享每一個製作階段的繪圖，希望透過這個方式啟發下一代鐘錶匠。我們見面之後半年，他的手錶已經準備上市，價格是澳幣2,500（不銹鋼）到13,900（玫瑰金）元。

赫寇對鐘錶學的熱情偶爾也會瀕臨窒息的境地（他提到長期受苦的妻子對他的鐘錶經感到乏味，也提到整天坐著造成他慢性痔瘡），不過，他的執著也贏得大量的支持者。有一天，他疑惑是不是有可能把一只手錶（同一支手錶）寄到地球上的每一個國家；結果，他的電子郵件通訊訂戶們即承諾要協助他實現。這裡提到的手錶是一只德維薩（Davosa），它是來自如拉山區的瑞士品牌，創立於1860年代。這只手錶必須在340個地方的土地上被戴著運轉，包括在太平洋上的小不點、中央基里巴提（Central Kiribati）、西基里巴提（Western Kiribati）、北韓、南蘇丹（South Sudan），當然也包括兩極地區。理想的情況下應該有證據可資證明（例如當地報紙或者以地標當作背景）。若是手錶遺失了，或者因為其他原因而未能回到赫寇手中，這

個挑戰就宣告結束。

　　赫寇有信心可以成功，只不過估計需要5到12年的時間才能完成這項任務。「沒錯，我們正在這段長途旅行中！」本書在寫作時，這只手錶已經到過菲律賓、西馬來西亞、新加坡、印度、巴基斯坦，還有其他對赫寇來說很恰當的地方，如西伯利亞、波西尼亞、克羅埃西亞（Croatia）、蒙特內哥羅（Montenegro），以及斯洛維尼亞（Slovenia）。它已經在瑞士落地又起飛了。

●●●

　　真是教人羨慕的一只手錶。拜訪過沙夫豪森的IWC之後，我坐在蘇黎世機場的候機室，身旁是免費提供的瑞士蓮（Lindt）嚴選盒裝綜合巧克力。我的四周被IWC巨大的燈箱廣告包圍，廣告內容是地球上極限的高度與深度場合。它們想要推銷的，是冒險犯難的男子氣概精神。很快我就會把手錶的時間往回調一個小時，不過飛往倫敦希斯羅（Heathrow）機場的班機誤點，出境看板上說：「請在候機室等候」。差不多過了30分鐘，看板的內容還是沒變，只不過現在連其他瑞士班機也誤點了。然後，是所有瑞士班機都被取消。我們到櫃台詢問，只是被告知靜候進一步公告。大家都開始滑手機，想找其他航空公司的班機。那時候大約是傍晚七點，還沒飛的班機不多了。接著有廣播要我們前往另一航廈的轉機櫃台，於是大約有1百人都跑了起來，其中有些人肯定已經好一陣子都沒跑過。我們得知是機上電腦出了一些技術方面的問題，但是沒人知道怎麼會一下子就全部故障。排在隊伍前面的兩、三組人被轉往英國航空的班機，我們其他人則是拿

到市區飯店的抵用券。我們奔向計程車，趕在其他同行旅客前面搶到最佳西部（Best Western）飯店的空房，然後使用餐券在飯店的酒吧吃了一頓難以入口的東西。

隔天早晨6點半我們重新集合，搭乘小巴到機場，可是幾班較早的飛機再一次全部取消。有一名旅客試著在這些狀況下處之泰然；我呢？我在思考這令人啼笑皆非的一切：說到對時間的完美掌握，瑞士可說是全世界的發祥地。現在，請看看機場裡幾乎遍及每個角落的店面，還有全部人被耽誤到的生活，這些時間都被浪費掉了。然而，不久之後的發展更是讓人抓狂到不行。那天上午的下一班飛機確定可以出發，顯然那個深不可測的電腦問題已經擺平了。雖然說難免有人還是會自問：你升級手機作業系統的時候遇到程式錯誤，你知道你會怎麼做。那麼，現在你真的要搭上第一架飛出去的班機嗎？接下來出境櫃台的一位女士告訴我們，班機誤點的確實原因是：閏秒。

當天的前一日是6月30日。地球自轉每3、4年就已足夠和我們的原子計時〔稱為「世界標準時間」（Coordinated Universal Time）或UTC〕不同步，因此需要進行調整。[11]（原子鐘的準確性達到每1,400,000年誤差1秒。以原子鐘衡量的話，普通的一天有86,400秒。但是地球自轉會受到月球的地心引力影響，因而非常規律地減慢。美國太空總署的科學家推算出來，一個太陽日的平均時間為86,400.002秒。）如果未能修正這個異常現象，那麼幾十萬年之後我們會發現太陽是在時鐘上的中午時間下山。通常的作法是在12月31日加入額外的1秒，而且會順便發出警告，提醒我們這1秒有可能會帶來世界末日。我們越是以數位方式緊密相連，根據世界時間而進行的校正行動，對我們的影響就越深遠。例如上一次加入閏秒是在2012年，澳洲航空

（Quantas）因此停飛400架班機，收拾電腦網路失去計算能力的故障。美國馬里蘭州的國家標準與技術研究院（National Institute of Standards and Technology）負責維護全世界原子鐘的加權平均，它與國土安全部聯合發行有關閏秒的各種指南。它們的內容包括這樣的資訊：在躍遷期間，原子鐘以及受原子鐘引導的其他時鐘，（接近2015年6月30日的午夜時）顯示的時間是23時59分60秒。這是很少見的數字。如果是數位時鐘，另一個作法是顯示「多次59或00……或者直接暫停1秒。」[12]

自從1972年地球時間與UTC同步化以來，已經有過26次閏秒。這個作法是否必要，多年來意見分歧。美國方面傾向於反對，指出可能會因此造成的複雜情況，例如Y2K（千禧蟲）或者飛機停飛。英國當然是贊成的，尤其是基於這樣的理由：探本溯源，人們最基本的計時工具就是太陽與星辰，閏秒能維持我們與這個基本方法的關係。

我當然是事後才知道這些細節。在那之前，我度過了在瑞士的最後幾個小時，一下子無聊透頂，一下子氣得七竅生煙。我是龐大機芯裡的渺小齒輪，是原子鐘的一部分。我最多只是一名暫時的觀光客，我的一生存在於銫原子的電磁躍遷之中。畢竟，我們並不是以美妙的跳動圓盤轉動這個世界。我的鐘錶師克里斯強‧貝瑞瑟可能會覺得自己是在扮演上帝，然而，那是個多麼大的幻覺。太陽並沒有繞著地球轉，是地球繞著太陽轉啊。[13]

註釋

1 我的編輯閱讀過本章的草稿後，寫下簡單的眉批：「這種事怎麼可能？」答案就在每一支手錶的小螺絲、發條、面板、齒輪和寶石，也在擺輪邊緣的砝碼、媒介動力供應的大鋼輪、相互連接以形成能量儲存的發條盒，以及固定在擒縱齒輪上面，用以造成滴答聲的擒縱叉叉頭等。最令人歎為觀止的是：它是一組機械機芯，其中有很多部分是從17世紀所發明的懷錶抄來的。手錶的精密加工以及某些嵌合或許可以由機器代勞，可是設計和最後的組裝，卻是必須靠大腦與雙手完成。關於這些手錶的荒謬成本和各種巧妙而瘋狂的花招，人們聽遍了形形色色的說詞之後，往往是被它的工程之美震驚得目瞪口呆，以致確實會有這種反應：「這種事怎麼可能？」

2 譯註：Frankenstein是科幻小說《科學怪人》（*Frankenstein*）中創造人造人的醫生。

3 如果是要到歷史上去找，這項任務會變得容易一點。畢竟，我們可以講出阿伯拉罕-路易·寶璣（Abraham-Louis Breguet, 1747–1843；譯註：Breguet錶的創始人），他生於瑞士，在法國當學徒。還有一位波蘭人安東尼·百達（Antoni Patek），他在1845年認識了法國人阿德里安・菲力（Adrien Philippe），6年後合組一家鐘錶公司（譯註：即Patek Philippe）。不過，舉例來說，我們不會講出宇舶先生（Monsieur Hublot）、也沒有勞力士先生（Mr. Rolex）（至少在鐘錶學的領域裡沒有。Hublot與Rolex兩家名錶品牌，就跟Häagen-Dazs冰淇淋一樣，都是市場行銷的成果，無關同名的創始人）。

4 譯註：Cupertino是美國加州的一個城市，蘋果電腦公司的總部位於此處。

5 譯註：Constantinople是土耳其伊斯坦堡舊名。

6 在史密斯父子公司一份1900年的型錄中，懷錶的價格由3鎊到250鎊不等。該公司宣稱「它的使用壽命是瑞士錶的3倍。」該型錄特別強調他們的產品是「不可磁化手錶」，搭乘火車旅行或者靠近電流時，不會像其他錶一樣，「悲慘地」證實會受到任何影響。

7 陀飛輪將擒縱機構與擺輪安裝在一個旋轉護架內，可限制地心引力對手錶性能的不利影響。

8 瑞士的軍事參與，隨著1815年拿破崙戰爭結束，已實質停止。但是，在法國大革命期間，手錶生產則是嚴重中斷的。

9 當然啦，咕咕鐘是沒辦法解釋的。

10 譯註：P.T. Barnum是美國19世紀的多才多藝表演大師。

11 UTC是由國際原子時間構成（國際原子時間是以全世界大約400具原子鐘的讀數所組成的尺度），並且與世界時間或太陽時間配合（太陽時間以地球自轉為依據）。UTC是全世界大多數國家公認的時間標準，由法國塞夫爾（Sèvres）的國際度量衡局（BIPM, Bureau International des Poids et Mesures）負責維護。UTC代表正式的法定時間，例如在保險換約或過期時，它就是一項重要的依據標準。

12 它也包含如下建議：「您可能也需要手動干預某些銫原子與銣原子頻率標準，以及石英標準。……在歷史上，閏秒改變曾經造成嚴重的操作問題。所有協調時間的尺度均會受到這項調整影響。」

13 譯註：目前世界公認的「秒」是依據銫原子的特定物理變化而定義的，該變化稱為「躍遷」（transition）。原子鐘的製造也是以銫原子的躍遷為基礎，調整時間亦即以人工方式介入銫原子的躍遷。因此，作者感嘆他的一生不過就是由銫原子的躍遷所控制，微不足道。

CHAPTER

羅傑・班尼斯特:賽跑的終點,故
事的起點。

羅傑・班尼斯特周而復始地跑

Roger Bannister Goes
Round and Round

　　1970年代，我還在漢普斯特德（Hampstead）的學校唸書。我贏得一項年度性質的獎，獎品是10英鎊的圖書禮券，可以買任何我喜歡的書。

　　我將在「演講日」（Speech Day）接受頒獎。演講日是伊頓公學（Eton）式傳統的分支[1]，我們都必須穿板球褲，坐在禮堂恭聽台上沒完沒了地細數田徑隊和戲劇部的事跡，以及本校學生錄取牛津、劍橋的驚人成果。那一天所有你痛恨的人都會得獎，頒獎人則是你聽都沒聽過的傢伙。這些不知名人士和學校之間的關係通常牽強得很，他們演講的內容不外是未來人生的重重考驗啦、你要把人生給你的酸檸檬榨成檸檬汁啦。為了讓我老媽和頒獎人對我另眼相待，我在當地的書店選了一本《羅馬世界的猶太人》（*The Jews in the Roman World*），作者是麥可‧格蘭（Michael Grant）。這本書到現在我都還沒翻開過，更別說拜讀。我想，誰也沒有因此對我肅然起敬，尤其是頒獎人，他是本校的老校友羅傑‧班尼斯特（Roger Bannister）。

　　不過，顯然是他讓我印象深刻。班尼斯特不是枯燥乏味到教人退避三舍的演講者，他真的不愧是校友，而且是《男孩書報》（*Boy's Own*）的英雄人物。[2]他的傳奇故事持續了將近20年，雖然我不記得那天下午他是否談到4分鐘內跑完1英里的世界紀錄（也許只是一語帶過，那回事他大概已經講到想吐，而且大家都耳熟能詳了），他是那時候的我遇過最有名的人，如果握個手就算是見過面的話。40年後我再度與他見面，那時候他只談著這件事：在4分鐘裡，曾經如滔滔逝水的時間被凝結、拉長、放大、修訂、牢記，而且變成神話。自從1954年他打破世界紀錄，這些年來有許多人以更快的速度跑完1英里。他和那些後起之秀的差別在於，他跑的那一次是永恆。

我們第二次見面時，班尼斯特正在奇平諾頓文學節（Chipping Norton Literary Festival）推銷他的新自傳《雙跑道》（*Twin Tracks*）。他在牛津依扶雷路（Iffley Road）旁的跑道有過一場精彩的賽事，至今已有一甲子。但是為了我們著想，他仍在跑道上跑著，一路領先。「反正我就是必須在59秒內跑完最後一圈……時間似乎靜止不動，或者完全不存在，唯一真實的是在我腳下接下來的200碼跑道。終點線意味終結，甚至是滅絕。」

當時他是在衛理公會堂（Methodist Church Hall）演講。活動結束之後我請教他，不斷重複活在相同的4分鐘裡，有什麼感想。無論是在哪個領域，我都想不出來誰和他有類似的地位。[3]他說，長期以來他一直與之對抗。「曾經，」他說：「我寧願大家也知道我在學術研究方面的成績。」但是現在的他已經釋懷，大開那4分鐘的玩笑：「只花了4分鐘就能享受這樣的人生，可不是誰都辦得到的！」當初他已變得對時間著迷，而且左右他兩年的生活。[4]

班尼斯特的故事讓人聽得屏氣凝神、津津有味。好故事就像英國的噴火（Spitfire）戰鬥機一樣，能帶著你飛上雲霄，班尼斯特的故事正是其一。他的故事扣人心弦，原因在於一切都是業餘者的努力，加上英國百代新聞社（Pathé）新聞短片的生動報導。他談到如何利用自己的午餐時間進行訓練，終於以3.7秒之差擊敗當時的1英里最佳紀錄。他也提到，因為他是百丁頓（Paddington）聖瑪麗醫院（St Mary's）的醫生，他在賽跑當天先值完早班，然後獨自一人搭火車前往牛津的運動會。他還記得，就在賽跑前30分鐘，他有多麼擔心強勁的風力，不知道是否該嘗試創造紀錄。他回想起他的隊友克里斯・布拉什爾（Chris Brasher）和克里斯・查特威（Chris Chataway）越來

越受不了他。然後，是他的朋友諾瑞斯·馬克胡爾特（Norris McWhirter）從坦諾伊（Tannoy）廣播傳來奇跡：「第8項競賽結果：1英里賽，第1名艾克斯特與摩頓學院（Exeter and Merton Colleges）的R.G. 班尼斯特，成績有待追認，這是新紀錄、本土英國人紀錄、英國所有參賽者紀錄、全歐紀錄、大英國協紀錄，還有，世界紀錄……時間是3分……」現場3千名觀眾的歡呼聲淹沒了後面的報時。[5]完整的時間數據是3分59.4秒。[6]

●●●

班尼斯特對時間的掌握，最有趣的部分是心理方面。在班尼斯特和他的朋友來到之前，幾十年來不斷有賽跑選手企圖打破4分鐘的障礙，每隔幾年就會把差距拉近一點。1886年，瓦特·喬治（Walter George）在倫敦跑出4分12.75秒，大家相信這是無人能破的紀錄。到了1933年，紐西蘭的傑克·羅夫洛克（Jack Lovelock）在美國的普林斯頓跑出4:07.6。二次世界大戰期間選手們的步伐更是大幅加快，彷彿是在說現在不跑以後就沒機會了。1943年7月，瑞典人安恩·安德生（Arne Andersson）在哥德堡（Gothenburg）獲得4:02.6的成績，一年後在馬爾默（Malmö）再創下4:01.6的紀錄。又過了一年，同樣是瑞典人的甘德·海格（Gunder Hägg），也是在馬爾默，時間達到4:01.3。這個紀錄幾乎保持了9年，直到羅傑·班尼斯特磨刀霍霍地登場。班尼斯特抵達牛津時，有好幾位運動選手巴不得他掛病號，尤其是美國人衛斯·山提（Wes Santee）和澳洲人約翰·藍地（John Landy）。他們相信1954是他們的一年（當記者衝去告訴他們班尼斯

特已經搶在他們前面打破紀錄,這兩人的失望之情可想而知)。

奇怪的是,班尼斯特已經達標之後,大家也跟著都能做得到了。事後不到7個星期,藍地在芬蘭的特庫(Turku)跑出漂亮的3:57.9,班尼斯特自己隨後在溫哥華又跑出一次4分鐘以下的成績。第二年,拉茲羅・塔波里(Laszlo Tabori)、克里斯・查特威和布萊恩・休森(Brian Hewson)等人,在倫敦全部都以4分鐘不到的時間跑完。到了1958年,紀錄保持人是澳洲人賀伯・艾立厄特(Herb Elliott),時間3:54.5;1966年,美國人吉姆・如恩(Jim Ryun)的時間則是達到3:51.3。1981年7月,塞巴斯強・柯爾在蘇黎士跑了3:48.53,但是他的紀錄才撐了一個星期。他的中距離賽跑最大勁敵史提夫・歐悅(Steve Ovett),在德國的寇伯倫茲(Koblenz)以3:48.4超越他。兩天後,柯爾在布魯塞爾重登王座,時間是3:47.33。1999年7月,摩洛哥人希強・艾爾・奎爾洛伊(Hicham El Guerrouj)跑出3:43.13,至今無人能出其右。不過我們很清楚,終有一天它會被超越。當前的紀錄,可以說是更好的飲食控制、在海拔高處進行更嚴格的訓練,以及身體素質等因素,有以致之;它可是能在終點前領先班尼斯特120碼。[7]

當然,這個運動故事只說了一半。一半是遇見瓶頸,另一半是突破瓶頸;一半是一年之前還是天方夜譚,另一半是一年之後突然變成大有可為。諾瑞斯和羅斯這對馬克胡爾特家的雙胞兄弟致力於編撰《金氏世界紀錄》,也投入相關的電視節目,它們都預言了這一類進步。運動變成紀錄大典的主題之前,我們的理解是這樣的:人類(直立、沒有尾巴)和被人類追捕的對象比起來,算是動作遲緩的。袋鼠的速度可達到每小時45英里、獵豹是85英里、刺尾雨燕則是220。發

明蒸氣機和機動化之前，人類乘雪橇或騎馬的話，大概可以達到每小時35英里的速度。有一段期間，法蘭克‧艾布靈頓（Frank Ebrington）因為發生意外，大概算是地表移動最快速的人類。當時他是某一節列車車廂的乘客，因為車廂沒有和列車耦合，以致加速衝下都柏林附近（以真空抽氣）的金士塘-達爾其（Kingstown-Dalkey）大氣鐵路（atmospheric railway）。[8]當時是1843年，據估計他的移動速度是每小時84英里。1901年，西門子與赫爾斯克（Siemens & Halske）公司在靠近柏林的軌道上測試電動火車頭，車上的人員是史上第一次移動速度超過每小時100英里的人。然而史上移動最快的人類，是阿波羅10號（Apollo 10）火箭上的太空人。火箭重新進入地球大氣層的時候，他們的速度是每小時24,791英里。

　　羅傑‧班尼斯特跑步的速度，平均為每小時15英里。但是，班尼斯特的那4分鐘，在速度之外還有另一個很成功的層面，那就是時間本身。對於不是十分熱愛運動的人，4分鐘的時間恰到好處。它長到足以吸引你，又不會長到讓你厭倦。在4分鐘內跑完1英里，是我們想像起來認為可行的，雖然在班尼斯特之前還沒有人做得到。4分鐘是每分鐘78轉的唱片一張的時間，或者是一首流行歌曲的時間，也是我們今天在YouTube上面輕鬆看完一段影片的時間。

● ● ●

　　「現在，各位女士、各位先生，在這裡我們有一件非常非常特別的拍賣品。相信大家都已經看到了，佳士得（Christie's）能在這裡向您推出這件拍賣品，真是感到無比榮幸。它可能算是佳士得曾經有過

最重要、最具有偶像地位的，嗯，運動家收藏品，我們英國的運動家收藏品。沒錯，就是羅傑・班尼斯特的跑鞋。讓我們回到1954年5月6日的依扶雷路，那一天他打破了世界紀錄；讓我們再跑回到現在，很高興能為您推出這一雙鞋……」。

時間流逝，但拍賣公司或義賣商店永遠都能從中受益。此刻是2015年9月，距離那一場賽事已經61年又6個月，一場名為「出類拔萃」（Out of the Ordinary）的拍賣會正步上軌道。班尼斯特的跑鞋是編號100的拍賣品，拍賣人已經促成的拍賣有一套21件的新奇餅乾盒，以及一具維多利亞時代運河挖泥船的模型，它是以銅和鋼打造的機械模型，至今還能運作。拍賣品之中還有一扇松木大門，原屬於插畫家羅蘭・席爾（Ronald Searle）的工作室，上面有多人的親筆簽名，包括DJ兼媒體人約翰・皮爾（John Peel）和物理學家史蒂芬・霍金（Stephen Hawking）。

班尼斯特的跑鞋每隻重4½ 盎斯，外觀像煙燻鮭魚，尺寸瘦小，鞋面為黑色、鞋底呈煙燻式棕色，米黃色細鞋帶，每隻有6根原裝鞋釘。這雙鞋展示在拍賣人主席台旁邊的有機玻璃櫃裡面。輪到它們要被拍賣時，有一名戴著白手套的助手將它們拿出來，舉到她眼睛高度的正前方，攝影記者紛紛趨前記錄這一刻。可能的競標者會收到一份拍賣場的更正通知，上面寫道：「本件拍賣品之品名應為『英式黑色袋鼠皮跑鞋一雙』，請勿以印刷目錄為準。」其實目錄上所述內容完全一樣，只不過少提了「袋鼠皮」。（拍賣場裡有多少人會這麼想：「就是袋鼠皮增加他腳部的彈力」？我們不得而知。）

另外還有一處更正：「亦請注意：說明中述及羅傑・班尼斯特爵士從專業運動員退休，應更正為業餘運動員。」拍賣目錄的估價為3

萬～5萬英鎊，不過這是高貴的猜測，這雙鞋以前從沒有被賣過。

「各位女士先生，大家可以想像有很多人對這一件充滿興趣，那麼我一路衝過4.5到4.8到5.0到6.0萬英鎊。有人喊6.0萬。6.0萬有沒有人要加？有沒有人喊6.5？6.5，這裡有。6.5，凱特，謝謝你。6.5萬英鎊。下一位誰出價？6.5萬。7.0，會場後面那位，謝謝您，先生。7.0萬。凱特，看我這裡。」

凱特和她的同事在會場一側服務電話競標者。「7.5萬。8.0萬。8.5。8.5萬英鎊。9.5。9.5萬。10萬英鎊，謝謝您，先生。會場後面。10萬英鎊。電話那邊，10萬。12萬。13萬英鎊。14萬。15萬，沒錯就應該這樣。」拍賣繼續進行：「18萬英鎊，新競標者出現。會場後面那位，好好想一想。在那裡，凱特，18萬。」那一雙鞋最後飆到220,000英鎊，拍賣人敲下小木槌那一刻，會場響起一陣歡呼和掌聲。區區不到3分鐘，由凱特手上的匿名競標者得標，換來一張帳單，含佣金及稅金一共是266,500英鎊。班尼斯特在拍賣會之前接受訪問，提到賣出跑鞋的原因，他輕描淡寫地說：「是時候與它們告別了。」他已經年老力衰，有看護的帳單要付，有子女及慈善事業要照顧。60年前，這項古老而且高貴的運動曾使他這位業餘選手獲益，也有可能令他受到致命的損害吧。然而在現今這個年代，有蘇聯的奧林匹克選手系統地採用禁藥，而殘障奧運則有選手面臨謀殺女友的審判，當然什麼事都可能發生，而且也理應如此。[9]

班尼斯特於1955年退出跑道後，全心奉獻給醫學。他的專長是自律神經系統，喜愛引用美國生理學家瓦特・柯南（Walter Cannon）的話來說明自律神經系統：「它是神經系統的一部分，這部分是上天依照祂的智慧所決定的旨意，不應該在志願控制的範圍之內。」班尼

斯特和他的同事耗費多年分析腦部循環、眼神經、肺、心臟、膀胱和消化系統。他最熱衷的研究項目之一，是情緒壓力造成的昏厥之原因和目的〔這種昏厥的原因可能是看見針頭或流血，或者突然聽到壞消息；如以醫學用語來說，可稱為姿勢性高血壓（postural hypertension）〕。班尼斯特有許多實驗，都是在一張可電動傾斜的桌子上進行。有人看見，這張桌子是他從大奧蒙德街（Great Ormond Street）這所兒童醫院推出來的。他以安全帶將病人綁在這張桌子，然後測量桌子從水平轉到垂直的時候，病人的血壓以及其他心臟功能。知名醫學雜誌《柳葉刀》（*Lancet*）在以往各期中，曾經報導班尼斯特對於各種自律神經系統障礙的研究。但是，他最造福後人的成就，是為了修訂布萊恩（Walter Russell Brain）的《臨床神經學》（*Clinical Neurology*）而進行的研究。這本書是經典教科書，班尼斯特修訂了書中從癲癇到腦膜炎的各種障礙之診斷及治療方法，後來人們改稱這本書是布萊恩與班尼斯特《臨床神經學》。到了1990年代，這本書發行第七版，分子遺傳學和愛滋病的神經併發症這兩方面的進展，也已被他納入。但是在1973年發行的第四版中，班尼斯特最大的修訂之處，和當時仍稱為帕金森式症或震顫麻痺的病症有關。神經元的退化永遠都是進行性的，雖然它的劣化速率差異很大。能限制震顫的藥物非常多，但均無法逆轉或停止其過程。即使至今已超過40年，我們對於帕金森氏症的認識及治療方式已有大幅進步，然而所得到的依然是熟悉的結果。帕金森氏症這種病，不論它的嚴重程度和差異性為何，都能讓人行動遲緩下來。它會扭曲人體的運動系統，也會強烈影響對於時間的知覺。班尼斯特如今自己也受到這種病症折磨，他說這是「奇怪的反諷」。但是，我不確定這個反諷是源自他的研究

工作，或是他的聲名。

● ● ●

班尼斯特因為醫學上的貢獻而受封爵士。他為政府的衛生政策提供建言，並於2005年獲得美國神經學會頒發終身成就獎，推崇他提昇我們對於退化病症的認識。但是，我相信大家來到奇平諾頓是因為對另外那一件事感興趣。

過去這麼多年來，班尼斯特顯然已經受夠了不斷重複自己，這就好像在軌道上周而復始跑個不停。他曾經有過一個偉大的日子、一件真正名揚四海的事、一次讓他被眾人高舉歡呼的完美結果，那樣的成就班尼斯特再也無法超越。不論現代人跑完1英里的時間縮短了多少，自律神經學也只能讓班尼斯特走到餐桌這麼遠。被打破的紀錄無法復原，我問班尼斯特：跑出3:59.4的成績是否既是恩賜也是詛咒？他如同一名讓人難以忍受的男孩，在唸書時得過一次正式的獎項，從此未能真正擺脫它。因此，我立刻因為這樣的問題而感到無地自容。他被問到負擔，一定跟他被問到榮耀一樣頻繁，而他總是親切又有耐性地回答，他還有皮克斯（Pixar）動畫風格的道德鼓舞功能。他回答說：「不，那是一項榮譽。他能啟發年輕人相信天下無難事。」（如同他在1954年以及2014年所寫的：「無論未來人們跑完1英里的速度會有多快，我們都能共同擁有一個還沒有人探索過的地方，而且它隨時都被保護得很好。」）於是，他再度訴說這個故事。以新的方式訴說相同的故事，是他辦不到的。時間總是會加油添醋（逃脫的那一條魚必然會隨著時間越來越大尾），但是在此處例外。在這裡，故事永

遠都是這樣：1954年5月6日，下午6點，依扶雷路旁；已年屆80中旬的班尼斯特，說起話來依舊十分重視確定性。1954年，他第一次解釋那一次賽事：「最後那幾秒似乎永遠都不會結束。」他寫道：

> 一番苦鬥之後，前方模糊不清的終點線如同祥和的天堂。世界展開雙臂等候迎接我，只要到達終點線之前我不放鬆速度就行了。……然後，我的努力結束，我也暈眩倒下，幾乎失去意識，兩側各有一隻手扶著我……我感覺自己像是燒壞掉的閃光燈泡，寧可一死了之。

　　他在2014年新近出版的詮釋，主要只是修改了文法：「一番苦鬥之後，前方模糊不清的終點線如同祥和的天堂，世界展開雙臂，已準備好迎接我，只要到達終點線之前我不放鬆速度就行了。……然後，我的努力結束，我也暈眩倒下，幾乎失去意識，兩側各有一隻手扶著我……我感覺自己像是燒壞掉的閃光燈泡。」最大的差別，是他年歲老大也更接近人生終點，現在「不想一死了之」。但是，還有一個細微的修訂是：終點線之前的最後5碼伸展開來，以致賽跑的時間和碼錶的時間出現歧異。這是新的彈性意識。60年前他寫道：「最後那幾秒永遠都不會結束。」在新書中則是：「最後那幾秒似乎化為永恆。」或許在這兩個版本，賽跑時間和碼錶時間的差異算是相同的。但是遣詞造句的改變對他來說是有意義的，因為他的一生都在經歷最後那幾秒。

　　他簽了大約20本書，離開教會時拄著枴杖緩慢地走著。有一輛車等著載他，車子將會行經卡茲沃茲（Cotswolds），回到他的家。

註釋

1　譯註：Eton是英國最負盛名的貴族中學。

2　譯註：《Boy's Own》是大約在19世紀中到20世紀中流行於英美的雜誌、報紙類型之一，內容純屬陽剛路線，如運動，閱讀對象是青少年階段的男孩。

3　其他方面的事例當然有千百個；像是重溫榮耀與災難的人們、意外事故和判斷錯誤的記憶；連流行音樂的明星都會不斷播放自己空前絕後的暢銷排行榜歌曲，此外還有巡迴表演最火紅作品的歌手泰瑞・傑克斯（Terry Jacks）或諾曼・格林包姆（Norman Greenbaum）。這些都是。

4　1952年，奧林匹克運動會在芬蘭的赫爾辛基舉辦，他未能在1,500公尺奪牌（得到第4名）。從此他就著迷於時間。

5　諾瑞斯很喜愛班尼斯特的紀錄。諾瑞斯和他的雙胞胎兄弟羅斯（Ross）因為《破紀錄者群像》（Record Breakers）這一系列的BBC電視節目而聲名遠播，他們也共同編輯《金氏世界紀錄》（The Guinness Book of Records）以及周邊出版品。這對馬克胡爾特兄弟經常開車接送班尼斯特參加各種賽跑會議，班尼斯特說，有時候他會搞不清楚這兩個馬克胡爾特誰是誰。諾瑞斯也因為他的政治立場聞名，他的立場結合反動的保守主義和自由主義，若是如今仍然健在，說不定會是UKIP（英國獨立黨）的熱情支持者。他於2004年4月19日過世，前一天才和班尼斯特共進晚餐，在場的還有塞巴斯強・柯爾（Sebastian Coe）及其他人士。諾瑞斯重新演出1954年那一段非常出名的坦諾伊廣播。

　　羅斯・馬克胡爾特曾頒發獎金給一則消息的來源，那則消息導致IRA（愛爾蘭共和軍）成員因為與過去的炸彈案有關而被定罪。事後，他於1975年被IRA刺殺身亡。

6　譯註：Tannoy是英國極為知名的廣播器材品牌，Tannoy announcement（坦諾伊廣播）幾乎已成為公開廣播的代名詞，因為到處都是使用Tannoy品牌的器材。甚至在公共場所如大賣場，公開廣播的開場白通常會是這樣：「坦諾伊廣播：有一名5歲男孩在賣場走失，請現場同仁協助尋找……」這種作法如今已非常少見。

7　女性跑者的最高紀錄是1996年由俄國人絲韋特蘭娜・馬斯特寇瓦（Svetlana Masterkova）所創，時間為4:12.56。

8　譯註：大氣鐵路是19世紀中葉時出現於愛爾蘭、英國和歐陸的一種特殊鐵路。有別於蒸氣火車頭，它是利用真空原理以軌道推動列車。它以失敗告終，出現的時間很短暫。

9　班尼斯特名震天下那一天的事蹟，曾經在拍賣會中特別播放。當天至少有3只碼錶（另一說是5只）記錄到的時間是3.59:4，其中有一個裝在玻璃盒內，和班尼斯特的其他紀念物品一起，收藏於佩布洛克學院（Pembroke College）食堂的藝廊。他曾在那裡擔任8年導師。當時主計時員查爾斯・希爾（Charles Hill）佩戴的手錶，已在1998年的拍賣會中，被小說家傑佛瑞・阿契爾（Jeffrey Archer）以9,000英鎊買走，並於2011年再度售出，捐助牛津大學田徑俱樂部（Oxford University Athletics Club）。它在第二次拍賣時被人以97,250英鎊得標。在同一天由W.J. 伯費特（W.J. Burfitt）所用的另一只瑪錶，也在2015年5月出現在拍賣會，最後以2萬英鎊被標走，超過它預估的5,000～8000英鎊。在奇平諾頓文學節，我問班尼斯特關於他現在戴的錶。他說他不是很清楚它的品牌，即使他檢視手腕也無濟於事，製造商的標誌已經難以辨識。「我不認為它是名牌，不過它一向很準。」

CHAPTER

09

尼克・崴：「我有非常重要的軟片。」

越南。燒夷彈。女孩。

Vietnam. Napalm. Girl.

◎ 一、彈指之間

　　有幾位攝影家不知道有什麼本事，就是能拍出傑作，一張接一張。亨利・卡提耶-布列松（Henri Cartier-Bresson）行，羅勃・卡帕（Robert Capa）、艾弗瑞・艾森斯塔德（Alfred Eisenstaedt）、雅克-亨利・拉蒂格（Jacques-Henri Lartigue）、艾立厄特・爾威特（Elliott Erwitt）、羅勃・法蘭克（Robert Frank）、吉塞爾・弗隆德（Gisèle Freund）、依爾塞・賓恩（Ilse Bing）、羅勃・寶伊斯努（Robert Doisneau）、瑪麗・艾倫・馬克（Mary Ellen Mark）、蓋瑞・溫諾格蘭德（Garry Winogrand）、威廉・伊格爾斯頓（William Eggleston），以及薇薇安・麥爾（Vivian Maier），他們也做得到。無數絕妙又充滿新意的作品，讓人回味無窮。然而，尼克・崴（Nick Ut）並非如此，他只拍了一張照片。

　　嚴格說，他不止拍了一張照片，但是只有一張令所有人都難以忘懷。他拍的照片中，這張才是大家想要談論或掏錢出來買的。這張照片使他聲譽鵲起，同時也讓他差點身敗名裂；它不但為他拿下普立茲獎，或許也加速了戰爭落幕。這幅影像的力量震撼人心，Leica（徠卡）公司在賣相機的廣告中想要提醒世人記起它，卻用都不敢用這張照片，只是在全黑的背景下印上3個白色字：Vietnam Napalm Girl（越南，燒夷彈，女孩）。

　　這張照片的故事也廣為人知，是理所當然的。1972年6月8日，大約早上7點，一名21歲的越南籍攝影師黃幼公（Hu`ynh Công Út）準備出發到展鵬（Trang Bang），那是一座小村落，位於他在西貢的基地西北方，這是一趟他熟悉的路程。他的美國人同事稱他尼克・崴，

尼克‧崴已在美聯社（Associated Press）擔任了5年攝影記者。他的哥哥也在美聯社任職，卻在一次任務中殉難，不久之後尼克‧崴才進入這一行。（有些人會以悲傷的語氣這麼說：崴在尋求完美的照片，是為了替哥哥的死復仇。）

正午剛過，他和一小組人馬在一號公路上開往小村落；小組中有其他攝影記者和美軍。他看見兩架飛機正在投彈轟炸，不久之後就看到有人四處逃竄，驚恐地向他奔來。其中一架飛機也投擲燒夷彈，他的第一本能反應是拿起相機拍照。就專業來說，他走運了。在場其他兩名攝影師正在裝填新軟片，但是崴的Nikon與Leica相機裡還有足夠的軟片。[1]他使用有長鏡頭的Nikon捕捉村落上方的巨大烏雲，然後換成Leica，拍攝比較靠近的人。他首先拍下的照片，是一名婦女抱著顯然已經死去的嬰兒。接著他看到一小群孩子向他跑過來。他們一共5個人，其中一名女孩驚聲尖叫、雙臂外張。她已經脫光了衣服，皮膚上的燒傷清楚可見。尼克‧崴拍下了照片。

這群孩子在路上跑了不遠就停下來，四周圍著軍人和記者。崴記得那名女孩不斷喊叫著「nóng quá!」（好燙！）。他的第二本能發揮作用，讓他停止了拍照，他知道必須設法幫他們就醫才行。這名女孩的名字叫作潘氏金福（Phan Thi Kim Phúc），很明顯她是最需要幫助的人。有人給她水喝，並且拿軍用雨衣包覆她。崴陪他們到最近的醫院，失去意識的金福被判定傷勢過重，已經回天乏術。雖然她還活著，但被送到另一個地方，她相信再過不久那裡就會被當作停屍間。

尼克‧崴帶著照片返回通訊社在西貢的分社。他記得暗房的技師問他（那名技師本身也是熟練的攝影師）：「阿克，這次有什麼？」尼克回答：「我有非常重要的軟片。」過去幾個小時裡發生了一連串

事件：飛機轟炸、隨後展開的悲劇、照片、急赴醫院，和它們發生的速度相比，接下來所發生的事似乎需要一整個永恆那麼久的時間。他的軟片有8捲，是Kodak Tri-X 400高速軟片。它們必須在悶熱的暗房裡顯影及定影，需要將負片放在各種化學藥水中不斷移動。然後，這些負片被吊在裝有吹風機的櫃子烘乾，有幾張相片會用5×7英吋的相紙印出來。當時，打從一開始就可以很清楚看出來，7a那張負片與眾不同。一般的觀看者往往會聚焦在那名女孩，然而照片的內容十分忙亂，其中有兩個系列的活動同時進行著。那條公路不僅設定了畫面構圖，將觀看者的眼光導入故事之中，也刺激我們超越這個故事，思考那熾烈燃燒的恐怖。畫面中赤著腳朝我們跑來的小孩共有5個，他們彼此之間都有關係。在畫面左邊是一名男孩，因驚恐萬分而張大了嘴，通常我們只會在連環漫畫像《Peanuts》裡頭才看得到類似的表情。[2]在他後面，也就是最後面那一名小孩，是年紀最小的。只有他沒有看向鏡頭的方向，或許是暫時被身後發生的事吸引了。再來是金福，照片中看得到她的左手臂有灼傷，她似乎是跑在一段很薄的積水上面。在她後面是一名男孩，被另一名看起來年紀比他略大的女孩牽著。這群孩子的後面，是一排穿軍服的軍人與攝影師。他們和這一群孩子的慌亂之間，有非常清楚的距離，對眼前的一切簡直視而不見，彷彿那只是司空見慣的事。照片中的孩子們後來都確定了身分，從左到右分別是：金福的弟弟潘青丹（Phan Thanh Tam）和潘青福（Phan Thanh Phouc），她的表親何凡苯（Ho Van Bon）和何氏婷（Ho Thi Ting）。美聯社的西貢分社社長是霍斯特・法斯（Horst Faas），在越南已有10年資歷。當天下午他才第一次看見這張照片，他說：「我看，這是我們的另一座普立茲獎。」

　　問題來了：讓這張照片具有強大威力的元素，也正是讓各家報紙無法用它的相同元素。美聯社與世界上大多數媒體都嚴格規定，不可刊登完整的正面裸照。紐約總部當下的想法是：這張照片不能寄出去。法斯向總部爭取，認為規則的存在不過就是為了被打破的。他們達成協議：不得裁切照片而留下金福一人，也不可以做特寫。然後，無線電波發射開始了。如果保持連線，每一張圖片需要經過14分鐘的逐行（line-by-line）傳輸過程，但很少能夠保持成功連線。這張照片首先傳送到美聯社的東京分社，再經由地上及海底線路的管道，傳送到紐約與倫敦。過不了多久，這個世界一覺醒來全都看見了那張靜止於時間中的照片。從此處開始，這個故事再也和速度無關，人人都喘了口氣。

　　事件當天首先報導這一則新聞的，是ITN（英國獨立電視新聞）和NBC（美國全國廣播公司）這兩家電視台；然而，是尼克・崴的照片將它深深烙印到世人的腦海裡。那一開始的震撼，也是他按下快門那一刻相同的震撼：「天啊，發生了什麼事？那小女孩沒穿衣服！」震撼隨即轉化成憤怒。這是不可原諒的野蠻行為。這場戰爭必須停止。在區區1秒鐘拍下的照片（而且一向都是少數人的個人化圖像，渲染了千百萬人的苦難），讓世界領悟了這個故事的悲苦。當受害者是天真而不知所措的兒童，更有助於我們領悟，百試不爽。但是，又過了3年越戰才劃下句點。[3]

　　美聯社為這張著名的照片報名參加那一年的普立茲獎，使用的標題是「戰爭的恐怖」（The Terror of War）。當它贏得「現場新聞攝影獎」，崴仍然身在西貢。燒夷彈攻擊的11個月後，1973年5月8日，崴被拍到一張照片，是他得獎的消息傳開之後，美國記者艾蒂・李德

樂（Edie Lederer）擁抱且親吻他，崴自己成為歷史性照片的主角，外界也知道了他的大名。當時他們是在某個辦公室場合，李德樂站在一旁而崴對著鏡頭微笑。這張照片是美聯社另一名攝影師尼爾‧優勒維奇（Neal Ulevich）所攝，他在現場的目的，是要記錄這個故事的尾聲。在美聯社的檔案中，這張照片所附的關鍵詞是：站立、親吻、恭賀、擁抱、微笑（Standing Kissing Congratulating Embracing Smiling）。

●●●

2014年5月我在德國和尼克‧崴見面時，不用我太多慫恿，他就簡單扼要將他的故事說了一回合。這件事他持續做了40年。現在的他已經是60好幾的年紀，身材短小而結實，滿頭白髮，眉毛的表情豐富，總是面帶微笑或是含著笑意。他目前人住在洛杉磯，仍是美聯社的一員。他的攝影內容包羅萬象，新聞、政治、名人不拘，上山下海也在所不辭。⁴我拍了一張他的照片，他拿著Leica相機擺姿勢，咧嘴而笑。他站在一具有背光的燈箱前面，燈箱上正是他那張名滿天下的照片。他的笑臉跟身旁那張放大的照片極不諧調。

那一天，尼克‧崴是懷著慶生的心情，跟大家一樣。我們是在一個叫作徠茲園區（Leitz Park）的地方，它位於威茨勒（Wetzlar）的郊區。威茨勒是一個小鎮，在法蘭克福北方，距離大約一個小時車程。我們來這裡是慶祝Leica創立1百周年，現場展覽了Leica的豐功偉業。崴的攝影作品與其他照片掛在一起，那些照片同樣可以用3個字總結：Sailor Nurse Kiss（水手、護士、親吻）或Spain Falling

Soldier（西班牙、倒下、士兵）。本章在破題第一段提到名字的攝影家，在這裡也幾乎都有代表作照片被放大後以燈箱展覽。這些攝影家之中，有好幾人說到將自己的Leica當作是身體的延伸。包括艾立厄特‧爾威特在內的幾位也有出席，受聘擔任Leica的產品大使。我們齊聚一堂，確實是為了共同慶祝相機這項啟發性十足的機械。1百年來它的技術穩健地進步，那些美妙的時刻，比如說，那渾然忘我的一吻，正是因為這組機械，才能夠化不可能為可能。

威茨勒的歷史至少可以追溯到第8世紀，這座小鎮主要是以木材和磚頭建造起來的。徠茲園區則截然不同，它的建築物大部分都是以鋼鐵、水泥和玻璃構成，其中有一部分的外型是槽狀輪緣的鏡頭。此處最近才成為Leica耀眼的新總部，距離它以前在索勒姆斯（Solms）的家有15分鐘車程。新園區融合工廠、博物館、展覽廳、咖啡廳，當然也有禮品店。在禮品店裡你得克制衝動，才不會買下Leica隔熱杯、Leica雨傘，以及USB隨身碟。那款隨身碟插在橡膠製的鑰匙圈，而鑰匙圈的造型就是一台Leica相機。那天還有一場拍賣會，有一座店面陳列用的小型相機架，上面有Leica的商標，得標價達到4,650英鎊；有一張廣告海報的得標價是8,235英鎊；艾立厄特‧爾威特在馬格蘭（Magnum）通訊社的記者證，上面還有當年羅勃‧卡帕的簽名，拍賣到20,900英鎊。拍賣品還有相機：有一台1941年的早期機動化相機，它能夠在一捲軟片上拍攝250張照片（它是德國轟炸突襲時選定的拍攝相機，這一點可以在某種程度上說明它的稀有性），它的最高出價是465,000英鎊。

尼克‧崴的行頭之中最寶貴的部分早已經被華盛頓的紐斯依恩姆（Newseum）新聞博物館捷足先登，你可以在那裡看到他的Leica

M2，以及1972年6月開始使用的35mm Summicron鏡頭。他的情況
稍微讓我想到羅傑・班尼斯特：回首一生，事蹟盡淬煉成彈指一瞬。
然後，我又自然而然想到其他荒謬至極的相似之處。如同班尼斯特，
金福也是在奔跑著，既是遠離過往，也是奔進煥然一新而且舉世聞名
的未來，是奔跑拯救了她。崴將金福的奔跑凝固於時間之中，我們看
到有千百名跑者也是以相同的奔跑方式通過終點線。[5]

崴告訴我，他與金福仍保持密切聯繫。金福已經結婚，有自己的
孩子，目前住在加拿大（1990年代初，她與丈夫在蜜月時叛離越
南）。她是UNESCO（聯合國教科文組織）的親善大使，也是一個
支援戰爭受害兒童基金會的負責人。崴說，她依舊承受著燒傷的痛
苦，然而基督教信仰讓她得以保持堅強。她說，別人認識她是「照片
裡的那個女孩」，讓她感到很高興。[6]她稱呼崴是「尼克叔叔」。

崴也提到關於他的照片，一則由來已久的誤會。那一天展鵬受到
兩架南越飛機用燒夷彈轟炸，有一些報導指出它們是受到誤導。他對
這樣的說法不以為然。一段期間之後，他們再度進入那個村落，美國
軍隊發現了許多越共的屍體，也就是他們的轟炸目標。崴認為，飛行
員是假定村民已經事先逃離了。他說，大部分人稱那張照片是「燒夷
彈女孩」，但是他偏好稱它「戰爭的恐怖」。

● ● ●

Leica相機的故事，就像Leica相機為這個世界所創造出來的著名
影像一樣，都是出於正確判斷，並且搭配了掌握絕妙時機的能力。會
影響底片機拍攝的因素，有許多都和速度息息相關，例如快門、軟片

的過片桿、在匆忙的形勢下填裝軟片所花的時間等。執著於數位相機的人也好不到哪裡，他們在乎處理速度、每秒鐘能拍攝幾張。然而。Leica的故事卻不是這樣的：它從一開始就讓攝影者能夠在正確的時間站在正確的地點。

在1913和1914年間，有一位患氣喘病的業餘攝影師奧斯卡·巴納克（Oskar Barnack），他越來越受不了在德國當地的森林裡，拖著三角架以及笨重的蛇腹相機。他的職業生涯一開始是在蔡司（Zeiss）公司擔任光學工程師，不久之後跳槽到對手徠茲公司，專攻精密顯微鏡。他的每一張照片都使用沉重又易碎的玻璃，他想要弄清楚能不能用縮小非常多的負片取代。這個想法最後讓他做出一台相機，機型小到可以裝到口袋裡。巴納克想到使用電影的膠片，他在蔡司看過類似的構想，他們使用18×24mm的負片，可是得到的影像非常糟糕。後來他靈機一動：如果將膠片橫放並且寬度加倍，變成24×36mm，結果會怎麼樣？他做出第一台金屬相機原型，其設計讓底片能以水平方式穿過（不同於電影攝影機的膠片），得到了非常了不起的結果。底片上的小影像可以承受放大到明信片的尺寸，而且他發現最理想的比例是2:3。接下來的故事同樣精彩萬分：他的第一捲軟片張數（36張，也是業界的標準）原來是源自巴納克雙臂展開的長度。要將一捲軟片攤開而且不會扭曲，這是他能夠應付的最大長度。呃，騙你的啦。其實他的手臂比較長，第一捲電影膠片可以拍40張照片。

巴納克將他先前為顯微鏡研磨的鏡頭用在相機上，開始拍攝他的子女以及威茨勒的街道（他拍過一張照片是街上的一棟大木屋，它屹立不搖，至今觀光客仍會到相同地點拍照）。但是，早期最重要的照

片，是巴納克的老闆恩斯特・徠茲二世（Ernst Leitz II）在1914年拍的。他在前往紐約的旅途上使用巴納克的第二台原型機，返國之後宣稱這台相機「值得關注」。這台相機的原名是Liliput，後來改成Leica，代表「徠」茲（LEitz）的「卡」麥拉（CAmera）。試過這台相機的人，稱它是革命性的創舉。

由於戰爭因素影響，第一款商業化相機直到1925年才推出。它上市之後並未大賣，純粹主義者當它是玩具而嗤之以鼻，抗拒接受使用小負片產生大照片的全新概念（徠茲同時也製造放大照片的設備）。但是，到了1920年代，人們重新評估這款相機的價值，採用Leica的先行者對於它的可攜性與容易上手讚不絕口。政治藝術家安德烈・布烈頓（André Breton）和亞歷山大・羅欽可（Alexander Rodchenko）立即在它身上看見無比的潛能，他們稱之為「固定炸藥」（fixed explosive），意思是說：在變動不居的世界中，凝結運動的動態。有了它，紀實攝影師能夠隨意街拍，滿足花花綠綠的新聞雜誌巨大的圖片需求。1932年，當攝影天王把「世紀之眼」的關愛眼神投向它的觀景窗，世界再度翻轉了一回合。

◎ 二、「我是邁布里奇，這是幫我妻子傳話」

亨利・卡提耶-布列松很快就把他的Leica當成武器。他過去一直在非洲從事大型動物獵殺，他將Leica與他的獵槍類比，因此他的遣詞用字遂成為攝影人士專門辭彙的一部分〔例如loading（裝填子彈）、shooting（射擊）、capturing（捕獲）〕。[7]他特別欣賞手上這台相機的即時性，譬如快門反應的方式讓他想到來福槍的反應。他拍

攝的對象往往是巴黎人，拍出來的照片具有鼓舞人心的力量，無人能及〔在這個領域，他唯一的競爭對手是羅勃・法蘭克，法蘭克在1958年出版了《美國眾生相》（*The Americans*）一書，書中的照片也是用Leica拍的〕。二次世界大戰期間，亨利・卡提耶-布列松當了許久的納粹階下囚。戰後他在攝影方面採用的作法，衝突對抗的性質較低，可是嚴格的程度不減。很久之後，他把這種作法和優雅莊重的射箭運動相提並論。[8]他成為相機攝影的首席巨星，直到1947年他和羅勃・卡帕等人成立馬格蘭攝影通訊社的時候，他自己的攝影作品早已堂堂進入紐約現代藝術博物館（Museum of Modern Art in New York）。

　　1952年，他和攝影史上最重要的一個詞連結在一起，雖然這個詞實際上並不是他創出來的。「決定性瞬間」（decisive moment）這個詞出現在亨利・卡提耶-布列松的新書《*Images à la sauvette*》（可略譯為「匆匆的圖像」），他在緒論那一章引用這個詞作為卷首語。這個詞出自17世紀法國人卡地納・德・雷茨（Cardinal de Retz）的回憶錄，全句是：「人間萬事皆有一決定性瞬間。」（There is nothing in this world that does not have a decisive moment.）「一」決定性瞬間（"a" decisive moment）比「此」決定性瞬間（"the" decisive moment）來得不具限制性，不過卡提耶-布列松的攝影集發行美國版時，把「一決定性瞬間」改成「此決定性瞬間」，並且用作書名的主標題。這個詞以及它所代表的觀念，如今已是人盡皆知；然而，它究竟是什麼意思？依據卡提耶-布列松的定義，它是指「在彈指之間同時認知事件的重要性，以及能夠恰當表現該事件的精確布局形式」。

　　頗具影響力的評論家克萊門特（Clément Chéroux）於《亨利・

卡提耶-布列松：此時此地》（*Henri Cartier-Bresson: Here and Now*）一書中提到，卡提耶-布列松在印度出版過另一本攝影集，在序文中就已經使用過「豐饒的瞬間」（fertile moment）這個說法。他也指出，在描寫卡提耶-布列松的作品時，這個用語可說是陳腔濫調。卡提耶-布列松在1930年代早期的許多經典之作，均屬時間掌握技巧的傑作〔例如有人正在歐洲大橋（Pont de l'Europe）的水面上跳躍〕。話雖如此，他在1940年代晚期和1950年代為馬格蘭通訊社所做的報導，才算是真正與這個形容詞名實相符。可以確定的是，這個詞並不適用於他的超現實主義、政治與人像作品，「他晚期那些（沉思冥想的）影像，其中有一大部分若是選在實際拍攝之前或之後幾秒才拍也行」。

●●●

或許，早在許多年以前已經有人發現了這個詞的真正意義。1860年代，艾德華・邁布里奇（Edward Muybridge）所拍攝的優勝美地（Yosemite）照片令人歎為觀止，很早即為他贏得美譽。那些照片都是巨幅的全景畫面，技術上涉及多重玻璃面板的精確組合。它的景觀龐大，相機的快門開啟時如果有任何飛禽走獸經過，會呈現模糊不清或是一團黑影。可是邁布里奇找到方法提高快門的速度，快到像是凍結了時間。他能在半空中捕捉到跳躍的男人和飛翔的鸚鵡；當女人以水桶倒水，他能拍到柔軟的水尚未落地前的固體模樣。

他最為知名的作品始於1872年春，當時他42歲，這一年也是尼克・崴對著戰爭的恐怖按下快門之前的整整1百年。艾德華・邁布里

奇為一匹名叫「西方」（Occident）的馬拍攝了一系列急馳的照片，拍照的目的是為了解決一個問題：奔跑中的馬是否4隻腳同時離地？（是這樣沒錯！）而他的拍攝故事，成為藝術上最富有傳奇色彩的珍寶之一（並沒有證據顯示這個問題曾經是下賭注的對象）。他正以最微小的尺度追蹤移動的軌跡，他使用的工具是神奇的機械之眼，它能感知到的影像超出人類的肉眼。可是，他的拍攝過程卻幾乎一直是人算不如馬算。

現今不止是攝影歷史學家，連神經生物學家也同樣喜愛邁布里奇，雖然神經生物學家比較欣賞他的狂怒和執著，而非他拍的照片。他能見人之所不能見，這或許是出於他的藝術家稟性，然而他那種稟性說是來自耐心與技巧，不如說是因為一次差點要命的意外事故。1860年6月，那時的邁布里奇是成功的書商和書籍裝訂商，尚未握起任何相機。他應該要搭乘從洛杉磯出發的輪船前往歐洲，但是錯過了船期。一個月後，他訂了前往密蘇里的馬車行程，希望可以從密蘇里搭火車到紐約，然後再前往歐洲。就在幾乎到達德克薩斯時，馬車的馬匹因驚嚇逃竄，造成馬車撞上大樹，至少有一名乘客死亡，邁布里奇則是被拋出車外，頭部受到重傷。邁布里奇說，他不太記得那次意外事故的細節，但是在復原期間他發現自己的味覺與嗅覺雙雙惡化，而他的每一隻眼睛現在看到的影像有些微不同，以致會有雙重影像。他首先在紐約求醫，然後是在倫敦，包括找上威廉・高爾爵士（Sir William Gull）問診。威廉・高爾是維多利亞女王的御醫，除了建議邁布里奇盡量呼吸新鮮的空氣，在診斷或解說病況上則毫無建樹。

然而，現代的腦部醫學專家對於那些狀況會有更加明確的看法。2002年，柏克萊加州大學的心理學教授亞瑟・P・希瑪慕拉（Arthur

P. Shimamura）在《攝影史》（*History of Photography*）期刊發表一篇研究報告，題目是〈運動中的邁布里奇，藝術、心理學和神經生物學中的旅行〉（Muybridge in Motion, Travels in Art, Psychology and Neurobiology）。他提出一個有趣的理論：關於他的意外事故及其後遺症，當代的報告一致地指出是大腦額葉的前面部分受損。那一部分稱為眼窩額葉皮質，是大腦內部關於情緒創造、抑制與表達的區域。希瑪慕拉在文中說，邁布里奇的朋友所提供的證據指出「在發生意外之前，邁布里奇是個好商人，為人善良，和藹可親；在發生意外之後卻變得暴躁易怒、舉止怪異，不在乎冒險而且會有情緒暴走的情形」。這可說是好事也是壞事：它固然會在各方面導致後患無窮，然而如同我們將會看到的，它也解放了邁布里奇的感知能力。「封閉眼窩額葉皮質，或許有時候其實是強化了個人的創造性表現。」

2015年7月，《神經外科期刊》（*Journal of Neurosurgery*）上面有一篇文章，作者是俄亥俄州克里夫蘭的神經學研究院（Neurological Institute）4名臨床醫師。文章中說，未來還會有很多像邁布里奇那樣的作品，這些作品中向來只有一個簡單的靈感，不論它被意識到與否：「雖然他不記得意外發生之前的日子或者意外事件本身，他卻感覺到隨著那一次瀕臨死亡的體驗，時間已經被中斷而靜止不動了。」

除上述症狀之外，另有兩筆線索也很不尋常。首先，他不斷改名換姓。1830年4月，他生於倫敦西南部邊緣的金士頓（Kingston upon Thames），本名艾德華‧馬格瑞吉（Edward Muggeridge），在1850年代他把自己的姓氏先改成馬各利吉（Muggridge），然後又改成邁伊各利吉（Muygridge），到了1860年代才總算固定成邁布里奇。到了晚年，他也將名字改成艾德韋爾德（Eadweard）〔當他在

美國中部拍攝咖啡生產期間，也曾短暫改名為艾杜亞多‧山帝埃戈（Eduardo Santiago）〕。

關於他的私人生活，另一件受人矚目的事，是他殺了一個人。1872年，邁布里奇42歲，他在加州的事業正邁入第一個全盛時期。他和攝影棚的21歲助理芙若拉‧休庫洛絲‧史東（Flora Shallcross Stone）結婚，兩年後他們的第一個孩子出生，取名為芙若拉多（Florado）。1874年10月，邁布里奇發現自己不是孩子的生父。當他出城拍照時，芙若拉偶爾會出門找一個名叫哈利‧拉欽斯（Harry Larkyns）的男人尋歡作樂。報紙對拉欽斯的形容是「神采飛揚，英俊瀟灑」，而這些可都不是旁人會用在她丈夫身上的形容詞。這段婚外情被一張照片洩了底，很可能那張照片還是邁布里奇自己拍到的。1874年10月，邁布里奇前往一名助產士的家處理帳單。他翻了一張照片，原以為那是自己的小孩，轉到背面才發現寫著「小哈利」。邁布里奇取來他的史密斯威森（Smith & Wesson）手槍，前往納帕谷（Napa Valley）附近拉欽斯所居住的牧場，用這句話問候他：「我是邁布里奇，這是幫我妻子傳話。」然後，對他開了槍。

在隨後的謀殺審判中，陪審團作出令人意外的裁決：並非如一般人會想得到的精神失常但是有罪，而是合情合理的殺人罪。法庭的判決認為，邁布里奇殺死讓他妻子懷孕的男人，相當合乎他的權利。於是，這位攝影家得以安然步出法院，繼續從事凍結時間的使命。正如心理學家亞瑟‧希瑪慕拉所觀察到的，這個故事裡的其他人可就表現得不如人意了：芙若拉一病不起，審判後的5個月就香消玉殞；芙若拉多被送進孤兒院，而拉欽斯則早就進了陰曹地府。

關於邁布里奇，蕾蓓嘉‧索尼特（Rebecca Solnit）寫過一本精

彩萬分的書。她在書中談到此一時期的社會氛圍，指出當時已是既火熱又興奮的狀態。「在邁布里奇自己74年的一生中，時間的經驗本身正在劇烈地變化著，而1870年代的變化之甚更有過之而無不及。在那10年裡，電話與留聲機的發明也加入攝影、電報及鐵道之列，共同成為「消滅時間與空間」的工具……現代世界，我們生活在其中的現代世界，就這樣開始了。邁布里奇推了它一把。」[9]

弔詭的是，他那些最著名的照片讓我們第一次能夠看見熟悉的事物。他的著作《動物的運動》（*Animal Locomotion*）出版於1887年，是他超過15年來的作品累積而成的，共計11冊，將近2萬幅照片，分佈在781張大型的合成珂羅版印刷相片上。如果說他的照片尚未被稱之為藝術，倒是立刻就被譽為科學：邁布里奇在許多家頂尖的科學機構展示他的作品，包括倫敦的皇家學院（Royal Academy）及皇家學會（Royal Society），而且這些展出的照片採用了「動物」這個詞最寬鬆的意義。其中固然有馬、狒狒、山豬和大象，也有奔向母親的兒童、赤裸的摔角選手、投擲棒球的男人，以及作勢要打小孩耳光的女人。[10]他先是使用6部相機排列成馬蹄形，從不同角度拍攝對象；不久之後，他實驗將一組12部相機排成一列，拍攝的對象快速經過時，再用一條線啟動每部相機的快門。《動物的運動》一書中與馬無關的研究，例如提著水壺爬上樓梯的婦女，或者是兩名全身赤裸的女人，則大部分都是利用預先設定的電動鐘，以一瞬間的時間差分別啟動多部相機拍攝而成的。

這整套專案計畫全是由賓州大學贊助，他們想要獲得照片以供醫學訓練之用，或者如一名記者所述，是為了呈現「病患、肢體麻痺人士等等對象走路的姿態」。[11]這個事業也開放給個人參與，凡是早期

捐助的人，可以有機會自選動物在邁布里奇的攝影棚拍照。沒有人知道那裡曾出現過多少客串的動物，不過邁布里奇最常拍攝的主題是他自己。照片中的他往往沒穿衣服而且正在從事某項活動，有正要坐下的，還有正在噴射而出的水，他則「彎腰承接一杯，然後喝掉」。照片中的他身軀瘦削，一大落白色的鬍子長而尖銳，並且帶有暴露症的味道，讓人在科學探索之外，更感受到猥瑣的自戀氣息。

攝影歷史學家馬它‧布勞恩（Marta Braun）曾經說到，邁布里奇的運動研究並非完全像它們表面上看起來那樣。這些照片偶爾會脫序，因此經常需要經過某些處理，如裁切、放大，然後再組合成「虛假的統一模式……《動物的運動》這個計畫的每個元素都經過了種種操弄」。企圖建立或確認某個論點時，邁布里奇拿出來展示的照片，會和相機所見到的不同，這是個無害的欺騙（也算是非常早期的明確啟示：如果相機不會說謊，那麼攝影師往往就會）。在暗房裡所標榜的，是要揭露真實生活的瞬間，它反而提供了扭曲和變形。邁布里奇延續所有古典的說故事傳統，裁切、放大、編輯照片。假使你正在尋找美國電影（其實所有電影都是）那個幻想而不可靠的世界源自何處，它就近在眼前。

邁布里奇利用一件道具展示他的照片，他稱之為動物實驗鏡（zoopraxiscope）。它是一具木盒，可投射一片發光的旋轉玻璃盤；它也是個會轉動的魔術燈，能夠欺騙我們的肉眼。邁布里奇小心翼翼將他的運動研究照片依序放在盤面上（初期是剪影或線條圖），當盤面快速旋轉，即可造成動態的印象。它是原始的電影放映機，同時也旋轉了世人的腦袋。邁布里奇曾經提到，對於這項發明，他最早的一個願景是要把它當成「科學玩具」。不過，它的發展可不止如此：邁

布里奇的照片斷開了時間,接著他的機器又將時間重新組合。[12]此外,邁布里奇為一個速度更快的新快門系統申請了專利。就相機的價位來說,邁布里奇能夠捕捉到時間一瞬的能力,很快就可普及了。然而,速度更快的快門能幫你做的也只有這麼多:你還是得在那完美的一瞬間按下快門,你還是得有藝術創作的天份。對加州的邁布里奇如此,對巴黎的卡提耶-布列松,或者離西貢不遠處公路上的大衛．布爾內特(David Burnett)來說亦然。

●●●

　　大衛．布爾內特並沒有拍到照片。他人在越南,幫《時代》、《生活》(*Life*)、《紐約時報》(*New York Times*)等媒體工作。1972年6月8日的中午時分,金福一家人跑過的時候,他就站在尼克．崴身旁。當時有兩名攝影師正在裝填軟片而錯過了時機,遺憾的是,他就是其中之一。2012年,他在《華盛頓郵報雜誌》(*Washington Post Magazine*)的事件40週年紀念專輯上解釋原委。他說:生於數位攝影時代的人,或許會難以理解底片相機是怎麼操作的。「你的軟片是有限的,在第36張的時候,它必然會在某一瞬間結束。你得拿出已拍完的軟片,用一捲新的替換,才能繼續獵取照片(hunt for a picture)。」

　　卡提耶-布列松想必能理解獵取照片的說法,它彷彿是在說:有一張完美的照片就在野外的某個地方,而你必須把它找出來。布爾內特切身體會到:在其他的短暫瞬間,當你正在更換軟片的時候,「那張照片正好發生,這種事永遠都有可能。你會預想在眼前發生點什麼

事，而且避免在某個時空交會的千鈞一髮之際，軟片卻用光了……錯過照片的故事可多得是。」

　　就在那特別的一天、特別的時刻，布爾內特正在為他的Leica相機更換軟片。他回想起這部Leica，說它是「非常棒的相機，而它更換軟片的困難也是舉世聞名」。當時他看到攜帶燒夷彈的飛機，接著又看到模糊的人影穿越煙霧跑來。他還在笨手笨腳幫Leica換軟片，就見到崴把相機的觀景窗擺在眼睛前面。「在頃刻之間……他捕捉到的影像超越了政治和歷史，並且象徵著戰爭的恐怖降臨無辜的生命。當一張照片拍得恰如其分，它是以一種無法磨滅的方式掌握住時間與情感的所有元素。」不久之後，也是太久之後，布爾內特已重新裝好軟片，而他記起來的是崴已經和司機將孩子們送往醫院。幾個小時之後他在美聯社的辦公室再次遇到崴，他仍記得那時崴剛步出暗房，手裡拿著先前拍到的照片，上面的藥水都還未乾。

　　時至今日，當布爾內特回想那一天的情景，他最清晰的記憶是「從眼角浮現這樣一幕：尼克與另一名記者開始跑向迎面而來的孩子們」。這是一幅新的畫面：實際上是崴跑向那些孩子。布爾內特說，他經常想起那一天，想到一張來源相對來說只是小規模戰鬥的照片，竟然變成所有戰爭中最為重要的影像之一，這是多麼不可能發生的事。「我們背著相機走在歷史大路旁的人行道，並且以此餬口。對我們來說，即使在現今這個到處都是數位化過了頭的世界，知道單憑一張照片，不論是自己或別人拍的，仍然能夠說出一個超乎語言、時間與空間的故事，真是令人感到欣慰。」

註釋

1. 崴的原始照片並未將全幅畫面印出來。要是那麼做的話，我們就會看見畫面右邊有個偌大的身影，而且我們可以很清楚知道那是另一位攝影師，他正急著裝軟片。

2. 譯註：《Peanuts》即史努比原著漫畫。

3. 崴的照片並非唯一或首張拍攝於越戰的偉大作品。其他的「果醬滴管」（marmalade droppers）（衝擊力道很大的新聞照片會讓早報的讀者看得目瞪口呆，吐司拿不好，連果醬都滴了出來，因此有這個外號）包括艾迪・亞當斯（Eddie Adams）在1968年拍攝的照片，內容是「春節攻勢」（Tet Offensive；譯註：1968年1月北越對南越發動的大規模戰役，越戰從此白熱化）開始之際，一名越共嫌犯被當街槍斃（這也是獲得普立茲獎的照片）。還有1963年馬孔・布朗尼（Malcolm Browne）拍到佛教僧人釋廣德（Thich Quang Duc）身陷汽油烈燄的照片。當時由美國支持的天主教徒吳廷琰（Ngo Dinh Diem）政權壓迫佛教，釋廣德在一次示威抗議中自焚。（戰爭攝影師的思考和你我的有何不同？如果你需要實例的話，且看過世前不久的布朗尼。2012年，《時代》問81歲的布朗尼，透過相機觀景窗看見焚燒的僧人時，他心裡在想什麼。他的回答是：「我把他當作一個自我發光的題材，只想到這個題材需要的曝光是，嗯，比如說，f10光圈或什麼的。」）

   影像的優勢與衝擊，使微不足道的1秒更勝百年光陰。美國當局原本允許媒體人員在作戰中可自由走動及報導，越戰之後即成絕響，其中一個原因在此。日後凡是獲得許可的記者，都必須編入（embed）軍隊。「編入」當然就是「管制」的同義詞，這種事我們看太多了。

4. 例如在2007年6月8日，距離他拍攝金福已經35個年頭。他受命去拍攝希爾頓飯店集團千金芭黎絲・希爾頓（Paris Hilton）出庭。《紐約每日新聞》（*New York Daily News*）在報導中注意到這項巧合：「兩名女孩都是在恐懼中痛哭失聲。」崴的話發人深省：「沒有人為芭黎絲・希爾頓哭泣，但是每個人都為金福落淚。」

5. 我在威茨勒見到崴時，他脖子上掛的是一台相當新穎的數位款式Leica，快門速度最高可達到1/4000秒。他在1972年6月時所使用的M2，最高快門速度則是1/1000秒。

6. 想了解更多金福的生活，請見：cbsnews.com/news/the-girl-in-the-picture。另外亦可至digitaljournalist.org，參考霍斯特・法斯和瑪麗安・富爾頓（Marianne Fulton）合著的〈照片如何抵達世界〉（How the Picture Reached the World）一文，以及在vanityfair.com的「追憶越戰」（Remembering Vietnam）專輯。以上存取日期均為2015年4月3日。

7. 譯註：loading、shooting、capturing三詞的意義已轉成裝軟片、拍攝及捕捉畫面。

8. 1958年喬治・布拉克（Georges Braque）送他一本富有啟發性的書：《箭術與禪心》（*Zen in the Art of Archery*），這是早期追求心靈專注的一種形式。該書首先是在德國出版，比羅勃・M・波西格的《禪與摩托車維修的藝術》早了許多年。

9. 《眾影之河：艾德沃德・邁布里奇與技術化的西大荒》（*River of Shadows: Eadweard Muybridge and the Technological Wild West*）（Viking, 2003）。

10. 他的成就不僅在攝影和電影兩方面獲得回響，在科學與藝術的其他眾多領域亦然：像是艾得格・迪嘉斯（Edgar Degas）、馬塞爾・杜尚（Marcel Duchamp）、法蘭西斯・培根（Francis

Timekeepers: How the World Became Obsessed With Time

Bacon；譯註：20世紀的英國畫家，非16、17世紀的英國哲學家）、索爾・樂威特（Sol LeWitt）和（Philip Glass）等人都曾經提過受到他在藝術方面的恩惠。

11 邁布里奇第一批馬匹運動的照片是由樂南・史丹佛（Leland Stanford）資助的，史丹佛是加州的前州長，後來邁布里奇與他鬧翻。（史丹佛擁有邁布里奇在1870年代拍攝的「西方」和其他馬匹的照片。）史丹佛從鐵路業起家，他不再經營賽馬之後，將大部分財產轉投公益。史丹佛大學現今的校地有一部分是在帕羅・奧托（Palo Alto）農場的舊址，邁布里奇大部分的馬匹研究照片都是在這裡拍攝的。邁布里奇的傳記作家中，有眼光遠大的人因此認為：他的照片所代表的科技開拓精神，和後來的矽谷之間有直接關係。

12 在邁布里奇出生地附近的金士頓博物館（Kingston Museum），可以見到長期收藏他的幾件裝備以及剪貼簿，還有超過150張《動物的運動》一書的相片。他在1890年代返回英國，於1904年去世，墓碑上的名字被誤刻成Maybridge。

10

1930 年左右的汽車廠：德國的一名
駕駛在等候他的安全氣囊。

輪班

The Day Shift

◎ 一、消滅 Yamaha，片甲不留

　　幾年前我決定去學製造汽車。Mini這款車即將迎向50歲生日，我正在寫作它的動盪史。[1]我寫到中途才明白，我休想理解Mini的生產過程，除非我能成為過程的一部分。所以，在2008年11月某個星期一的早晨6點15分，我開車到BMW車廠。它位於牛津郊區的考利（Cowley），Mini就是在這裡製造的，我懷著忐忑不安的心情進入了安檢大門。

　　天色未亮，這是我基礎訓練的第一天。在我的工作線上還有其他兩名男性工人，他們都有製造汽車的經驗。我是製造汽車的生手，連怎樣幫停在前院的車子打氣都不太會。他們說我會被丟到生產線的最底層，而且那可是非常勞累的工作。但是，只要我能遵守幾條簡單的指示，想要掌握實務程序並不會有太大的困難。最重要的指示有 (1)為自己的工作感到驕傲、(2)勿讓生產線慢下來，以及 (3)別犯下會上法院的錯誤。最糟糕的事，就是犯了錯卻沒有跟任何人說。

　　我的訓練內容跟汽車的兩個重要組件有關，這項訓練並不是特別為了測試我的資質而設計的，但它簡直就是這樣沒錯。第一項工作是鎖定後副車架，確保車輪和後煞車不會在某一天掉在馬路上，嚇壞車上的人。第二項工作是固定安全氣囊控制箱的電力連線，如果固定正確，發生撞車事故時即能避免駕駛與乘客飛出擋風玻璃外（如果弄錯，那就不是這樣了）。車輛組裝部經理麥可・柯利（Mike Colley）的講解一開始便是提到車廠設有一間休息室的消息：休息室的位置就靠近訓練室，「想要禱告的話可以用得到」。他解說車廠的基本佈置，接著在他身後的螢幕上放了張投影片：「這是掉在車上被

找到的螺栓組。」（圖片顯示一些小型的緊固件，它們在名義上是螺絲和鉚釘組成的十字形零件，實際上真的比較像是膨脹螺絲）。「沒錯，它們不會造成太大聲的抱怨。可是，如果你剛花了2萬英鎊買下一輛全新的車，你首先會做的事，就是裡裡外外好好地檢查一番，看看它是不是一切都很正常，確定你買到的是怎樣的車。假使你掀起行李箱蓋子以及放工具包的小面板，卻發現有幾個螺栓組掉在那裡，你的奇檬子不會太好吧。」我覺得螺栓組完全不會是我的問題，我也確定由我組裝安全氣囊控制面板的車，它的買主也會有相同的看法。

柯利說，大多數生產線都一樣，共通的關鍵要素是安全、效率、準確和生產流程，若是生產線的每一名員工都能準時在分配好的時間正確執行他們份內的工作，那就是圓滿的一天。以車窗的電路來說，從焊接、鎖螺絲到安裝，每一件工作都必須先在那個小小的車窗完成，才能傳送到生產線上幾公尺外的下一站，繼續另一組焊接、鎖螺絲與安裝的工作。在生產線上人人有各自的職責，如果大家都能達到預期的標準，那麼每68秒就會有一部車從生產線送出來。

除非有人壓下其中一個中止鈕。在生產線每隔10到15英呎的柱子上設有一個「行灯」（andon）鈕，「行灯」是日文「燈」的意思。這些按鈕會使生產過程暫停，同時會向經理辦公室送出警報，表示有人需要幫忙。「他們會跑來生產線，查看亮燈並且喊：『行灯！行灯！』而你會說，『是啊，我螺絲鎖不上』或者其他什麼的。」

若是生產線的時間被中止，它衍生的問題顯而易見：效率和收入會縮水，而那些負責讓工作保持不中斷的人則是壓力備增。流程改善經理伊恩·康明思（Ian Cummings）告訴我，這種壓力讓他覺得自己的工作是地表上最困難的。就算一天下來都沒有人按過中止鈕，仍

然有賴於「其他人都能準時上班而且是帶著正確心態來的」，才會萬事平安。康明思有時候希望員工都是機器，員工們的麻煩所在是會使流程變得天有不測風雲。曠職可讓工作橫生枝節，而即使沒有曠職的問題，也不見得每個人都能準時各就各位。在每一輪班開始前3分鐘會聽見提醒鈴聲，鈴響過後生產線就會開始轉動。在午餐或晚餐時間，你可以離開廠區，去逛一下特易購（Tesco）或漢堡王。然而，如果你無法準時回來，「不用說什麼『我餓扁了，可是排隊的人好多』，這些話是無濟於事的，因為生產線不會等你，你會漏掉4、5輛車。」

●●●

第一輛Mini是在1959年賣出的。即便是它的設計師艾雷克・伊西更尼斯（Alec Issigonis）這麼心高氣傲的人也算在內，當年無人料想得到它能連續50年屹立不搖，或者竟然能成為全球的暢銷車種。沒有人想過在教堂以外使用「偶像」（icon）這個字眼形容它。21世紀的Mini（嚴格說應是MINI，以便和它的前身有所區隔）和1960年代成為大不列顛象徵之一的那一款汽車，已經截然不同（它現在隸屬於BMW旗下，再戰江湖）。即使現今的Mini體型變大、價格已大幅飆高，我們仍舊看得出來它是一件成功的產品。過去它呼應著時代的氣息，如今有技巧高明的工程技術與行銷結合，確保它依然能呼應當代的氣息。我加入訓練那一天，生產線實際上每一小時產出了53輛新車，沒想到這一套複雜的機械竟有如此令人驚歎的表現。想到每一輛車都有高度量身訂作的工單，大約8星期前才由買主在展示間敲定

的，這一點更教人佩服。一週內的平日總共可完成大約800輛車，由於從合金輪圈到兩側後視鏡、車頂貼紙，以及其他上百種選項，每一輛車的選擇量龐大，生產線上久久才會遇到一次連續兩輛車的工單相同。身為消費者，你只缺少一項選擇：那就是不交由像我這樣的人為你安裝後煞車。

接著來了一位車輛組裝經理，名叫理查·克雷（Richard Clay），指導如何鎖定後副車架。副車架是以機器人舉到車子上，我們的工作是安裝水平臂以及抗翻桿。「你們這個程序有68秒可以用。」另外兩名學員微微噓了口氣，彷彿時間很充裕，做完之後還夠去瞎拼一回。「如果這些固定工作有任何閃失，車子可能會無法搭配動力系統，或者讓車子無法動彈，」克雷說道。「這樣一來有可能會導致嚴重傷害或鬧出人命，企業形象也會受損。這些都不是好事。」

裝配的流程複雜而且是在高度控制之下，這是個掃描與工具作業的流程，稱之為IPSQ（國際生產系統品質）。每一輛車均有　份以程式控制而且能夠追蹤的電子式歷史紀錄，在裝配流程中會利用條碼掃描方式檢核每個新的階段。隨著車輛在生產線上前進，有一個名為DC工具作業的系統會確認各個固定部位的扭矩都是正確的，然後這一部分的裝配流程即可簽結。重要固定部位的強度是以牛頓米作為量測單位，如副車架需要達到150牛頓米，而安全氣囊撞擊感應器可能只要2牛頓米。「不要太早放過觸發器，」理查·克雷說：「將這一個小東西放在滾動桿上方，找到穩定器，把螺栓放在下支臂上。如果你把它固定在身上，會比較容易進行，請確定它有咬住。然後，在另一邊同樣做一次。」

我們必須做的第一件工作，是掃描位在引擎蓋上面或下面的車輛

識別碼（VIN）。在生產線的終點，所有流程均會儲存在電腦中，萬一有哪裡出了差錯，他們能知道在重新加工區應該修理哪一部分。Mini和大多數工廠的生產系統一樣，它的運作原則也是每件事都應該「第一次就做對」（Right First Time）。另外還有一則忠告：「請不要把條碼掃描器當作鐵鎚用，它們每組要價400英鎊，電池再加150英鎊。如果你在工作流程中需要把東西壓進去，請來索取木槌，我們會提供給你。」

後副車架的工作結束之後，我們移往房間的另一頭，在那裡有一座工作台還有電線，也就是安全氣囊感應器。

「在這裡我們會為你計時，」克雷說：「但是這和及格不及格沒有關係，只是要讓你知道，在生產線上這件工作必須以特定的速度完成，你不能在那裡耍寶。如果有個接頭沒接到，在重新加工區就必須花上大半天才能找得出來有哪裡的連線中斷了，而且整台車都得拆解，把所有東西一樣一樣拿出來。所以，要是你在一開始的時候沒有正確連接，請務必告訴別人。還有，所有潤滑液請和電力零件保持距離，不可以混著放。」

才一開始我就注意到其他人比我的動作快非常非常之多，有些時候我的零件就是不聽話，要不就是需要用到某一種我不會的特殊技術。克雷會跟其他人說「很好」和「喔，做得好」這類話，對我則是不發一語。我用錄音帶錄下我的工作，卻只是在機器的吵雜聲之外聽到自己說：「我搞不定這東西！」

我用掉的時間不是1分8秒，而是超過8分鐘。「8分鐘！」克雷說：「還不算最慢的，有個傢伙花了14分鐘。」那位仁兄目前不在工廠上班。我猜，在2,400名「伙伴」裡，就眼前這些重要的事來說，

所有人都能做得比我快。午餐過後我再度嘗試，弄得我的指尖好痛，也擦破了皮。我用掉的時間縮減到5分多鐘，未來的汽車就這樣在生產線上一路被我耽擱下來。

● ● ●

　　在考利的英國經理教我的，大多數都是學自德國慕尼黑的BMW生產線，其中又有一大部分是學自豐田市的日本人。說到在工作時對於時間的掌握，日本人可是羨煞了全世界。

　　「第一次就做對」這一條原則只是另一條涵蓋範圍更廣的原則其中的一部分，那條原則稱為「即時」（JiT, Just-in-Time）。JiT源自1960年代的Toyota汽車，它既是業力哲學，也是實踐哲學。[2]Toyota汽車利用這項革命性的生產系統，使它的工人與工廠變得幾乎無法區別[3]；從這個系統誕生出來的產品，不論是一件小玩意或是一艘郵輪，都是為了追求理想的工業和諧所獲得的結果。這個概念有賴於消除浪費以及多餘的庫存、簡單而有效率的後勤供應鏈、高度靈活且積極的勞動力、自給自足但是互相連結的生產單位，以及盡其所能消除犯錯的可能性。這些當然並不是都和幾分鐘、幾小時這種層次的時間有關，然而這個概念的目標是在比例恰到好處的時間框架之下，將以上的元素如同交響樂一般地結合起來，創造出一間工廠，可達到最全面的效率、能力和收益。箇中關鍵在於工作流程能消除等待而順暢無礙。就像在Mini車廠，此生產系統的目的是透過消除錯誤與不可預測性的方式，使利潤極大化。在實際運作上，它勢必讓人類的互動就像上了油的齒輪一樣平滑流利。機器不會待在漢堡王而遲遲不歸，機器

也不會按行灯鈕。還有，除非你用程式去設定，它才會把掃描器拿來當鎚子。

1980年代，JiT在Toyota達到終極也是最顯而易見的「精煉」程度。雖然有證據可以證明，在日本的造船廠與其他工廠早已有了JiT這種作法，卻是汽車製造商採用了這個作法之後，才使它在20世紀的最後30年裡，影響力遍及整個西方世界（尤其是自動化的堡壘福特汽車）。

Toyota還有另一項更深入的創新，它的影響也具有類似的效果。車廠生產線採行「即時」策略，使Toyota在1970年代生產汽車的速度，比起10年前飛快了許多倍，但是顧客因這種提昇而受益的卻微乎其微。Toyota的銷售部門未能在精煉方面獲得足以相提並論的改善，訂單仍然需要將近1個月的時間才能登錄、取得資金、傳送到車廠並開始生產。公司的管理階層領悟到一件事，這件事用我們現在的眼光來看倒是再明顯不過了，那就是：在許多消費者眼中，耐心不再是值得珍視的美德。1982年，Toyota將製造與銷售部門合併，建立更具有連貫性的電腦系統，使批次處理客戶訂單的舊方法變得順暢。舊方法阻礙了重要資訊的傳遞，以致造成大量的時間浪費。幾年後，波士頓顧問集團（Boston Consulting Group）的資深副總裁喬治・史托克（George Stalk, Jr）在《哈佛商業評論》（*Harvard Business Review*）上撰文分析這項作為的結果，他所觀察到的是Toyota打算把銷售和配送循環的時間打對折，從日本全境範圍內4～6星期降低為2～3星期。但是到了1987年，這個循環已縮減到8天，這還包括製造車輛所需的時間。「這樣的結果盡在意料之中，」史托克寫道：「銷售預報越近、成本越低、顧客越心滿意足」。[4]

　　日本人操縱工業時間的概念並且取得全球優勢，後來其他人才趕上他們的腳步，開始模仿他們。關於日本人操縱時間的作法，即時原則只是其中一個例子。想要多知道一點的話，得暫時離開汽車業，把眼光投向機車業所學到的教訓。Honda（本田）和Yamaha（山葉）機車部門在1980年代早期的戰爭可說是空前慘烈，而且一戰定江山，使它變成業界的一則寓言。它甚至有個簡寫的綽號叫作「H-Y之戰」（H-Y War）。

　　衝突是從1981年開始的。當年Yamaha機車建造了新的車廠，宣告將要成為全世界最大的機車廠。此時穩坐王位的Honda機車想當然耳對這種宣誓的反應不會是溫良恭儉讓，他們祭出了幾招，要讓Yamaha的大話變成一場空。Honda一邊降價，一邊增加行銷預算，同時用一句戰爭口號激勵全體員工，人人吶喊著：「ヤマハをつぶす！」（消滅Yamaha，片甲不留！）他們提出這場毀滅行動，是以一種全新的生產方法為基礎的。經過全面的結構性變革之後，Honda能夠大舉提昇引進新車款及活絡庫存的速度。在18個月內他們引進或取代113款機車，生產製造時間也改善了80%。同一段期間內，Yamaha僅改變了37款機車。Honda的新車有一些只是外觀的美化，然而在引擎和其他方面的技術也有許多改進。他們的用意很直白，就是要讓所有機車族都知道：你想要的我們都有，而且我們推出新技術和新車型的變化速度，讓對手望塵莫及。讓現代消費者憂心的，是對於過氣的恐懼，它被Honda一舉消除了。Honda不止成功擊退近身的競爭，也一併揮別了其他對手，像是Suzuki（鈴木）和Kawasaki（川崎）。（Yamaha機車輸得顏面盡失，總裁公開認錯：「我們要結束H-Y之戰，這一戰是我們的錯。未來的競爭在所難免，然而競爭將會

是基於對彼此地位的互相尊重。」）

其他公司從Honda與Toyota兩個案例學到不少。松下（Matsushita）公司製造洗衣機的時間從360小時降到2小時；在美國，製造冷氣機、冰箱等大型家電的公司，也都能達到相當大的改善。「對各行各業的任何公司來說，關鍵在於不要執著地認定優勢只有唯一而且單純的來源，」史托克在《哈佛商業評論》的文章寫道：「最了不起的競爭者、最成功的競爭者，他們知道如何不斷保持前進，而且隨時處在尖端的地位。如今在尖端地位的是時間，市場上領先的公司其管理時間的方法（在生產、新產品開發與引進、銷售與配送等方面），即代表競爭優勢最有力的新來源。」[5]

在考利的Mini車廠，Honda 和 Toyota的影響無處不在：所有跟「即時」有關的進步，像是回應時間、庫存瘦身和動線流暢的車廠格局等，乃至於不斷增加的多樣化款式和客製化選項，都是不言而喻的。2000年時，在廠房能力與專業技術方面的巨大投資，使產量從2001年的42,395 輛增加到2002年的160,037輛，而且仍會持續攀高，才能滿足日本（以及世界各地）的需求。消費者一天比一天渴望買到更好的以及更快買到，而選擇越來越多加上交車越來越快速，他們也能因此受益。至於在牛津郊區的BMW、Mini車廠以及他們的全體員工，從水漲船高的訂單、輸出和利潤來說，更是獲益匪淺。

可是，如果缺少一套優良的煞車系統，失控的成功很快就會變成失控的災難。Mini之所以能熱賣，其中一個原因是車主相信製造品質，就像他們對行銷內容的熱愛；車廠經理這方面，也相信員工們不會在製造上出差錯。於是，我就這樣被殘酷地舉報了。我負責安全氣囊控制盒的電力線路，而我組裝的速度差勁到不行，裝配線的負責人

因此認為，最好別放我去組裝真正在流動的車體。在全世界的各個角落裡，所有顧客都引頸企盼著他們的Mini，他們不會願意生產線被拖慢下來，哪怕只是5分鐘；或者說，他們也不希望在生產線的某個段落，有某些零組件的佈線不當，讓他們可能必須上法院。

◎ 二、地獄來的老闆

有一個笑話還沒有變成老梗之前，商界人士喜歡用它來消遣顧問。他們說顧問就是借你的錶來告訴你現在幾點鐘的人。這個笑話曾經是確有其事的。

一個世紀前的弗雷德里克・溫斯樓・泰勒（Fredrick Winslow Taylor）是管理顧問業的開路先鋒，他發現了一個方法，能夠使美國人的工業生產起死回生。他帶著一支碼錶走進表現不佳的工廠，為他眼前所見的工作計時。他看到的大多是惰性和效率低落二者的結合，他的解決方案既單刀直入而且雷厲風行。他計算出來一件具體任務可以被做完的最快速時間，通常比它實際被執行時所花的時間快非常多。他稱這種鬆懈懶散的工作行為是「打混摸魚」（soldiering），他並且告知工廠的主人，假使他們希望事業蒸蒸日上，只要採用他經過精確計時的新工作方式，一切就能有良好的表現。他的建議讓工人或工會對他很感冒，這是無法避免的。對他們來說，一個地獄來的老闆就這樣橫空出世了。泰勒談到，這種經過最佳化的新式工作日，可讓盡心盡力的工人在一天下來因此感到自豪；批評泰勒的人則是指控他絲毫不在乎新方法所造成的生理與心理影響。然而，他的構想抓住了工廠老闆們的心，當他們才短短幾年內就看見生產力已經翻倍，利潤

也是以倍數成長，對他的觀念尤其信受奉行。[6]

於米德維爾鋼鐵公司（Midvale Steel Works）任職的經歷，塑造了泰勒的理論。這家公司是在美國的費城，靠近他的出生地。在1878到1890年之間，泰勒從基層往上一路升遷，透過提高效率及消除浪費，滿足了鐵路和彈藥廠的大量需求，使產量幾乎成長3倍；他在造紙廠及另一家鋼鐵廠也取得類似的成功。他和助理毛恩塞爾・懷特（Maunsel White）首創的新式鋼鐵裁切技術，則為他的家人賺進了財富。借他的傳記作者羅勃・坎尼格爾（Robert Kanigel）的話來說：和他共事的人看見「世界就在眼前活生生加速了」。

泰勒從不會在同一個句子裡用到「人類」、「齒輪」和「機器」。起初他稱自己的原則是「任務管理」，後來改用「科學管理」。隨著他的方法風行美國的產業，進而深入全世界，大多數人逕稱它為「泰勒主義」（Taylorism）。1911年，他在紐約出版闡明原則的宣言，採用譁眾取寵的競選造勢風格，呼籲讓這個國家重返偉大。這本小冊子附有一幅插圖，圖中是一隻手握著一支碼錶，這是偉大命運的象徵，有經驗科學為支柱，說服力十足。[7]

他的大作（我們別忘了那是在1百年前寫的）以堅定的斷言破題，現今的讀者恐怕會因為似曾相識而感到震驚：「我們看到森林正在消失、水力虛擲浪費、土壤隨無情的洪水奔向大海，而且我們的媒礦和鐵礦之枯竭已指日可待。」然而，最大的浪費根植於人類的缺乏效率。根據泰勒的看法，這個現象是個愚不可及的錯誤，唯有靠偉大的想像力以及科學訓練，才能撥亂反正。他宣稱「已往我們以人為尊，將來我們必須以系統為重」，過去，在各行各業我們都把「英雄偉人」視為繁榮的未來所不可或缺的，如今凡是經過現代方法訓練的

平庸之輩，即可取而代之。

　　泰勒所謂的現代方法，就是指他自己的方法。「在各行各業的重要部門中，所有被應用到的不同方法與工具，永遠都會有一個方法、一件工具會比其餘的都來得更快也更好，」他如此寫道：「唯有針對使用中的所有方法和工具進行科學研究與分析，加上準確而細微的動作和時間研究，才能夠發現或發展出最好的方法及最佳的工具。這涉及全面以科學逐步取代機械藝術中的經驗法則。」

　　他的「科學」是觀察及資料取向的，他所研究的工人留在原來的位置執行他們的日常工作，泰勒則是在四處走動：「為準備轉動的機器設置輪胎……粗糙的平面前緣……加工的平面前緣……粗糙的鑽孔面……加工的鑽孔面」，他以碼錶記錄諸如此類最微小的細節需要多少時間完成。令他感到著迷的，是裝滿一鏟物料所需的理想時間是多少，以及運送那一鏟的時間應該是多少才能達到最高的效率。得知時間的總和之後，他購買了為任務量身訂作的新鏟子。從來沒有人以如此細微的方式衡量這類任務，或者是為了這麼強制性的目的而做。時間分解完成後，每一名機械工會收到說明單以及管理指南，教他們如何盡可能以最小的「呎磅」（foot-pound）完成任務。[8] 凡是能夠遵照泰勒的新指導而圓滿完成任務的工人，可以獲得略高於薪資的獎勵。簡略地說，我們在戰後日本所見到的工作方法，就是從這裡開始的。「即時」原則不過是經過機械化、超大化，以及重新人性化的泰勒主義。

　　泰勒對工作場所時間的關注有多少原創性？就其嚴格的程度和修辭兩方面來看，他無疑是夠新穎的。但是，他所包含的幾項元素，1百年前在英國工廠訓練過的人也能看得出來。早在1832年，查爾斯‧

貝比吉（Charles Babbage）就出版了一本《論機械與製造之經濟》
（*On the Economy of Machinery and Manufactures*），他在書中指出紡織
機應如何擺設最好，才能獲得最大的產量；也提到如何區分勞力，應
該將沒有技巧可言的手工勞動和需要更高能力的工作分開，並且給與
不同薪資。貝比吉最為人傳頌的身分是可程式化計算之父，他自承只
是推進了義大利政治經濟學家梅爾其奧‧喬亞（Melchiorre Gioia）
的早期思想，而他們兩人都吸收了18世紀時亞當‧史密斯（Adam
Smith）的自由市場宣言。然而，泰勒的著作與眾不同之處在於細
節，以及冷酷無情的滔滔雄辯。[9]

　　泰勒做了前輩們沒做到的事，那就是診治全國的懶惰病。他聲稱
美國與英國的運動員是世界一流的，富於渴望勝利之心，赴湯蹈火也
在所不辭。然後他們去上班了，卻變得懶散起來。他所定義的「打混
摸魚」分為兩類，一是天然性的、一是系統性的。第一種是人類條件
的癥狀，「是人類好逸惡勞的天然本能」。第二種則是根深蒂固的信
念，相信比同事做得更快是對團體不忠和搞破壞，是偏向管理階層而
不是自己的階級；另外，還會覺得動作太快最終將造成工作機會變
少。[10]1903年，泰勒在一篇題為〈工廠管理〉（Shop Management）
的論文中，舉例說明一名男性如何以兩種不同的速度過生活。

　　往返於工作時，他是以3到4英里的時速走路，下班之後以小跑步
　　回家的情況並不少見。抵達工作崗位時，他的腳步會立即放慢到
　　時速1英里。舉例來說，當他推著滿載的獨輪推車，即便是上坡
　　他也會以相當快速的步伐行進，只為了使負重的時間越短越好。
　　在回程時他行走的時速會馬上下降到1英里，促進拖延的機會，

這種拖延比實際坐下來還要短暫。為了確定他不會比隔壁的懶惰同事做得更多，他會努力慢走，其實也累到了自己。

　　終極來說，效率的關鍵並不在於嚴格執行新規則，而是教育以及強制。管理階層與工人之間的對抗，應該代之以對於良性循環的理解：也就是產量增加可以使產品價格降低，進而有更大的銷量、更多的利潤、更高的薪資，最後則是能夠獲得事業擴張以及更多的就業機會。在20世紀之初這一點仍非不證自明的觀念，讓泰勒感到十分驚訝。「在整個工業化世界裡，毫無疑問的是：員工的組織與雇主的組織，有很大一部分的存在理由是為了戰鬥而非為了和平。或許雙方的大多數人依舊不肯相信，他們有可能和平共存，並且可以經由安排彼此的關係，使雙方都有相同的利益。」

　　戰爭以及另一種打混摸魚很快就突顯了極大化生產的需求，這種突顯需求的方式是泰勒的文章未能做得到的。他於1915年過世，讓他無法欣然目睹這一切。在接下來的1百年，泰勒的名聲浮浮沉沉。1918年，美國人文與科學學院（American Academy of Arts and Sciences）推崇他是「發明家詹姆斯・瓦特（James Watt）的合法繼承人」，意思就是說泰勒的研究「同樣改變了社會」。有人則是認為泰勒的方法是令人窒息的階層制度：在新管理結構中層層疊疊採用的新增主管，正是那個世紀即將落幕之際，龐大而僵化的公司後來所積極想要除之而後快的對象。

　　儘管泰勒直言對於和諧的寄望，泰勒主義卻導致勞工極大的不滿。採用泰勒方法的工廠，員工流動率大幅提高，而鐵路和鋼鐵廠則是在示威抗議中陷入停擺。大家都說泰勒不是個和藹可親、可以合作

共事的人，他表現出來的許多特點，像是頑固、自吹自擂、滿口惡言，這些都是他自己認為管理階層應該要設法避免的。為了合理化他對於勞動力的嚴格劃分，他曾經有過這樣的評語：某個人要是「在體力上能處理生鐵，而且也夠遲鈍又愚蠢到選擇處理生鐵當作職業，這種貨色很少能夠理解處理生鐵的科學」。

泰勒的「科學」向來都是垂手可得的惡搞對象。卓別林在1936年的電影《摩登時代》雖然被公認是對於不人道的工業最偉大的諷刺之作，它同樣也是對福特式裝配線以及泰勒式管理技術的攻擊。卓別林在片中飾演一名鎖螺絲的工人，為「電鋼公司」（Electro Steel Corp）製造一樣並沒有具體指明的產品。影片一開始（以一面巨大的鐘面當背景，播放完影片工作人員名單之後），第一幕是羊群和步出地鐵站的工人人潮融合的影像，清楚暗示工人是「待宰的羔羊」。在演員表中卓別林的角色名稱只是「工人」。他被綁在椅子上以自動機器餵餐時，椅子上有故障零件的金屬螺母。那名頭髮修剪得光鮮整齊的老闆連續兩次指示，要他的傳送帶加速前進。[11]

亨利・福特（Henry Ford）總是提到，在實踐上泰勒主義與福特主義（Fordism）兩者並沒有關係。這個說法幾乎沒錯，影響福特更大的，是美國另一個成功的工業分支：屠宰場。〔1913年，福特搬到位於底特律的新廠房之後，汽車生產線才開始運轉。英國有一家製造可攜式蒸汽引擎的理查・嘉瑞特父子（Richard Garrett & Sons）公司，於1840年代最早啟用輸送帶式產品裝配線，距離當時已經大約70年。〕然而，泰勒與福特之間仍有一些相似性：他們都希望能恢復美國製造業的驕傲與繁榮，兩者也都威脅要（透過科學以及市場的胃口）合法化機器高於人力的優勢地位（不論是管理機器或鋼鐵機器皆

然）。

　　泰勒的最重要批評者引用這一點，認為這是泰勒最大的毛病。他對於時間與利潤的看法，在那一個世紀中葉已經大舉改變許多大型產業經營的方式（尤其是在碼錶製造潮湧現之際），但是長期來看，系統的冥頑不靈對於繁榮以及產業關係卻有不良影響。戰後的日本能夠穩健前進，日本的系統能在1980年代被世界各地採用，其中一個原因在此。

● ● ●

　　如果還有人記得弗雷德里克・溫斯樓・泰勒，在人們的回憶中他的主要角色是開疆闢土、影響深遠的特立獨行人物。他的傳記作者羅勃・坎尼格爾提到，比起泰勒向他的大部分工人所提議的生活，他自己所喜歡的是更為變化多端而且充滿美感的生活。他永遠都是住最高檔的飯店、從鋼鐵切割的創新中抽取大筆權利金，而且只在心情好的時候工作。他往往不願意去了解，他的計畫總共留下了多少破壞和混亂。然而，在高壓而且頭重腳輕的管理理論以及嚴格的精打細算之外，他確實為世界留下別的事物。「泰勒留給我們的，是一個屬於任務的鐘錶世界，它的計時可達到百分之一分鐘，」坎尼格爾在1997年的時候寫道：「我們這個時代的標誌，是對於時間、秩序、生產力和效率，充滿了激烈而令人憎惡的迷戀。這種迷戀之生成，泰勒推了一把。來過美國的外國訪客，經常會談到我們的生活那種匆匆忙忙、令人喘不過氣的品質。泰勒從1856年到1917年的一生，幾乎完美地契合（美國）工業革命的巔峰，促使了我們過著這樣的生活。」坎尼格爾指出：1994年在美國的小石城（Little Rock）有一場由總統柯林頓主

辦的經濟會議，曾擔任蘋果電腦公司一任總裁的約翰・史卡利（John Sculley）在演講中特別提到泰勒主義，認為現代世界應該從它這個系統中解放出來。

在這個系統的位置，有了一付新的鐐銬。我們的數位世界可能會教泰勒吃驚，但是談到現代商業全受電腦控制的現象，泰勒還會被其他很多事嚇到也說不定。他無法預見亞洲的興起、也無法預見每天工作8小時的理想，以及女性在勞動力的地位亦然。然而，我們再次看到，沒有什麼事物像我們對未來的看法一樣，過氣的速度那麼快。1930年，經濟學家約翰・麥納德・凱因斯（John Maynard Keynes）預言，在一個世紀內我們會達到每週只工作15小時，而剩下的時間則不知道該如何是好。[12]我們當然不需要專業的時間管理書籍或是忠告，教我們如何從每一天討回額外18分鐘「只屬於自己的時間」。反之，我們大可以把所有時間泡在電影院，並且讓所謂「閒暇的問題」之類的事折磨我們。我不知道現在的你如何解決那個特殊問題？

註釋

1 譯註：指作者的另一本著作，書名是《Mini》，2009年出版。

2 譯註：即時原則是指材料供應緊密呼應製造需求，有需即有供、需求多少則供應多少，沒有備而不用的庫存，也不會有浪費。這是供與需之間的因果循環關係，所以作者稱之為「業力哲學」。然而這條原則不止坐而言亦起而行，發展成即時生產管理系統，因此作者又稱之為「實踐哲學」。

3 譯註：亦即工「人」已經完全制式化，成為工廠生產「設備」的一部分。

4 〈時間──競爭優勢的下一個來源〉（Time – The Next Source of Competitive Advantage），喬治・史托克著，《哈佛商業評論》，1988年7月。

5 這一項基於時間的創新，確保日本和遠東的其他製造業公司，能夠繼續以美國公司所需時間的三分之一，生產電視機和塑膠射出成型的產品。衡量一家公司成功與否，時間已經取代傳統的財務指標，成為更關鍵的尺度。技術創新與設計方面的領先地位，或許已經從日本轉移到矽谷的數位產業。但是，從最新型的手機到最奢華的書籍，最有效率的大規模生產，仍是亞洲的工廠說了算。

6 將時間與金錢劃上等號的概念，早在兩千年前的羅馬就已經耳熟能詳，而「時間就是金錢」（Time is Money）這句話是在班傑明・富蘭克林（Benjamin Franklin）的《一名老商人寫給年輕商人的忠告》（*Advice to a Young Tradesman, Written by an Old One*；本書出版於1748年，是從他的回憶錄採集而成的）一書出版之後才膾炙人口的。幾年之後，他回憶起1720年代在倫敦當印刷工人的日子，對這句話有進一步解釋。他說：「浪費時間的人，實際上就是揮金如土。我記得有一位高尚的女士，她對於時間的固有價值戰戰兢兢。她的丈夫是一名鞋匠，而且手藝出類拔萃。然而，他從不在意時間如何度過。她向丈夫反覆灌輸『時間就是金錢』的觀念，卻是言之者諄諄，聽之者藐藐⋯⋯」

7 保護國家的天然資源是合情合理的願望，而美國在6年之後加入第一次世界大戰，遂使它成為具有先見之明的必要作為。然而，即便是在當年，讓國家重返偉大的期望，也可能淪為教人厭煩的政治口號。比較有吸引力的信念，顯然是相信過去比現在更加美好。不過，在泰勒和羅斯福總統的1911年，或者在2016年唐納・川普（Donald Trump）的心裡，往日是否比較美好，恐怕很難說。

8 「呎磅」（譯註：物理學上「功」的單位）這種尺度是用來粗略衡量被消耗的能量，同時適用於雙手和雙腳。有一段期間它被稱為「人類馬力」（human horsepower）。泰勒對時間的研究很快就影響到法蘭克・吉爾伯瑞斯（Frank Gilbreth）和莉莉安・吉爾伯瑞斯（Lillian Gilbreth）這對夫妻的研究。他們所應用的心理學以及空間工作方法，最後形成較為精緻的工作場所「時間與動作」研究。籠統地說，兩位吉爾伯瑞斯在勞動力管理研究中引入了更有人性的元素，更關心人力資本的整體潛能（而非只在意輸出），為更具現代形式的人員管理和「人力資源」，鋪好了新路徑。他們也將時間與動作方法應用到自己家中的12名子女身上，詳情請參見他們的傳記小說《12個孩子的老爹商學院》（*Cheaper by the Dozen*）。

9 E.P. 湯普森（E.P. Thompson）的著名論文〈時間、工作紀律和工業資本主義〉〔Time, Work-

Discipline and Industrial Capitalism；刊於1967年的《過去與現在》（*Past and Present*）期刊〕包括一項有趣的調查，是關於工作場所中時間和其他計時機制的分佈及使用情形。他指出在19世紀開始之際，工業化的英國擁有懷錶的工人之多，讓人驚訝；懷錶或許是這些人最有價值、最貴重的財產。然而，在棉花廠和其他工廠，這是往往會被禁止的。與其說是工人們以自己的時間控制產出，時間才是真正的主人。在傍晚的時候，工廠老闆會把時鐘往回調，手動延長了工作日的時間。

10 泰勒建議，在美國的soldiering（打混摸魚）一詞，在英國應改說「hanging it out」，在蘇格蘭則是「ca canae」。

11 卓別林聲稱《摩登時代》是針對大蕭條（Great Depression）以及倖存下來的工作之缺乏靈魂所作的沉思（工廠系列的場景只占了影片的前四分之一），事實是我們可以預見許多觀眾會將它與福特聯想在一起。1923年，卓別林前往底特律的高地公園（Highland Park），拜訪亨利‧福特和他的兒子艾德塞爾（Edsel）。有一幅照片是他們站在一台大機器前面的合照，在電影中這台機器絲毫不會格格不入。

12 凱因斯的其他預言還有一則是這樣的，「到頭來，」他說：「我們都會死掉。」這項預言真的讓人很難和他爭辯。

11

巴茲‧艾德林和他的歐米茄錶：
歐米茄還失落在宇宙中。

販售時間

How to Sell the Time

◎ 一、Vasco da Gama 特別版

我買的天美時（Timex）手錶郵寄到貨了。4天前我在雜誌看見它的廣告，為了買它，我說服自己說：如果我花59.99英鎊買了這一款，就不會再被另一則廣告裡的錶誘惑了。這本雜誌裡面其他廣告頁的手錶，幾乎都比這只貴上幾萬英鎊，有夠誇張吧。這只錶是天美時牌子的Expedition Scout錶款，美國製造，錶身厚重，寬40mm，現在所有款式都是這個寬度。它的米色厚錶帶是尼龍材質的，看起來像油畫的畫布。這款手錶的設計，很多靈感來自軍隊。它沒有繁複的設計：機芯是石英類比式，配上用來設定時間的老式錶冠。它沒有難看的碼錶按鈕或是毫無意義的月相顯示，也沒有透明的錶底讓你可以一眼看見機芯（大概是因為，在這只天美時你能看見的不過就是一顆電池）。它的秒針故意設計成每秒跳動一次，並非平順地掠過錶面。它的錶殼是銅製的，模仿成拋光鋼材的外觀。這只錶沒有鑲嵌寶石或是其他有的沒的，有一個小小的日期顯示，每到2月底必須手動校正一次。它的防水深度50公尺，錶面是阿拉伯數字，有一個扣環，還有一個Indiglo的功能商標，表示你壓下錶冠就能看見發出藍綠色光的錶面，在晚上或是執行危險任務時這項功能很重要。但是我沒有危險任務要執行，也不需要深海防水，或者是機芯發出的奇怪噪音。那個聲音表示我得把它放進抽屜裡過夜，才能悶掉它。如此一來，Indiglo功能就英雄無用武之地了。那麼，我為什麼買這只錶？更有意義的問題是：生活在21世紀的人，為什麼還要再多買另外一只錶？

這些問題困擾不到手錶業或是它們的行銷部門，手錶業忙碌的行銷部門本身就是這些問題的答案。我會買這只錶，其他千千萬萬人也

會買錶，純粹只是因為行銷作祟：我們買到的是隨時隨地都要掌握及顯示時間的需求。我們越不需要買手錶，它們賣得越好。高檔雜誌的讀者總是要先翻過一頁頁廣告才能翻到內文，也都很熟悉這樣的過程，彷彿經歷一場談判拉扯。翻開《紐約時報》吧，那頁面像是響起滴答聲。手錶銷售，還有香水、珠寶和汽車，撐起了印刷媒體的命脈。

打開近期的《Vanity Fair》（浮華世界）雜誌，頭幾頁依序是：

1. 「『傳統』這個說法對我們的工作來說太老套。我們雕塑、繪畫及探索，但是雕塑家、畫家和探險家的頭銜我們都不合適。我們所做的無以名之，因為我們走的路只有一條：勞力士之路。」

2. 「瑞士的汝拉山谷（Vallée de Joux）。幾千年來這裡是一片嚴峻而不屈不撓的天地，1875 年起布拉蘇絲（Le Brassus）小鎮成為愛彼錶（Audemars Piguet）的故鄉，早期的鐘錶匠都是在這裡養成的。在此處他們敬畏大自然之力，在它的驅使之下他們卻能善用繁複的機械工藝，掌握了大自然的奧祕。」（這些文字出現在一幅經過處理的照片上，照片是一輪滿月照亮了黑沉沉的森林。）

3. 「萬寶龍景仰歐洲探險家以及他們對極致精準的需求，推出 Montblanc Heritage Chronométrie Quantième Complet Vasco da Gama 特別版腕錶以表達我們的崇高敬意。它有萬年曆功能，在月相錶盤上佈滿了藍色亮漆的星辰，準確呈現好望角（Cape of Good Hope）的夜空，一如 1497 年瓦斯科·達·伽瑪（Vasco da Gama）首航印度時所見。請前往 Montblanc.com 選購。」（附圖是一名肩上有個背包的男人，正要踏進直昇機。）

　　這些廣告是設計來勾引一般讀者的。至於鐘錶鑑賞家，那些人早就有了好多錶，仍隨時在尋訪新品好加入閃閃動人的收藏之列。針對這些已經上鉤的讀者，廣告就必須走得更深入許多。只有戰爭時期的黑市商人才會想到同時戴好幾只錶，一般情況的話，其他手錶只是在盒子或保險櫃裡的寂寞芳心，或者只是一枚上發條的玩意兒，除了輝煌耀眼和投資潛力，其他時候都是多餘的東西。此外，同時多戴幾只手錶會讓人感到不安：一只手錶能給人滿滿的自信，以為掌握了精確的時間；兩只手錶呢？只要顯示的時間稍有出入，勢必能搗碎這個幻覺。再說到價錢：手錶曾經是不可或缺的用品，如今則是多此一舉。要花上幾萬英鎊買下這樣的東西，真的是需要相當程度的想像力來說服自己。因此這些廣告必須訴求人性的另一面，而它們所採用的手段，是變得明明白白的荒謬和好高騖遠。我曾經有過一次經驗參加鐘錶商的集會，在報名表上留下電子郵件的信箱。當然，我會不斷收到各種展覽廠商寄來的廣告信函，要賣我最新的商品。我總是喜孜孜地點開這些信函：

　　親愛的賽門‧加菲爾先生：

　　法郎維拉（Franc Vila）很高興向您介紹 FV EVOS 18 Cobra Suspended Skeleton 鍍鋁碳纖維腕錶。請開啟附件的宣傳資料，探索本款腕錶更多內容。

　　敬祝 順心如意！
　　歐菲麗（Ophélie）敬上

　　我迫不及待開啟附件，尤其想了解更多「鍍鋁碳纖維」（texalium）的細節。它是很新的材料，連維基百科都還沒有它的條目。這份宣傳資料用一句詩破題：「啊，時間的雙飛翼，且為我懸空靜止」（Oh time, suspend your flight），簡直就是我的菜嘛。「這是法國作家阿爾封斯‧德‧拉馬丁（Alphonse de Lamartine）的詩句，寥寥數字卻蘊涵微言大義，巧妙地一語道盡含有懸空式鏤空機芯的Cobra錶款……為了便於鑑賞內部機械的運作，本款腕錶捨棄錶面，用玻璃取而代之，讓機芯可一覽無遺。當我們的目光停留在鏤空機芯，會領悟它宛如魔法，果然讓時間著魔，彷彿懸空靜止了。」[1]

　　或者你比較喜歡Harry Winston Opus 3，這是由衛安尼‧霍特（Vianney Halter）設計的「交響樂」。衛安尼‧霍特在1977年進入巴黎鐘錶學校（Watchmaking School of Paris）時才14歲。這是一款數字錶，設計靈感來自計算機，費時兩年才製作出原型，共有250組零件，有10片層層疊疊的圓盤，還有47個數字在它們的旋轉軸上以不同速度旋轉，透過6個不同的數字窗或「舷窗」顯示時、分、秒，以及日期。它的數字分為兩行，每行3個。上面一行的左邊與右邊以藍色顯示小時，下面一行的左邊與右邊則是以黑色顯示分鐘，中間垂直一列的兩個窗口是以紅色共同顯示日期。這是計時器的大師傑作，卻也是醜陋與繁瑣兼備，還是很顯然的庸人自擾。這款手錶一共有25只，錶價請自洽。（差不多要1百萬英鎊。）

　　我也收到法國廠商路易‧莫奈（Louis Moinet）的電子郵件。這家廠商成立於1806年，路易‧莫奈正是計時器（或碼錶）的發明人。LM的新品也是老錶，它擁有恐龍化石製成的錶盤。這款侏羅紀腕錶（Jurassic Watch）的所有現代化功能都包含在內部，外觀卻有1億4

千5百萬到2億年那麼古老。這裡說到的恐龍化石是在北美發現的,並且經過瑞士的恐龍博物館認證。它是梁龍的化石,梁龍有長頸和長尾,屬於草食性動物,這一點素食的鐘錶專家應該會喜歡吧。

買錶的理由還有一個:能把歷史穿戴在身上。現代行銷技術擅長說故事,近來連超市的雞蛋都有故事可說了:譬如說它們的孵化之地,是雞驕傲的遺產。在製錶業,當代的說故事大師非布雷蒙(Bremont)這家公司的主人莫屬,這家公司的根據地在英國牛津郡的泰晤士河畔亨利(Henley-on-Thames)。布雷蒙會在它的手錶內包含一件細小的歷史古物,然後再用一段故事幫手錶大打廣告,那故事簡直是英國小說家羅勃·哈里斯(Robert Harris)的水準。他們已經藉由這種作風樹立起自家的招牌。

布雷蒙是在2002年由兩名英國人尼克·英格里緒(Nick English)和吉爾士·英格里緒(Giles English)共同創立的。這家公司在精美的飛行物品製作方面頗有淵源,但是他們也喜愛帶有一點冒險勇氣的事物。所以,在2013年他們推出Codebreaker(解碼員)腕錶,在這個錶款中標榜了布萊切利莊園(Bletchley Park)故事的3個元素:在錶冠上夾帶來自第6室(Hut 6)的一小片松木〔第6室的任務集中在破解恩尼格瑪(Enigma)機器密碼〕。不論是不銹鋼或是玫瑰金款式,它的錶殼側面都會特別放上一小段電腦打洞卡,在錶背更融入一小薄片的轉子(rotor),乃是取自原始的德國恩尼格瑪編碼機。這款錶的起價是12,000英鎊。

為了反映英國早先的一段足智多謀時期,另一款錶特別選用打過1805年特拉法爾加海戰(Battle of Trafalgar)的一小塊木材與銅材〔英格里緒兩兄弟在納爾遜(Horatio Nelson)將軍的英國皇家海軍

「勝利號」（HMS Victory）定期維修保養時一眼看出機不可失，和船主進行了一筆交易〕。[2]接下來有一款布雷蒙腕錶則是融合了一件改變人類生活的材料：那就是1903年12月17日萊特（Wright）兄弟所駕駛的第一架重於空氣（heavier-than-air）動力飛機。歐維爾（Orville）和威爾布爾（Wilbur）兩兄弟在北卡羅萊納州的奇地‧霍克（Kitty Hawk）附近一天飛行4次，人們可能會認定他們的飛機「萊特飛行者號」（Wright Flyer）很快就會成為一件神聖不可侵犯的歷史古物，如同勝利號和布萊切利莊園的第6室一樣，任何一小部分都不可能被變賣或回收。事實不然。直到1948年為止，萊特飛行者號都在倫敦的科學博物館（Science Museum, London）展示，如今則停放於史密斯森尼恩學會（Smithsonian）旗下位在華盛頓特區的國家航空與太空博物館（National Air and Space Museum）。[3]但是，就在初次飛行和1916年首次公開展示之間的某個時候，這對兄弟移除了覆蓋在雲杉木機翼上的穆斯林細布，改以其他比較新鮮、乾淨的材料替換。布雷蒙向萊特兄弟的家族買到原始的穆斯林細布，於是現在它來到了Bremont Wright Flyer Limited Edition 腕錶的錶背，就是玻璃下方小小的那一片布料。多美妙的腕錶啊，偉大的歷史就佩戴在區區手腕上。我這搖筆桿的天美時手錶主人，真的也想要有一只那樣的錶。不過，應該不是掏出29,500英鎊去買吧。

再來是文化遺產理由，這是廣告專打死穴的招式。數百年來，為您製造這些手錶的工匠們累壞了多少隻眼睛，如今身為品味高尚的閣下，想必不會摒棄如此精緻的傳統，草草翻閱Argos的型錄就選購您要的商品吧。[4]在瑞士首都伯恩（Berne），從月色未明之際開始，我們就已經在這狹小的工作間為您打造無價的錶款。為您珍貴的收藏再

添新員，此其時矣。然後是寶璣（Breguet）〔或者會標示為「寶璣，始自1775年」（Breguet depuis 1775）〕，在他們華麗的牛奶咖啡色調廣告上，用引言製造了和文學的連結：「在林蔭大道上的花花公子……信步晃蕩，直到永遠盡忠職守的寶璣提醒他，當下已是正午時分。」〔亞力山大・普希金（Alexander Pushkin），《尤金・奧涅金》（*Eugene Onegin*），1829年出版。〕或者是：「他抽出史上最賞心悅目的寶璣錶。真想不到，11點鐘，我起得早了。」〔奧諾雷・德・巴爾札克（Honoré de Balzac），《歐琴妮》（*Eugénie Grandet*），1833年出版。〕現在我們會說這是置入性行銷：「他的背心口袋懸掛著一條精美的金鏈子，一眼就能瞧見扁平的懷錶。他玩弄著『棘輪』發條鍵，那可是寶璣新近才發明的。」〔奧諾雷・德・巴爾札克，《攪濁海水捕魚的女人》（*La Rabouilleuse*），1842年出版。〕透過引用文學大師的巨作〔這一系列的其他廣告裡還有史湯達爾（Stendhal）[5]、薩克萊（William Makepeace Thackeray）、大仲馬（Alexandre Dumas）、雨果（Victor Hugo）以及臚列最出名的主顧〔瑪麗・安托瓦內特皇后（Queen Marie-Antoinette）、拿破崙・波拿巴特（Napoleon Bonaparte）和邱吉爾〕，這個品牌誘引著我們聯想：在這代代相傳、綿延不絕的英雄偉人之列，或許也有我們的一席之地，口袋夠深的話。

◎ 二、歡迎光臨巴塞爾世界

時至今日，很少鐘錶廣告會覺得有需要強調計時的議題，或者是那些會占據老祖母心思的大事，像是品質可不可靠啦或多久保養一次

等等。反之，現在的廣告主要都是在訴說著驚奇與冒險。這些驚奇與冒險常見的形式，是人類對抗大自然天氣的挑戰，或者是人類實現了終極的目標。比如說，參加美洲盃帆船賽（America's Cup）時戴的手錶、你打贏7次大滿貫網球賽（Grand Slam）時戴哪只錶。在行銷廣告的世界裡，有洋溢著詩情的天文學、嚴峻而不屈不撓的天地，準確只是基本門檻，而且準確的程度早就超乎地球上任何人手腕那個玩意所需要的。事實上現在還有誰需要手錶來告訴你時間？你還有其他千百種可靠的方式能知道現在幾點鐘。報時這檔事，當初是從教堂和市政廳開始的，然後到了工廠和鐵路，如今呢？經由電晶體的動作、原子物理學以及衛星，已經變得萬無一失而且無所不在。這個世界，這個電腦計算的世界、導航的世界、金錢的世界、徹底工業化的世界，以及對於浩瀚宇宙滿懷探索熱情的世界，在在都需要精準的計時，卻無一必須仰賴某個人注視著鐘錶。然而，我們已經被制約，依舊會習慣性地看錶。我們被制約到什麼程度？制約到連全球最大的科技公司最近都決定要跳下來，製造自己品牌的手錶。[6]還有，制約到全世界最知名的鐘錶商每年都要齊聚在瑞士的巴塞爾（Basel）。巴塞爾世界（Baselworld）這個鐘錶珠寶貿易展覽會場的規模有機場那麼大，鐘錶商在這裡推出他們光彩奪目的新品，現場的氣氛何其無拘無束、財大氣粗。即便他們所販賣的是我們已經擁有而不需要再添購的商品，我們仍然知道那同時也是我們永遠都樂於再多買一次的東西。我們就是被制約到這種程度。為何要再買？因為有些人想要用響叮噹的行頭來定義自己的地位，這樣的行為從英國的亨利八世（Henry VIII）國王開始就有了。衣著光鮮體面、口袋飽滿的人，現在已經不會一身珠光寶氣，尤其是在上山下海的場合。於是，全憑一只手錶，

所有願望和期待一次滿足。2015年初，愛彼錶博物館的負責人塞巴斯蒂安・維瓦士（Sebastian Vivas）坦承並不畏懼Apple Watch，真正令他害怕的是，有一天人們能接受佩戴寶石「卻不需要計時功能當藉口」。

　　就像音樂及時尚，手錶的設計也是深受變化多端的品味左右：前一個10年我們才垂涎沉甸甸的手錶，下一個10年我們卻喜歡超乎細膩的優雅。教人驚訝的是，即使到了數位時代，手錶仍然能夠證明自己是永遠不可或缺的工具（或者被當作不可或缺的工具賣給我們）。在行銷術、消費主義和炫耀之外，當然還有一個答案，那就是「我的薪水和紅利讓我買得起這件荒謬的首飾，而且我也相信廣告說的，它能表現我獨到的人品、展現出我對精緻事物的鑑賞能力。」科學歷史學家詹姆斯・葛雷易克（James Gleick）觀察到，人類的分析能力與資料處理相遇只有兩次，一次在大腦，一次在手錶。這是他在1995年時提出的觀察。他寫道：近年來手錶擴充了它們的能力，雖然往往是以一種笨重、像盒子般的形式，但它們能從事高度計、深度探測和指南針的工作，還能「通知你約會……監視你的脈搏和血壓……儲存電話號碼……播放音樂」。[7]如今，我們過度製造和小型化的能力已提升到了新的水準：這個小物件曾經只專注於顯示一項重要的資訊，現在也能顯示56件沒那麼重要的事。[8]過去，你必須一天上兩次發條，你的虛榮心繫於它的精確性：它越接近教堂的鐘聲，你越自鳴得意。在現今的忙碌世界來說，上發條太花時間了，所以我們不必再做這種工作。這在鐘錶業的意義相當於洗碗機，你只需要在普通的日常活動中擺動手臂，螺旋式的主發條就會自動供應動力給驅動系統，而時針分針即可確保其精準無誤。

　　手錶的蓬勃發展還有另外一個理由，這個理由超出自我感覺良好的固有慾望。打從15世紀的某個時候開始，報時一向是我們在機械和技術上表現得心應手的方法。手錶或許是你可以在職場同事面前炫耀的物品，可是它也能代表更宏偉的天文學意義：我們已經實現了工程上的豐功偉業，藉由這樣的成就，我們眼中的滿天星斗秩序井然，我們對於時間本質的領悟也頗有進展。一開始的時候我們使用鐘擺，然後它演變成擒縱機構，如今又化為一具奇妙的裝置，小巧輕盈而且優雅無比，規範著我們的狂亂世界。我們建立了這個世界，而它加速運轉以致幾乎脫離我們的控制。這世界有很大一部分是靠鐘錶創造出來的，鐘錶的能力蘊涵了我們的命運，使我們遠離天意無所不在的線索。或許一只精準的手錶可以暗示我們仍然在名義上掌握著一切；然而，一只更昂貴、更稀有、更密實、更輕薄以及功能更複雜的手錶，是否就代表我們比其他人或者比從前更能掌控局勢？廣告商就是會讓我們這麼想。

● ● ●

　　巴塞爾世界這個名稱取得很好，它確實是自成一個世界。巴塞爾世界是每年3月在巴塞爾舉辦的鐘錶珠寶展覽，會場占地14萬平方公尺，是多層次的展覽廳，參展的品牌大多數均在內部建立起自己的王國。例如，2014年我曾到此參觀，見到百年靈（Breitling）在攤位上方建造了一座龐大的長方形水族箱，裡面放養數百種熱帶魚。這種作法沒有理由，有錢人就是任性。它也不算是攤位，而是「樓閣」。在展館的其他地方，可以見到天梭表（Tissot）和帝舵表（Tudor）在

產品的上方築起巨牆，牆面上是閃爍不已的迪斯可燈光，泰格豪雅（TAG Heuer）在他們的樓閣前面安排一組工作台，有一名鐘錶師現場作業，示範在眾目睽睽之下製錶工作是如何倍增艱難的。如同賽車迷喜歡偶爾看到撞車，泰格豪雅的粉絲也站在四周不走，等著看那位鐘錶師在地毯上掉根螺絲。

　　我拼了命擠進宇舶錶（Hublot）的會議，與會的是約瑟·莫林厚（José Mourinho），當時他仍是切爾西足球俱樂部的經理，也是宇舶錶最新一任產品大使。每個手錶品牌都需要產品大使，即使這些大使在人生事業最登峰造極的時刻，並非經常佩戴該品牌的手錶，這也不會是品牌公司最在意的事。足球明星里昂內爾·梅西（Lionel Messi）和基斯坦諾·羅納度（Cristiano Ronaldo）分別和愛彼錶還有Jacob & Co.簽約，宇舶錶在莫林厚之外，還有世界最快的短跑選手尤塞恩·波特（Usain Bolt）。百年靈有明星約翰·屈伏塔（John Travolta）和足球明星大衛·貝克漢（David Beckham）、萬寶龍有明星休·傑克曼（Hugh Jackman）、泰格豪雅有明星布萊德·彼特（Brad Pitt）和卡麥蓉·狄亞茲（Cameron Diaz）、勞力士有瑞士網球名將羅傑·費德勒（Roger Federer）、萬國錶有明星伊旺·麥奎格（Ewan McGregor）、浪琴錶有明星凱特·溫斯蕾（Kate Winslet）。最積極將品牌行銷成源遠流長、具有跨世代價值的百達翡麗，迴避了詢問像是歌星泰勒絲（Taylor Swift）或是其他流星型明星為他們代言。相反地，他們倒是慶祝另一個時代的顧客名單，這份名單是從維多利亞女王開始的。

　　莫林厚才剛從切爾西在寇巴漢（Cobham）的訓練基地飛來巴塞爾。他身穿灰色雨衣，裡面是灰色喀什米爾針織毛衣。他在輕微掌聲

中接下贈送給他的手錶，然後發表簡短談話，說到他長久以來都是宇舶錶的粉絲，也算是「宇舶家族」的一份子，然而現在他才正式進入了這個家族（也就是說他已收下銀行匯款）。他收到的錶款是King Power "Special One"，手錶大如拳頭，是以18克拉「王金」（king gold）和藍碳（blue carbon）製成。它是自動上鏈的Unico機芯Flyback手錶[9]，內含300件組件，錶殼48mm，這些全都可以在錶面一覽無遺。它搭配藍色鱷魚皮錶帶，錶面鏤空，可儲能72小時。這款錶共有100只，每只售價44,200美金。它的簡介資料就像是在說莫林厚：「這款錶霸氣外露……堅毅的外表下隱藏著內在的天才。」令人驚訝的是：它竟能同時兼備豔麗與猙獰於一身。快打電話去問問還有沒有貨吧！

　　宇舶錶的King Power系列最奇怪的一點並不是它的外觀看起來活像裝甲坦克車，而是它並不準時。美國的流行雜誌《WatchTime》曾經以它的早期款式進行測試，發現它每天會快1.6到4.3秒。你花這麼大筆銀子買到一只瑞士錶，絕不會希望它發生這種事。我的天美時Expedition Scout比它強多了，它每個月只會慢18秒，或者換算成1年是大約4分鐘。1年差4分鐘，對我的生活來說不痛不癢。你可以在4分鐘跑完1英里，但是要逛完巴塞爾世界鋪滿地毯的走道，需要的時間可長得多。由於我的荷包只裝得下天美時，容不下宇舶錶大駕，我在展場的大部分時間都是花在觀看行銷，這也是讓我跑來這裡的第一個理由。我特別喜歡的是瑞士國鐵錶（Mondaine）Stop2go的文案。如同瑞士國鐵錶的大多數錶款都是以瑞士的火車站大鐘作榜樣，Stop2go也是。不過這一款錶的設計，是先快跑58秒，然後在錶面的頂端停留兩秒才繼續移動。盯著這一款錶直看，真的是件很不安的

事，時間確實靜止不動了。但是，我也被它所附隨的宣傳標語難倒：「兩秒鐘對你的意義是什麼？」

在維氏（Victorinox）瑞士刀的攤位，有一位先生說，他的手錶正反映出和瑞士刀相同的特質，也就是既好用又可信賴。今年這個品牌的「英雄」錶款是Chrono Classic，它「完全是關於長的和短的」。它的能力，既能容納萬年曆，也能做到百分之一秒的計時。可是，對於徘徊在獨立品牌MCT攤位四周的人群來說，這一切都太老生常談了。他們正歎服的是MCT的Sequential Two S200錶款，這一款錶非常清楚表現出受夠了傳統用指針指示時間的作法。它所推出的方式，小時數是「以非常大款的4個區塊顯示，每一個區塊則是由5個三角柱組成」。小時數「透過開啟的『窗口』顯示，相當清晰易讀；其他部分則是以一個有缺口的圓環形機件遮住，該機件每60分鐘會以逆時針方向旋轉一格」。有一件事很清楚：此時你要問「為什麼？」這種問題是毫無意義的，就像你也不必問畢卡索「為什麼？」。

雖然這些品牌大多數是針對過度爭強好勝的男人，那些行銷上的扯淡也是同樣歡迎過度爭強好勝的女人自投羅網。愛馬仕（Hermès）的Dressage L'Heure Masquée錶款「為您準備一個『大逃逸』的恆久機會，並且僅握住真正重要的時刻」。在Fendi呢，它將「皮草帶向巔峰，那是近百年來從未有人探索過的境界……珍貴的雙色貂皮錶帶」。Fendi的Crazy Carats錶款呈現「3種類型的寶石，可隨您當下的心境而定」。在Christophe Claret，Margot錶款模仿雛菊，「是獨一無二的專利多功能錶，將要偷盡世間女子的心：首先它給您全世界！只需壓下兩點鐘位置的按鈕，這款腕錶會即刻生機活現，如同隨順大自然的奇思幻想，一次藏住一片花瓣，時而兩片，殊難逆料」。

再來，還有杜比蕭登錶（Dubey & Schaldenbrand）和它的Coeur Blanc錶款。這款錶的兩根指針位於鑽石構成的圓環內，這一圈鑽石「狀似飄浮於錶面，並沒有任何零件將它們固定，而是這款腕錶本身的誘惑之力讓它們不離不棄」。它們「擁抱錶殼的側面環帶，與附件合而為一，在錶冠上閃耀如明星，隨後在錶帶環扣處有了光彩奪目的收尾」。

　　我也有了一個目眩神迷的心得：這些手錶都有個共通之處，而且超乎它們的成本、錯綜複雜和瘋狂。不論我走到哪裡，所有手錶顯示的時間都差不多一樣。它們顯示的並不是準確的時間，那太困難了。這個嶄新的展覽廳中，空氣不流通，到處佈滿虛假的樓閣。正確的時間是什麼？既然這裡充斥著用金錢吹噓出來的輕浮飄忽，何必還要強加一個時間架構，去破壞這樣的幻象？反之，展場裡的錶幾乎都是卡在10點10分左右。為何是這個時間？設在10點10分的錶看起像在「微笑」；它讓錶面上的3點鐘可以空出來，那是日期常見的位置；它也可以形成一個看起來順眼的平衡畫面，確保兩根指針不會重疊或是遮住錶面頂端的製造商名稱。天美時把促銷的錶款設定在10點9分36秒，不過，1950年代的廣告則是顯示8點20分。10點9分36秒這個時間是故意設定的，為了避免讓錶面看起來像情緒低落和眉頭深鎖。現在他們也致力於將寄給顧客的錶都設定在10點9分36秒，如果是提前6秒，設定在10點9分30秒，會妨礙他們所謂的手錶功能的「第二語言」，包括Indiglo照明和水壓深度。瑞士國鐵錶選擇10點10分整，勞力士喜歡10點10分31秒，泰格豪雅是10點10分37秒，Apple Watch的類比和數位錶面都是10點09分30秒（它以前的iPhone廣告一向習慣使用上午9點42分，這是史蒂夫‧賈伯斯在加州首度發表

iPhone的時間）。2008年，《紐約時報》針對這項趨勢進行過一次流行現象的科學調查，發現在Amazon網站上的前一百大暢銷錶款，除了3只例外，其他的差不多都是設定在10點10分左右。他們也在自家的雜誌上發現有一款Ulysse Nardin手錶，時間是設定在8點19分（該公司的一名主管解釋說，他們這家瑞士公司並無意改變世界，純粹只是因為這樣比較能夠清楚呈現日曆）。勞力士錶的星期／日期位在錶中央的，不會有妨礙顯示的問題。不過這裡還有其他規則：勞力士世界的手錶都是顯示28日星期一，過去如此、未來可能也是。

●●●

　　在天美時的攤位，完全都是生活風格取向。有一些照片是歡樂的人們圍著營火坐著，再加上「戴得好」和「走出去」等等標語，此外還有這個品牌「秋季新款上市」的相關資訊。這些宣傳廣告活動和這個品牌於1950年代剛起家時的那些，顯然很不相同。當時有一則電視廣告，內容是在箭尾束上一只錶，然後射穿一片玻璃（標語：「就算撞到會痛，天美時永遠會動」）。另一則廣告是打出一個斗大的標題：「震撼！」接著是特寫一名拿著大鎚的男人：「天美時能成功承受和撞牆一樣的力道！」然而，我最喜歡的廣告其實並不是廣告，而是一份很出色的宣傳資料。1981年5月，《波士頓環球報》（*Boston Globe*）的頭版報導，紐約有一名男人在街上遭遇搶劫時，把整只天美時手錶吞到肚子裡去，5個月後那只手錶才從他的胃裡拿出來。外科醫生很高興地宣佈，由於在胃裡面又黑又晃，這只錶的時間已經有一點不準，不過，它還是在動。

　　閒逛過後，我走進一間大廳的開幕記者會。在眾多體面人士魚貫而過的盛大遊行之後，接下來的活動如同重演特洛依（Troy）戰爭的大獲全勝。每一位致詞的人都是經過了大量時間的梳妝打扮，而且人人都帶來各自的好消息：今年的展覽是史上最大型、最輝煌、最自以為是、最厚臉皮自吹自擂的鐘錶與珠寶大展，一切的一切都匯集在這裡，為我們歡呼吧！各位真是幸運，能夠躬逢其盛！顯然有4千名記者參加了這場展覽，幾乎可以確定比報導兩次世界大戰的記者還多。大概有十分之一的記者正在這個開幕致詞和投影片簡報的大廳。他們之中有許多來自遠東國家，耳朵裡塞了翻譯機。有一份投影片簡報說：瑞士在2013年的手錶出口總值是218億瑞士法郎，比前一年上升1.9%。它上升的趨勢銳不可當，比起5年前，出口總值高出了86億瑞士法郎之多。此外，廉價瑞士錶的趨勢則是走下坡，售價200瑞士法郎的手錶下降了4.5%。但是在高檔手錶方面，也就是真正重要的這一部分，一切都好極了：售價3,000瑞士法郎以上的手錶，成長了2.8%。

　　那是2014年。一年之後，氣氛轉為陰沉。在瑞士的上空有烏雲籠罩，Apple Watch的威脅只是其中一部分，全球金融的不安全也是必須抗衡的對象。瑞士法郎很強勢，代表價格看起來更貴。來自中國和日本的需求下滑，香港的市場幾乎陣亡，盧布的波動衝擊了俄羅斯的訂單。歷峰集團（Richemont）在最近的利潤報告中提到不太尋常的事：獲利維持平盤；然而已往他們都是用獲利增加的消息來問候股東。真力時（Zenith）這家19世紀的瑞士錶品牌，如今隸屬奢華商品集團LVMH旗下。真力時的一名執行長告訴《金融時報》（*Financial Times*）：「現在已經是一片混亂，沒有人知道還會發生什麼事。」

　　但是其他鐘錶商的態度就輕鬆多了，對於一個超過兩百年來獲利不斷成長的產業來說，這種態度是合適的。他們相信：瑞士稍微喝點水並不為過，然而瑞士終究會雄姿英發地浮出水面。他們以不可思議的工程為全世界製造了美妙的產品，這世界會持續陶醉在它們的精緻與複雜之中，不會質疑任何瘋狂的設計。瑞士生生世世都會以我們從不需要卻又渴望不已的方式，賣時間給我們。即使是在像素化的世界，很多地方仍然需要傳統和技藝。佩戴機械式的手錶就是能讓我們感到更有人性，這是我們永遠都想要的感覺。所以，先不要慌，它不像1970年代的石英危機，或者其他像它一樣的洪水猛獸。[10]

◎ 三、瑞士錶大反攻

　　1975年9月，在《鐘錶學期刊》（*Horological Journal*）上有一則封面廣告，近距離特寫一只鍍鉻的星期／日期電池動力天美時手錶，握在一隻手的拇指與食指之間。它的廣告詞這樣說：「石英錶問世，價格令人不敢置信」。廣告裡沒有關於經久耐用的噱頭或驚人成就，也沒有弓箭、玻璃或是大錘。倒是有一張小小的標籤懸掛在手錶的一側，上面有手寫的價格：28英鎊。

　　它並不算便宜（當年的28英鎊差不多相當於2016年的250英鎊），但是以它的保證來說，也就是保證比所有瑞士製造的手錶都還要準時，這只錶可說是物有所值。《鐘錶學期刊》是1858年創刊的產業出版品，1975年9月這一期有一篇文章稱那只手錶是「10年來的便宜手錶」以及「鐘錶學歷史上的里程碑」。

　　「它的準確性可讓它躋身市場上中高階產品的地位，而它的零件

更換容易，是鐘錶匠的夢幻逸品。」在顧客方面它也是大有斬獲：「當今的顧客對手錶的要求是什麼？風格、容易判讀、準確和合理的價格？天美時 Model 63 Quartz 一應俱全。」它最了不起的地方，是採用石英這種材料。石英是一片細小的水晶，以電池供應動力之後，能以高速而且固定的頻率共振。這個穩定的信號接著會被傳送到一具振盪器，它是一組電子迴路，用以調節齒輪，進而轉動手錶的指針。這一型機芯大約在1920年代就已經出現了，卻直到1960年代晚期才由日本的精工錶（Seiko）和卡西歐（Casio）製造出小型化的原型。它的價格並不親民，雖然在1970年代早期石英確實令人感到興奮及新奇（這個精密切割岩石的構想打發了有數百年歷史的發條與儲能機芯，同時也能達到近乎完美的報時），因而吸引很多收藏家前往日本和美國，不過在早期他們可是必須花上幾千美金才買得到產品。但是，現在透過天美時以及它在美國的主要對手寶路華（Bulova；這家公司開發出的Accutron錶款配有調音叉頭，放在準確程度遠遠達不到標準的振動平衡擺輪位置），它們的大量生產與行銷潛力，使電子錶象徵了哲學的改變。1975年時新款的天美時石英錶能以每秒49,152次循環的頻率振動，再以一組微電路將頻率分割，用來驅動指針。秒針的每一步需要三分之一秒，在外觀上石英錶和一般手錶沒有不同，但它是一只固態手錶。稱它為「固態」是因為它缺少會移動的零件，它是將石英的振盪轉化為電子脈衝，驅動微小的電子燈，也就是照亮錶面部分的數位顯示燈。它還有很快就會在戲院裡毀掉美好夜晚的小鬧鈴，它的出現簡直是個徵兆，讓日本人與美國人認為自己預見了未來。

新式的手錶也代表另一個現象：那就是以大眾技術為基礎的消費主義，已經看見了黎明。將1秒再加以細分的計時方式本來是物理學

家和技術人員的獨門絕招，現在卻普及到社會大眾。要說從機械世界
到電子世界的巨大轉變，還有什麼象徵符號是比它更貼切的？

　　瑞士人如何回應這場混亂？他們在否認與恐慌之間來回振盪。
1970年到1983年之間，瑞士錶的市占率從50%掉到15%，裁員超過一
半。警報早在1973年就已經發出了：那一年天美時在全世界賣出將近
3千萬只錶，比起1960年的8百萬只，成長驚人。3千萬只錶差不多是
瑞士人賣錶能力的一半。這些錶只是沒有鑲嵌珠寶的機械玩意，它們
有點笨拙、有點嘈雜，還會在一天之內隨隨便便就快幾分或慢幾分。
但是，每只錶只消美金10元就能買到，在買家眼中它們是可用完即丟
的東西。到了1970年代中期，多虧了石英，要在競爭中拿下瑞士是輕
而易舉之事。[11]

　　然而，在1980年代初期，滅亡之日迫在眉睫之際，瑞士以新的哲
學，以及一款塑膠製、更便宜、用石英及電池驅動的手錶反攻了：它
是Swatch。Swatch就從它的名稱開始，為瑞士錶找回了色彩、熱
情、年輕活力與輕鬆好玩（天知道這個沉悶到發霉的產業需要它）。
接下來是一系列信心滿滿的行銷，讓每個小毛頭為它流口水。Swatch
的Pop系列讓收藏手錶也是年輕人能力可及之事，它的成功讓瑞士錶
看起來像是一點麻煩都不曾遇過。讓我們來看一段有關電子錶的精闢
之論，它說得一氣呵成又精彩萬分（雖然說不上完全精確）。英國劇
作家湯姆·史達帕（Tom Stoppard）的劇作《真情》（*The Real Thing*,
1982）是關於對事業的忠誠與奉獻。它的第一幕場景是劇中劇，劇中
角色麥克斯（Max）是一名輕微酒醉的建築師，懷疑他的妻子並非如
她自己所說，是到瑞士旅行回來。他思考「Basel」這個字的正確發
音，說道：

你知道瑞士錶嘛，百分百可靠。它們的可靠不是走向數位化，我很佩服這一點。他們知道數位化只是個騙人的圈套。我記得數字錶剛出來的時候，你必須用力甩手才行，好像要把溫度計甩回起點一樣。而且，你只能在東京才買得到。大家還在數字錶上到處找15顆寶石的機芯，然後開始在市場尖叫什麼「齒輪已死！」但是人家瑞士人就是不慌不忙。事實上他們自己也做了幾只數字錶，這是個假象，好吸引日本人更進一步陷入泥淖，他們自己則是繼續算著銀行戶頭裡的數字。

史達帕認為數字錶的生命屈指可數，他用了一個隱喻：「像內建了自毀機制」。可是，如今Swatch錶正是紮紮實實建立在石英之上的，而且成為這一行最有影響力的大咖，2014年Swatch的銷售毛額超過90億瑞士法郎。Swatch集團是全球最大的鐘錶公司，它旗下的品牌多的是曾經令人聞風喪膽的，像是浪琴錶、寶珀（Blancpain）、雷達表（Rado）、海瑞溫斯頓（Harry Winston）和寶璣等，寶璣還是宣稱在1810年製造出第一只腕錶的公司。[12]

◎ 四、在這裡找到罪魁禍首

1996年5月，以倫敦為根據地的廣告代理商理戈斯・狄連尼（Leagas Delaney）宣佈又爭取到一筆全球性大生意。他們已經和哈洛德（Harrods）百貨公司及保時捷汽車簽了合約，現在更將高檔鐘錶公司百達翡麗也納入他們的客戶名單中。根據《廣告活動》（*Campaign*）雜誌的說法，這筆交易價值1千萬英鎊。這場競爭是硬仗，廣告同行對手包括百比赫（Bartle Bogle Hegarty）和上奇（Saatchi）兩家公司。理戈斯・狄連尼贏得這家客戶時，某位高層說：「這次爭取行動讓我們全公司興致高昂，能獲得這筆生意真是教人激動萬分。」

發佈這項消息的新聞稿指出，百達翡麗對於自家公司的手錶極度小心謹慎，以至於在過去150年裡賣出的錶，還比勞力士1年生產的少。這是好事還是壞事，我們並不清楚。我們也不知道百達翡麗是否迫切等候新的廣告宣傳活動，藉以縮短雙方的差距。新公司最早的廣告中，有一幅廣告的照片是特寫一名男人坐在鋼琴前面，他的大腿上還有一名穿著睡衣的小孩。你看不見大人或小孩的面目，你也看不到手腕。所以說，當然也看不到手錶。廣告中唯一的手錶是放在文案的下方，文案的內容篇幅有一大片，占據廣告的下半部。「開始屬於自己的傳統，」廣告文案的開頭是這樣寫的：

無論百達翡麗推出何等創新，每一只手錶仍堅持以手工製作。編號5035的男用Annual Calendar錶款，是史上第一只自動上鏈日曆腕錶，僅需每年重新設定一次。由於百達翡麗的獨特作工，每一

只錶都是絕無僅有的藝品。或許正因為如此,有些人深感沒有人真正擁有百達翡麗,你只是在為下一代守護。

　　這一則新廣告的最後兩行經過改寫之後獨立出現,產生了新的變化:「沒有人真正擁有百達翡麗,你只是在為下一代守護。」(You never actually own a Patek Philippe. You merely look after it for the next generation.)這兩句話命中要害,從此變成最出名的廣告詞之一,已經20年未改(紀錄仍在延續)。這段廣告詞也翻譯成法文,或許沒有英文版的修辭來得優美:

Jamais vous ne posséderez complètement une Patek Philippe. Vous en serez juste le gardien, pour les générations futures.

　　2011年,《創意評論》(*Creative Review*)雜誌請教產業專家,請他們評選最歷久不衰或最有巧思的口號,他們選出的結果令人大開眼界,從「我愛紐約」(I Heart NY)、「帶給你其他啤酒沒有的通體暢快」(Refreshes the parts other beers cannot reach)和「買豆子就找亨氏」(Beanz Meanz Heinz)到「小心說話,平安無事」(Careless talk costs lives)、「保持冷靜,繼續前進」(Keep calm and carry on)和「顧名思義就對了」(Does exactly what it says on the tin),範圍包羅萬象。《創意評論》的專欄作家兼廣告文案自由作家高登・康史塔克(Gordon Comstock)選擇的是連鎖百貨公司約翰・路易斯(John Lewis)的「絕不故意拼低價」(Never knowingly undersold)、《獨立報》(*Independent*)的「本報獨立,

你呢？」（It is. Are you?）和Nike的「Just do it」（做就對了）。但是，他的名單榜首正是「沒有人真正擁有百達翡麗，你只是在為下一代守護。」。康史塔克解釋選擇它的理由：「那個品牌每一年都會以不同照片搭配這段廣告詞，還付給理戈斯・狄連尼1百萬英鎊。它大概也值得……在標題上連用兩個副詞，這位作家夠自信。」[13]

　　這位夠自信的作家是提姆・狄連尼（Tim Delaney），也是英國廣告界最偉大的名字之一，有許多人認為他堪稱世界前十大廣告文案作家。狄連尼入行當信差的時候是15歲，1980年開始他就擁有自己的公司，為索尼、飛利浦、Timberland、格蘭菲迪（Glenfiddich）、英國地形測量局（Ordnance Survey）地圖、巴克萊銀行（Barclays）、《衛報》（Guardian）、伯蘭爵（Bollinger）、現代汽車（Hyundai）、BBC（英國廣播公司）、TUC（英國總公會）、愛迪達，以及英國工黨等機關團體和公司做廣告。當他在2007年加入「唯一俱樂部」（The One Club；於紐約頒發的終身成就獎），有一段獻詞是狄連尼的前同事馬汀・高譚（Martin Galton）所說的：「在一個不流行冒險犯難的年代，當我們都在單調乏味的汪洋大海中游泳，這個世界比任何時刻更需要提姆・狄連尼。」他的公司為Timberland所做的廣告中，有一則包括一張照片，是一名盛裝的美國原住民，此外還有一段文案：「我們偷走他們的土地、他們的水牛和他們的婦女。然後，我們為了他們的鞋子回來。」理戈斯・狄連尼寫了這行文案：「哈洛德只有一間，特賣只有一次。」[14]還有，1980年代推廣全英房屋抵押貸款協會（Nationwide Building Society）的廣告文案說：「如果你想知道銀行如何變成世界上最有錢、最有權力的機構，今天就走進紅色這間。」[15]

隨著百達翡麗的廣告變成人盡皆知,「世世代代」(Generations)廣告活動使用賀伯・瑞茨(Herb Ritts)、艾倫・馮・昂維斯(Ellen von Unwerth)、瑪麗・艾倫・馬克(Mary Ellen Mark)和佩姬・瑟羅塔(Peggy Sirota)等人所拍攝的照片,然後展示這類模擬的時刻,例如:父親和兒子令人嚮往的釣魚之旅、在東方特快車上一同旅行的父親和兒子,以及父親教兒子如何打領帶;此外也有母親和女兒在家居生活的小奢侈中開懷而笑。這些廣告大多讓我感到噁心想吐,我也寫電子郵件告訴狄連尼我的感受。

我告訴他,我的興趣是了解如何把手錶賣給根本不需要的人,我也很欣賞他所做的百達翡麗廣告。我還告訴他,那些完美家庭和他們的矯揉做作讓我很火大,「很想對那些大人狠狠巴下去。然而更嚴重的問題是,那些廣告害我很想也買一只那麼精美的手錶。」

我也告訴他,我很有興趣討論那個廣告活動的概念和意圖。「為什麼它們這麼有效?廣告的效果會持續到照片裡的孩子們長大成人,然後把手錶傳給他們的孩子嗎?我們都會死翹翹,但是那些家族會繼續照顧手錶並且傳給下一代。這真是太神奇了!這就像是查理・考夫曼(Charlie Kaufman)的電影。」[16]

狄連尼樂得和我聊天。他解釋說:其他知名品牌的手錶,絕大多數都是從家族所有,轉手到企業集團手中。他的意圖一直都是想要強調:百達翡麗始終如一,都是留在同一個家族裡。這些廣告之所以成功,是「因為在公司本身、在家族的擁有權、在設計精神,處處都有的連續性。每一只百達翡麗手錶都有它的來歷和淵源,不是突然從天上掉下來的」。

大多數廣告公司都一樣,開始為新客戶工作的時候,理戈斯・狄

連尼也花時間查閱已往的廣告，找出他們相信有效和無效的部分。此次廣告強調已往的手錶主人，例如維多利亞女王、愛因斯坦等。狄連尼他們進行了一些特別有用的研究：「如果你拿那樣的廣告給美國人看，他們自然而然的反應是：『喔，那我呢？』所以產生了「開始屬於自己的傳統」，接著它又產生了我們現在的文案。」

狄連尼是在飛機上想到「開始屬於自己的傳統」這個點子。他說，他採用「沒有人真正⋯⋯」這句話，然後融入標題。但是，他不記得公司裡原創的作者是誰。「有很多人都說是自己，」他說：「邀功的人總是很多。」

這則廣告出現在《Esquire》（君子）、《GQ》（瀟灑）和《經濟學人》（Economist）這些雜誌的封底，牽動了讀者的責任感以及家族義務，尤其是創建王朝和留下遺產。它和其他奢華商品的廣告一樣激勵人心，但是這一則廣告訴求的是口袋裡有現錢的人，讓他們渴望成為口袋裡的財富能具有歷史感的人。當然，這則廣告成功的關鍵在於一個扭曲的概念：沒有百達翡麗錶的人為了滿足其義務，首先就是必須購買一只百達翡麗錶。百達翡麗新錶的價格從數千到數十萬英鎊都有，出現在拍賣會的古典錶則直逼數百萬。迪連尼自己佩戴的百達翡麗是Aquanaut，是最樸實這一端的錶款。

我問他，為何他的廣告能持續這麼長久。「我想，那是一種普世的深刻見解，而且我認為人們呼應它了，」他說：「它不是強硬的要求。這個意念的力量不會衰退乃至消失，不會因為你看越多次它就變得比較膚淺⋯⋯但是它不是出自天才的了不起手筆，它是結合了各種因素以及偶發事件才有的成果，然後放對了位置。」

百達翡麗的廣告，歷年來照片和字體都有細膩的變化。「你會因

應文化的要求和經濟的要求而改變。買得起手錶的人，你會對他們的行為觀察入微。」這些照片的目的，是「表現仁慈和溫暖。真理……被理想化了。誰都知道它是廣告。你強烈感覺這兩個人，父親和兒子、母親和女兒，他們之間有天生的連繫，因此這照片是可被接受的，雖然這不是真實的父子。唯一的問題在於我們：我們試著限制每一件事，使照片不會變成虛情假意，讓它能在廣告的框架內維持可以接受的程度。」

我問他，是不是有別的手錶廣告是他欣賞的。他不假思索地回答我：「沒有。」

◎ 五、地球上最有價值的手錶

然而，有一則廣告他或許會有一點點嫉妒吧。假使你是著名手錶公司的行銷經理，而你莫名其妙讓第一位登陸月球的人戴著你家公司的手錶，隨著他第一次在月球表面踩上幾腳。那麼，你勢必有了可以用來吹噓的題材，夠你天長地久地行銷到世界末日。所以，你可以想像一下，當NASA（美國國家航空與太空總署）相中歐米茄錶作為阿波羅號（Apollo）的官方計時器，他們會有多高興。當他們確定尼爾・阿姆斯壯（Neil Armstrong）同意在步出登月艙、走入寧靜海（Sea of Tranquillity）時，會佩戴歐米茄的Speedmaster Professional Chronograph款手錶，他們更是欣喜若狂。（要找手錶大使的話，世上還有誰比他更完美？）

這件事並沒有發生。阿姆斯壯經過千萬里路飛到那裡（一路飛到那個該死的月球），一心一意想著當他在月球表面踏出個人的一小

步、人類的一大步那一刻，是戴著他的歐米茄。然而，當老鷹號
（Eagle）降落，他竟故意將他的錶留下來，因為登月艙的計時器故
障了。於是輪到巴茲・艾德林（Buzz Aldrin）出場了。「在月球漫
步的時候，比起知道德州休士頓的時間，還有很多事物才是更加重要
的，」1973年，這位登月的第二人在他的回憶錄《返回地球》
（*Return To Earth*）裡面這樣寫道：「真是無稽之談！我可是手錶迷，
所以我決定把Speedmaster直接綁在右腕龐大太空衣的外面。」

　　歐米茄的廣告組立即就採取了行動。有一則廣告這麼說：「要是
說歐米茄是地球上最值得信賴的手錶，實在是太避重就輕了」。這種
洋洋得意的氣勢絲毫沒有減弱的意思，另一則廣告說：「穿著價值
27,000美金套裝的人，該如何遷就一只235美金的手錶？」有一則推
銷Speedmaster Mark II錶款的廣告是這樣說的：「它老爸上月球去
了」。歐米茄宣佈一項不可能的消息，1975年將進行一項美國－蘇俄
／阿波羅－聯合號（Soyuz）太空任務。歐米茄認為，「對其他所有
手錶公司來說，這個打擊太大了」。

　　歐米茄參與了所有太空任務。當阿波羅17號的指揮官金・塞南
（Gene Cernan）於1972年12月14日留下人類在月球上的最後足印，
他在太空衣的每一隻手臂都戴著歐米茄的Speedmaster，一個是休士
頓時間，另一個是捷克時間，那是他母親的出生地。「Speedmaster
是我們帶到月球上，唯一完全沒改裝過的東西，」這位太空人說出這
些話，像是唸著歐米茄行銷部門為他寫的台詞：「它全是現成的。」[17]

　　所謂的「月球錶」（Moonwatch）直到現在都還是有極大吸引
力的獨特銷售題材。歐米茄公司提供多種版本的Speedmaster，它的
產品大使喬治・克隆尼很樂於在騎著重機兜風時佩戴2015年的更新版

款式，它的小時記號改為凹陷型，加上新設計的「寬箭頭」（克隆尼說，他的父親和叔叔也都佩戴歐米茄）。但是你也可以買到名為Dark Side of the Moon（月球陰暗面）版本（氧化鋯陶瓷錶盤）、Grey Side of the Moon（月球暗淡面）版本（金屬外觀錶盤的靈感來自月球灰塵，錶框有薄荷綠亮光），以及鬼氣森然的White Side of the Moon（月球白色面）版本，看起來像是掉進了一桶得利（Dulux）牌的消光油漆裡。不過，它其實是受到「地球所見天體光輝」啟發的。喔，對了，歐米茄現在是Swatch集團的一員。[18]

　　這段故事為我們帶來地球上最有價值的手錶，那是巴茲・艾德林自己的42mm Calibre 321手動上鏈Speedmaster Chronograph。他外出散步時會以特別長的錶帶佩戴這只錶。這只錶值多少錢？沒有人知道，也沒人知道它現在流落何方。他的手錶自己外出散步去了：阿波羅號的所有太空人返回地球後，都被要求交出他們的手錶，成為休士頓NASA的財產（其中有一些最後會到了華盛頓特區的史密斯森尼恩學會）。但是巴茲的錶歸還之後不久就遺失了，而且至今未能尋獲。如果你想翻開床底下找找看，它在手錶底殼內側的編號是ST105.012。

註釋

1　Cobra錶款於2015年7月上市，限量88只。它的錶面寬57mm，算是巨無霸，反映獎牌越來越大款的趨勢。它的製造商法郎維拉是西班牙一家無師自通的公司，據歐菲麗的說法，「任何事都不允許有萬一」。

2　譯註：特拉法爾加海戰是英國與法國拿破崙之間的一場海戰，英國的統帥為納爾遜中將，勝利號即是當時的旗艦。

3　這架飛機裝在板條箱子裡用卡車和船隻運送的時間，多於它在空中翱翔。它的展示權爭奪戰，可以和埃爾金大理石雕塑（Elgin Marbles）的展覽權之爭並駕齊驅。〔譯註：19世紀初英國的埃爾金伯爵從奧圖曼帝國（Ottoman Empire）購得希臘帕特農（Parthenon）神廟的大理石雕塑，將部分切割之後運回英國，最後成為大英博物館的鎮館收藏。1980年代開始，希臘透過聯合國教科文組織、法律、外交和政治途徑試圖取回這批雕塑的所有權，至今仍未善罷甘休。〕一開始有13年的期間，它是裝箱之後在俄亥俄州代頓（Dayton）的一座機棚內度過。接著，1916年它在麻省理工學院短暫飛過。再來是1917到1919年，它在許多個博覽會及工程展渡假了幾個星期。此外，則自始至終它都是歐維爾和史密森尼恩學會之間恩怨情仇的主角，為了飛行者號是不是真的第一架飛上天的飛機，雙方相持不下。

4　譯註：Argos是英國的零售業連鎖店巨頭。

5　譯註：Stendhal是Marie-Henri Beyle的筆名。

6　譯註：指Apple Watch。

7　《紐約時報》雜誌，1995年7月9日。

8　複雜多功能錶的紀錄確實是57項功能。這項紀錄是在2015年9月由江詩丹頓所創下的，那一款錶暱稱為Tivoli，是一只維多利亞風格的懷錶。舉例來說，它的功能有模擬倫敦大笨鐘的報時鐘聲順序、希伯來人的萬年曆並附有贖罪日特別通知、夜晚長度、春分秋分以及夏至冬至等。前一項紀錄的保持者是法蘭克‧穆勒（Franck Muller）公司以及它的Aeternitas Mega 4。AM4仍然保有功能最複雜手錶的頭銜，內含1,483項組件和36項功能，其中有25項為肉眼可見。該公司的Grande sonnerie這款錶能播放倫敦西敏寺大教堂（Westminster Cathedral）的鐘聲、含有公曆，以及陰曆，每個月僅誤差6.8秒的月相顯示等。法蘭克‧穆勒這個品牌為它的成就感到自豪，是天經地義的。在「曠世傑作」這個標題底下，它的介紹詞是這樣的：「作為一只卓爾脫俗的腕錶，它啟發了無數的熱情。凡是深愛精緻機器的藝術之美和奢華鐘錶師的人，眼中只會看見它的獨一無二、超凡絕塵。」它的售價是270萬美金。

9　譯註：Flyback手錶是可在不暫停的情形下重設的多功能手錶。

10　到了2015年9月，情況更加惡化。瑞士錶的出口總值比前一年下降了7.9%，其中最大的下滑幅度見於香港及美國。在售價200到500瑞士法郎的手錶市場，Apple Watch造成的損害最大。這部分的消息更糟糕：與去年同期相比，衰退14.5%。

11　天美時宣稱它「真正始於1854年」，但這並非事實。天美時公司在1969年才成立，是美國時間公司（US Time Corporation）所換的新名字。美國時間則是從瓦特布瑞時鐘公司（Waterbury Clock Company；創立於1854年）倒閉之後的灰燼中起家的。這家公司得以在戰後獲得成功，

背後的主力來自一名內向的挪威難民喬金姆·勒姆庫爾（Joakim Lehmkuhl）。1940年納粹入侵挪威時，他逃離祖國。1942年，他成為康乃狄克州瓦特布瑞公司的老闆，這家公司製造鐘錶的經驗轉移了，改為英國軍隊製造彈藥保險絲。然而，他最大的資產正是瑞士人已經失落的：那就是發明與創新的樂趣。有一家美國公司Ingersoll（英格索）已經因為1美元手錶大賺其錢，雖然那款手錶非常不可靠。勒姆庫爾無法接受美國人為何不能以10美元就可買到一只手錶，享受準確計時的便利。他認為這樣的手錶要能經久耐用，或者至少能撐到有能力再花10元美金買一只新錶。這款手錶在美國的消費主義以及愛用國貨的渴望中，掀起一股大風潮。它並不經由令人欽仰的一般珠寶門市銷售，反倒像是洗衣粉，是在F.W.伍沃斯（F.W. Woolworth）和其他連鎖店販賣，還有透過大眾郵購型錄。這方法非常有效。

12 有許多家公司宣稱「發明」腕錶，這一項發展往往會牽涉到的情節是：有名顧客取出一只懷錶，然後繫在他的手腕上。寶璣的主張則有更多依據：他們的訂單登錄簿顯示一筆資料，是為拿破崙·波拿巴特的妹妹卡珞琳·莫瑞（Caroline Murat）製造一只銀色錶盤的橢圓形小錶，而且它是特別附著在手鐲上的。

13 英文寫作指南總是提醒初學者少用副詞，許多知名作家對副詞的鄙夷更是到了毫不掩飾的地步，例如恐怖小說作家史蒂芬·金即直言到地獄的路是用副詞鋪成的。

14 編註：哈洛德百貨（Harrods）位於倫敦，世界最負盛名的百貨公司，以販賣奢華的商品聞名。

15 我喜歡的是為Tripp行李箱寫的文案。不久以前，也就是在所有新型行李箱都有4個輪子之前，行李箱可以變成更大的行李箱，真是一大創新。你拉開隔層的拉鍊，然後，各位觀眾，行李箱變大了三分之一。理戈斯·狄連尼為一件肥大的行李箱做廣告，文案標題是「這是可擴充的行李箱。現在你可以偷浴袍了，連衛浴用品一起偷也行。」

16 譯註：Charlie Kaufman是美國編劇、監製及導演，以《王牌冤家》（*Eternal Sunshine of the Spotless Mind*）贏得2003年奧斯卡最佳原創劇本。他的作品很多，皆能深獲好評。

17 Speedmaster當然並不是第一只上太空的手錶。1961年4月12日，蘇俄太空人尤瑞·加嘉林（Yuri Gagarin）駕著熾熱的莫斯托克號（Vostok）太空船飛馳時，他佩戴的是一只功能不太複雜的Sturmanskie。那是在莫斯科製造的軍用錶，這款錶在戰後曾贈與多名蘇俄精英。現今一只美到爆的全新Speedmaster要價3,500英鎊，特別版更貴。但是，你可以挑選一只加嘉林紀念版Sturmanskie（石英錶，並非機械錶），100英鎊就買得到。

18 它也是007帝國的一部分。它上一次露臉是在《惡魔四伏》（*Spectre*）這部電影〔改款過的Seamaster 300錶款，搭配黑色與灰色的NATO（北約）錶帶〕，不久之後也在浮華的精品店和雜誌上出現過（這個展示廳錶款的售價是4,785英鎊，限量7,007只，這樣的數字完全在意料之中）。當Q〔班維蕭（Ben Whishaw）飾〕把手錶交給龐德〔丹尼爾克雷格（Daniel Craig）飾〕時，龐德問：「它會做什麼嗎？」Q回答：「它能告訴你時間。」後來龐德受困，利用那只手錶爆炸以協助他脫身。

12

時間就是遊戲：1960 年代讓派
對變好玩的方法。

運用時間的各種招數！
Time Tactics That Work!

◎ 一、時間誌

　　過去幾年來我已經累積了不少自助書籍，關於時間管理的。但是，沒有一本是總論型的，可以先教教我從哪裡生出美國時間，把它們全部看完。它們大多夾帶各種練習和心理鍛鍊計畫，還有一些則會建議你上網參加紅利課程和回答問卷。等你做完了，你也累斃了。我最喜歡的幾本是：

- 《關鍵 18 分鐘：最成功的人如何管理每一天》（*18 Minutes: Find Your Focus, Master Distraction and Get the Right Things Done*），彼得・布雷格曼（Peter Bregman）著

- 《成功人士時間管理的 15 個祕訣：7 位億萬富豪、13 位奧運選手、29 位優等生，以及 239 位企業家的生產力習慣》（*15 Secrets Successful People Know About Time Management: The Productivity Habits of 7 Billionaires, 13 Olympic Athletes, 29 Straight-A Students and 239 Entrepreneurs*），凱文・庫魯斯（Kevin Kruse）著

- 《一天 26 小時：如何控制時間，每天至少多出兩小時》（*The 26 Hour Day: How to Gain at Least Two Hours a Day with Time Control*），文斯・潘尼拉（Vince Panella）著

- 《時間大事：每週多出 5 小時》（*It's About Time: Find 5 Extra Hours Each Week*），哈洛得・C・洛依得（Harold C. Lloyd）著

- 《有效的時間招數：做完更多事的 107 個方法》（*Time Tactics That Work: 107 Ways to Get More Done*），蓋文・普瑞斯敦（Gavin Preston）著

- 《一天 5 分鐘：為事事待明日的人寫的時間管理》（*Five Minutes a Day: Time Management for People Who Love to Put Things Off*），珍・雷諾博士（Jean Reynolds PhD）著

- 《時間多一點，壓力少一點：如何天天多出兩小時》（*More Time, Less Stress: How to Create Two Extra Hours Every Day*），茱蒂・詹姆斯（Judi James）著

- 《一年 12 週：用 12 週完成比 12 個月還要多的工作》（*The 12-Week Year: Get More Done in 12 Weeks Than Others Do in 12 Months*），布萊恩・P・莫蘭（Brian P. Moran）與麥可・連林頓（Michael Lennington）合著 [1]

這些還只是初級班。它們都是關於每一小時／天／週／月你能省下或賺到多少時間，只要你照著簡單的方法／步驟／祕訣去做就行了。這才不過是皮毛而已，要不要也順便服用以下幾帖補藥：

- 《每天最重要的 2 小時：神經科學家教你 5 種有效策略，使心智有高效率表現，聰明完成當日關鍵工作》（*Two Awesome Hours: Science-based Strategies to Harness Your Best Time and Get Your Most Important Work Done*），喬許・戴維斯（Josh Davis）著

- 《半小時的力量》（*The Power of a Half Hour*），湯米・巴內特（Tommy Barnett）著

- 《15 分鐘讓人生改頭換面：每天只要 15 分鐘就能隨心所欲徹底改變人生的 12 個方法》（*The 15-Minute Total Life Makeover: 12 Ways to Dramatically Change Any Area of Your Life in Just 15 Minutes a Day*），克

莉絲汀娜・M・德巴斯克（Christina M. DeBusk）著
● 《揭開時間管理技巧的 75 個祕密：3 小時變出井然有序全新的自己》（*75 Secrets Revealed on Time Management Skills: The New Organised You in Just 3 Hours*），第一冊：《每天 10 分鐘》（*10 Mins a Day*），喬・馬汀（Joe Martin）著

　　這些書大都有類似的建議，像是將早晨留給重要的工作、停止一心多用，把一件事做好、騰出時間給自己、睡眠充足、規劃不被會議打斷的完整一天等等。新穎的建議純屬吉光片羽，比如說，《成功人士時間管理的15個祕訣》的作者凱文・庫魯斯提到，我們都應該停止條列「待辦事項清單」，那些事項永遠也做不完。他認為，它們只會轉移到其他更長的待辦事項清單。待辦事項清單使緊急事項優先於重要事項（天花板漏水是緊急事項，永遠無法完成的家庭相簿是重要事項），而且人性總是會從可以快速完成的事先開始做，卻不區分只要少許時間和需要大量時間的項目。他用研究支持自己的論點，得到的結論是：待辦事項清單有41%的項目未能完成。[2]與其使用待辦事項清單，庫魯斯建議的是能被妥善維護而且嚴格按照比例安排的行事曆。

　　庫魯斯也回答了這個謎題：「能不能靠3個簡單的問題每週為你節省8小時？」答案當然是肯定的。他稱這些是「哈佛問題」，因為它們源自茱麗安・柏金蕭（Julian Birkinshaw）和喬登・柯恩（Jordan Cohen）兩位教授在《哈佛商業評論》上的主張，他們認為：人們喜歡隨時都很忙碌的感覺，原因之一是它能讓我們覺得自己很重要。但是，這兩位教授在2013年所做的研究發現，忙碌本身其實並不是很有生產力的。如果強制工作者慢下來、更深入思考自己的行

動，他們發現那些受試者平均來說每週節省了6小時的辦公室工作，以及兩小時的開會時間。這3個問題是：我的待辦事項清單中，有哪些項目可以徹底刪除？哪些項目可以授權部屬去做？哪些需要做的項目可以做得更有效率？不止是庫魯斯，這些作者和研究者也大都一樣，認為時間有限所造成的問題如此之多，其中的關鍵就在於授權。去徵人吧。如果你是安東尼・羅賓（Tony Robbins）這位潛能激發教練，也是《喚醒心中的巨人》（*Awaken the Giant Within*）這幾本超級暢銷書的作者，找個人去乾洗店取回你的西裝，你就可以專心做其他事：「別人能做得更好的事，我就不會做。」或者，如果你是安德烈・瓦爾滋（Andrea Waltz），《勇敢說不！》（*Go For No!*）一書的共同作者，你越是授權就活得越精彩。再或者，如果你是路易斯・豪斯（Lewis Howes），推播節目（podcast）《傑出學堂》（*School of Greatness*）的主持人，「集中心力做你最擅長的，其他的讓別人去做。」就算再多找來30本時間管理的書，說的也是同一件事：誰有多餘時間就跟誰買時間。然而，若是你買不起，該如何是好？「你一定辦得到，」東尼・羅賓說：「你會懂的。」

　　庫魯斯可不是時間管理的新手，他在22歲就自己開公司，最後以慘敗收場（窮到只能借用當地的青年旅舍洗澡）。據他在自傳所述，直到他發現「全心全意領導能力」（Wholehearted Leadership）的力量以及「管理每一分鐘」（Master Your Minutes）的方法，才有了今日的成就，身兼多家千萬公司的創辦人。一路下來，他累積了大量和時間有關的資訊，能用以改變一天、一週，然後是一生。庫魯斯的資訊，核心來源是庫魯斯集團（Kruse Group），這是他的時間管理研究庫，最亮眼的資訊是這一則：「報告指出，主動找事出來授權

的人，能有更高的生產力，更快樂也更有活力，比較不會感到『工作過度和不堪負荷』。」在當今的數位環境下，授權不再意味辦公室裡薪水較低的人就會難逃過量負荷的命運（亦即倒工作給比較不幸的人），而是可以透過手機應用程式或網際網路把工作外包。換句話說，現在你可以用很民主的作法節省時間，這也是創業者的金礦。所以庫魯斯已經網羅了各路人馬，在他寫書的時候為他節省時間〔有新加坡的克萊麗莎（Clarissa）設計封面，他們素未謀面；有印度的巴拉吉（Balaji）做資料探勘，他們也沒見過面；賽琳娜（Serena）在泰國負責處理他調查資料的電子郵件；還有住美國的卡蜜兒（Camille），是他在fiverr.com找到的圖書編輯，兩人一樣從沒有見過面。

　　庫魯斯對人與事的描述，有許多地方可能顯得平淡無奇而且過於簡化，然而那些人與事或許也是歷經了艱辛的過程才有後來的成就。例如，「29名優等生的時間祕訣」是需要嚴格的自律：

1. 關閉社交媒體。
2. 晚上不可出門。學期中的社交對象以課業上的同伴為主。
3. 5 分鐘以內就可以做完的事立即去做。
4. 排訂「只屬於我的時間」。請效法紐澤西州的醫學院學生凱特琳‧賀爾（Caitlin Hale）：「我會確定每個晚上至少有一個小時是給自己的。」

　　「13名奧運選手的時間祕訣」也很有生產力：

1. 不要在手機上規劃訓練時間表：找一張大型月曆，它會幫你看清楚目前已經達到什麼、還需要做什麼。

2. 不要因為拒絕別人而心情不好。

3.「休息或許是最被忽視和低估的人生面向。」

4. 布里安娜・史卡瑞（Briana Scurry）是完美守門員，她作為美國女子足球隊的一員，在 1996 年和 2004 年贏得奧運金牌。請效法她並且自問：「這項活動能讓我表現更好、幫助我們奪金嗎？」她稱這種專注是「白熱式執著」（white-hot obsessiveness）。

　　凱文・庫魯斯和其同伴們的建議，不外乎都是為了如何在工作上節省時間，他們的任務耳熟能詳：使生產力極大化、擊潰對手、致富、實現「美國夢」（這一切書籍確實差不多全是美國人寫的，我們很難看到在巴塔哥尼亞（Patagonia）或秘魯（Peru）的部落會有人熱衷於「只屬於我的時間」或是開會時間縮減10分鐘）。這些書也都喜歡在書名裡加入數字，如此一來可使目標能夠衡量。可是，還有一個時間管理的方法倒是比較少人採用。它的立場比較溫和、更具整體性，包含了工作與生活的平衡。所以，以下這些書籍也能讓我們從中學習到有趣的知識：

● 《吃不消：沒時間的人如何工作、愛人和遊玩》（*Overwhelmed: How to Work, Love and Play When No One Has the Time*），布里姬・夏特（Brigid Schulte）著

● 《抓狂媽咪的時間管理：7 週內掌握自己的生活》（*Time Management for Manic Mums: Get Control of Your Life in 7 Weeks*），艾莉森・米切爾

（Allison Mitchell）著

● 《全神貫注管理時間：以專心方法進行時間管理》（*Managing Time Mindfully: A Mindful Approach to Time Management*），湯姆‧伊凡斯（Tom Evans）著

● 《老闆們，家人想念你們：這些時間管理策略讓你每天解放兩小時，重新贏得家人的愛》（*Business Owners: Your Family Misses You: Time Management Strategies That Free up Two Hours a Day and Get You Loved Again*），麥克‧嘉德納（Mike Gardner）著

● 《吃了那隻青蛙！停止拖延以及用更少時間做更多事的 21 個方法》（*Eat That Frog! 21 Great Ways to Stop Procrastinating and Get More Done in Less Time*），布萊恩‧崔西（Brian Tracy）著

● 《吃掉大象：克服不知所措》（*Eat the Elephant: Overcoming Overwhelm*），卡洛琳‧伏瑞蘭‧布魯姆（Karolyn Vreeland Blume）著

　　等你吃完青蛙和大象，從以下這本書開始你的自我整頓及提昇，倒是一個滿不錯的主意：《我知道她是如何辦到的：成功的女性如何充分利用時間》（*I Know How She Does It: How Successful Women Make the Most of Their Time*），作者是羅拉‧凡德坎（Laura Vanderkam）。「時間管理永遠都是熱門的主題，因為我們都生活在時間理，而且我們的時間都一樣多，」作者如是說。她也是《成功人士在早餐前做的事》（*What the Most Successful People Do Before Breakfast*）這本書的作者。書中說：「舉世的財富也無法為你多買到1秒鐘。」

　　閱讀這類書籍，你會取笑它們的文風。但是，凡德坎或許能讓你

的嘲諷轉為歡呼。即使她的文筆有時候太過甜膩，她的情緒化還是會教人印象深刻的。她的書告訴我們：6月的某個下午她和兩名子女在賓州的一座農場採草莓，當時她曾經有過瞬間的開悟。她注意到空水果盒上有一行像詩的句子：「莫忘了漿果的季節如此短暫。」那個水果盒裝滿的話，大約有10磅，堆滿則大概是15磅。她想知道人生是否也如此。「你的一生如何度過，是一道函數題。你如何利用1年裡的8,760小時，如何利用構成你一生的時數（那可能是70萬小時吧）。你的人生就是這樣的一道函數題。」於是，她決定花更多時間「在草莓田、在哄孩子入夢、在追求工作，追求至少能改變宇宙一角的工作」。

對凡德坎而言，那項工作牽涉到把一份詳細劃分的週間計畫表寄給143名職業婦女，請她們提供1,001（143×7）天的生活內容，供她研究她們在每個小時中對於工作、家庭和自我的追求。這項「馬賽克專案」（Mosaic Project）是由週間計畫裡每半小時為單位的小方塊組成的，這些方塊從每天的早上5點一直分佈到午夜。參與者必須填滿每一格方塊，不論那個時段的活動內容有多麼沉悶、多麼可想而知、重複，或者有點難為情，都不可放過。若是你在臉書上消磨了兩小時，那就是4格小方塊。而且，誠實就是一切。2014年3月中旬，35歲的凡德坎填寫了她自己的時間格。她把填寫的結果出版，我看到時覺得自己活像個偷窺狂。比如說，3月18日星期二，她在早上6點鐘起床工作。這項活動持續3格，一直到七點半，她和孩子吃早餐。接著她從事一個未具體交待的專案，工作到10點半。這時工作性質開始改變，現在有兩格小方塊是列為「工作（腦力激盪想點子）」。處理電子郵件在下午1點鐘占了1小時，然後是1小時的訪談。再來是3點和4

點之間的方塊，被工作和跑步分割了。到目前為止還真是單調無趣，但是這時候事情就稍微不一樣了。下一個工作方塊是花在為《Oprah》打草稿[3]、繼續馬賽克專案，以及前往圖書館寫作（「小說，2000字！」）。7點半，她在外面吃壽司。8點，為車子加完油之後開車回家。下一格方塊是唸書給孩子們聽，然後讓他們上床睡覺。再來有一格是看電視、一格洗澡（讚啦！），還有許多格是上床睡覺。星期三的重點包括有一格「工作，為視訊電話打扮」，然後是一格「視訊電話沒成，真沒效率！」在下午兩點，有一格是「下午兩點電話也沒來」。這一天在後來就有好消息了：6點半「和家人吃晚餐」，再來的事有點算是災難：「兩個孩子去IKEA，看《冰雪奇緣》（*Frozen*）」。

週末看起來很不一樣，因為那是家人優先的時間。星期六她比平常晚起1小時，清潔打掃，在童子軍松木車競賽（Scouts' Pinewood Derby）花了4格，在戶外陪孩子玩耍，以及投入5格方塊和她的丈夫在餐廳共度約會之夜。讀了這麼多，難免會讓人忍不住想找看看有沒有哪一格（或哪幾格）是她用在嘿咻的。唯一的暗示是星期天晚上10點半，在其他日子這一格方塊都是寫「洗澡」，那一天變成了「洗澡及其他」。

凡德坎在這一星期結束後分析自己的時間誌。她是個多工風格的人，由於每個晚上的內容都不如她理想中那麼充實，讓她感到很洩氣。如果她必須在晚上工作，她希望能更清楚知道自己想要完成的目標是什麼，勝過在她的收件匣漫無目的地進進出出。我問凡德坎：從其他人那裡收集到的時間誌，讓她最驚訝的是什麼。她說，印象最深刻的，是別人的彈性程度。

即便是從事傳統工作的女性，也能找到方法挪動工作時間，讓零碎的生活可以搭配在一起。我發現差不多有四分之三的女性，會在上班時間做自己的事。反之亦然，有四分之三的女性會在晚上、週末或是一大早，從事與工作有關的活動。對我來說，工作與個人生活完全連結在一起，所以評價誰好誰壞都沒有意義。

在研究的過程中，凡德坎揭露了一些不正確的預設。美國人總是以為自己比父母那一代的人工作時數更長，但是實情可能正好相反：根據聖路易聯邦準備銀行（Federal Reserve Bank of St Louis）的一項調查，每個工作週的平均工時從1950年的42.4小時，減少到1970年的39.1小時。2014年，美國勞動統計局（Bureau of Labor Statistics）則發現每個（非務農）工作週的平均工時，已然降到34.5小時。平均數可能會騙人，這是當然的，尤其是不能用來暗示人們會因為工作時數變少而感到高興。工時變少可能意味收入也縮水，沒有能力享受增加的閒暇時間。此外，工作時數也不太能表示忙碌與否。

凡德坎發現了大多數調查分析老鳥都已經知道的事實：人們總是愛說謊。「從這些數據看起來，大多數人並沒有過度工作，」她說：「我在時間和工作這個領域已經寫作了10年，我遇過不少研究，顯示出一個非常好玩的趨勢：白領階級會膨脹他們的工作時數。」這一點特別適用於她所謂「白領血汗工廠」的職員；傳統上來說，也就是金融和科技這兩個懲罰性行業。「誰都不想被看到比隔壁房間那個傢伙工作的時間還要短。」馬里蘭大學（University of Maryland）的社會學家約翰・羅賓森（John Robinson）和他的同事們數十年來所進行過的研究，可以支持她的觀察。他們以「美國人時間利用調查」

（American Time Use Survey）的資料為基礎，發表於2011年《每月勞工評論》（*Monthly Labor Review*）的研究指出，比對估計的工作時數和詳細的工作時間表，可以發現聲稱每週工作75小時的人，誇大了約25小時。倫敦政經學院（London School of Economics）的「執行主管時間利用專案」（The Executive Time Use Project）調查了6個國家1,000名以上的CEO，他們在2014年提出的報告中說：CEO平均每週花在工作活動的時間是52小時，這個數字很大，卻不像我們從文學和電影裡得到的印象那麼過度打拼。接受調查的CEO有70%的人說，他們一週工作不超過5天。

「人們愛說謊，讓我心情很低落，但我又會非常光火，因為我知道謊言的背後必定有陰謀。」凡德坎說：「人們誇大工作時數，藉此讓有些工作看起來好像很難，是那些在乎家庭生活的人承擔不起的。於是乎，女人（以及男人）會想到總有一天他們必須在特定的工作與家人之間取捨。如此一來，很多競爭者就會自動打退堂鼓。」

就這些方塊以及時間誌而論，有一點可能是真實不虛的：我們想要充分利用清醒期間的每1分鐘，而方塊和時間誌除了只是深化這一項渴望，也可以讓採用這種作法的人知道，他們的生活並不盡然如自己以為的那個樣子。「對某些人來說，最好的結果就是改變她們對自己說的故事，」凡德坎告訴我：「有一個最流行的故事是：媽媽是職業婦女的話，就沒有足夠的時間陪伴自己的孩子。有一位女性檢視了自己的時間誌，因而領悟到一件事：還在唸書的孩子們在家時，只要他們還沒睡覺，其實她一直都陪著他們。她說，她過去一向感到內疚。自從看清楚這一點，她就不再有罪惡感了。若是她想花時間上健身房也沒有關係。」

◎ 二、瘦身型電子郵件簡易系統

研究時間管理，並且隨後將研究成果所得到的知識出版成書，轉譯成平易近人的研究和言簡意賅的忠告，這些都已經行之有年。網際網路，加上越來越多人注意到我們究竟把多少時間花在上一代所沒有的活動上，合力加速了這類書籍的多樣化，也加速其供應。網際網路同時也讓我們遠離以辦公室和工廠為根據地的工作，轉向自由工作者和創業。然而，真正有開創性的書籍出現在此之前，其中以史蒂芬・柯維（Stephen R. Covey）於1989年出版的《與成功有約：高效能人士的7個習慣》（*The 7 Habits of Highly Effective People*）影響最為深遠。柯維已於2012年過世，他將自己描述為時間研究的「終身學生」，他也相信這一整個領域的精華可以一言以蔽之曰：「凡事依優先順序組織及執行」。比如說，他的暢銷書寫作在好幾個月的時間裡變成他最優先的事，他因為遵守自己「要事第一」（first things first）的原則，才能達到如此專注的境界。顯然他做對了，他的出版商宣稱他的書已賣出超過2千5百萬冊。[4]

柯維在書中將時間管理的建議分為3個世代，每一代都是以前一代為基礎建立起來的。第一代是以建立清單為核心：「此一作法是回應對我們的時間與能量所施加的種種要求，表面上看來像是認可及包容了這些要求」。依他的分類，第二代是行事曆和約會登錄簿時期，這是對於前瞻與規劃的渴望。第三波則是試圖決定他人的要求之優先順序，並且設定對應的目標，尤其是與我們的價值有關的部分。然而柯維也暗示時間管理的觀念逐漸失寵了，太多清單、太嚴格固守大大

小小的目標，妨礙了人類的互動和自發性。他深信「時間管理」一詞其實是個誤用：「我們的挑戰不是管理時間，是管理我們自己。」不過，這是他遠在25年前所得到的結論，如今時間管理的書籍汗牛充棟，表示很少人同意他的說法。

畢竟，我們還有第4條路。它牽涉到柯維所劃分的輕重緩急4象限時間管理矩陣：

1. 緊急且重要：如危機和重要截止期限；
2. 不急但重要：如長程規劃和關係建立；
3. 緊急但不重要：如回應打岔的電子郵件和不相關的會議（即他人視為重要，但對你不重要的活動，是以他人的期望為依據的活動）；
4. 不急也不重要：如暫時中斷日常的壓力，享受一些對工作並無特定助益的活動。

　　「有些人名符其實日日夜夜、日復一日都在承受著各種問題的打擊，」柯維寫道：「他們的時間有90%都在象限1，剩餘的10%又有大部分是在象限4，對於第2和第3象限的注意力則微不足道。那些根據危機而管理生活的人，就是這樣過日子的。」柯維指出，其他人在第3象限耗費大量時間，「卻認為是置身於象限1。他們把大部分時間用來回應緊急事務，並且假設它們也很重要」。那麼，我們應該將時間用在何處？顯然不是在象限3和象限4，因為在那兩個象限的人，「基本上是過著不負責任的生活」。然而，是象限2構成了有效的個人管理核心。它所應付的是並不緊急卻很重要的事務，不止包括美國總統所曾經提到的「願景」，也包括撰寫個人的使命宣言、釐清價值、運

動健身，以及作好心理準備以迎向未來抱負。柯維的寫作時間是在專注（mindfulness）被視為意識力量之前，但是想必他也會把專注納入象限2吧。

象限說法的目的，是在相當傳統的商業環境之下應用；但是它也能適應較不正式而且更加私密的數位世界。對這兩個世界而言，它的訊息都是一樣而且顯而易見的：重要的事先做。接著，柯維回到大衛・布蘭特（David Brent）版本的圭臬：有效率的人心中沒有問題，只有機會。他們餵飽機會，餓死問題。

但是，在這些說詞成為圭臬之前（事實上是在82年前），阿諾德・班尼特（Arnold Bennett）寫過一本時間管理的書，想要終結（當時或許有過這個想法）所有時間管理的書，它甚至有個反諷的書名：《如何一天活24小時》（*How to Live on Twenty-Four Hours a Day*）。班尼特最為人所知的，是他以英國陶業區（Potteries）一帶的生活背景所寫的小說，或許還包括他住過薩福依（Savoy）旅館之後，有一道煎蛋料理就稱為阿諾德・班尼特。[5]他的時間管理專書於1910年出版，正是他的聲譽最崇高的時期。這本書很簡短，他宣稱有些書評的長度都可以讓他的書相形見絀。以今日的標準而論，他的分析與建議十分嚴厲、率直，而且自視甚高；對評論家以及廣大讀者來說，則是充滿新意又有價值。

晚上沒有足夠時間做所有想做的事嗎？那就早起1個小時。累到無法早起1小時，而且擔心睡眠不足嗎？（他在沒有標明日期的新版序言中寫道）「這些年來我有個感想越來越強烈，睡覺只不過是習慣和懶散的一部分。我相信大多數人想睡多久就睡多久，因為他們根本茫茫然不知道該做什麼好。」（他提到跟他談過的醫生也證實這一

點。）然而，在這新多出來的1小時，一大清早既沒有食物也沒有傭人侍候，我們該怎麼辦？啊，那就前一天晚上告訴你的傭人，事先把酒精燈、茶壺和餅乾放在盤子裡準備好嘛。「人之一生是否得以獲致恰如其分而睿智的平衡，取決於是否得以在不尋常的時刻啜飲一壺熱茶。」

　　班尼特繼續保持積極樂觀的語調。他深信人生奇妙卻又太過短暫，雖然時間有限，也是可以任由我們更新的資源（看起來很矛盾的說法）。「時間之供應真是天天發生的奇蹟，」他彷彿是站在講台上宣告：「凡檢視它的人必衷心讚歎不已。當你在黎明甦醒，看啊，你的荷包裡又魔法般地塞滿了24小時，那是你的生命宇宙中純然未經人工的原料！」在他眼中，時間最令人感到愉快的特質，是它一視同仁：無論你是卡爾登酒店（Carlton Hotel）的衣帽間服務生，或者是服務生所侍候的貴族，人人擁有的時間都一樣多。時間並非如班傑明·富蘭克林之論，它不是金錢。任你是富豪、紳士或者天才，每天也不會多賞你額外的1小時。金錢再賺就有了，但是時間無價。

　　閒暇時間如何利用？班尼特選定了一些有趣的對象，包括他的小說專業。小說是很好沒錯，但是閱讀小說很少能像閱讀寫得好的自我提昇書籍，能夠擴展工作日的內涵。讀者若是「決定每週3次、每次騰出90分鐘，徹底投入研讀查爾斯·狄更斯（Charles Dickens）的小說，應該好好建議他改變計畫」。

　　另一方面，詩歌「能產生非常偉大的心靈氣質」，勝過小說，是文學中最崇高的形式。他表示，到目前為止度過閒暇時間最好的方式，是閱讀《失樂園》（Paradise Lost）。[6]

　　班尼特承認，他的建議或許有點迂腐和突兀，但是雖千萬人吾往

矣。良好的時間管理其關鍵是預先就安排妥當的計畫，而且並不是任憑這樣的計畫宰割。「喔，不會吧，」班尼特聽到一位處境艱辛的妻子驚叫道：「亞瑟（Arthur）總是會在8點鐘出門蹓狗，也總是會在8點45分開始看書。所以，毫無疑問我們應該……」作者指出，這麼斬釘截鐵的評語顯示了「生涯之悲劇，且人們未能察覺它的存在，而它無疑是荒謬可笑的」。

在時間管理上，人人都應避免變成一板一眼、不知變通的道學先生。「所謂的道學先生，他們外表時髦體面，隨時擺出智慧過人的神態，但他們是愚不可及的傻瓜，自以為是出門巡行，卻不知道已經失落了那一身華服上最重要的部分，也就是他的幽默感。」班尼特認為，此處的教訓是「要我們切記：每個人必須應付的材料是自己的時間，不是別人的。用不著我們去平衡時間的預算，地球自己就能運轉得相當舒適自在，而且不論我們是否能勝任時間的財務大臣這個新角色，地球都會繼續舒適自在地轉動下去」。

在班尼特之前，有亨利・大衛・梭羅（Henry David Thoreau）所寫的《湖濱散記》（*Walden*）。本書出版於1854年，是具有原創性的生存主義沉思，思考如何去除生命中的雜物和糟粕。他在林中小屋過著簡樸而「審慎」的生活，並未成為徹頭徹尾的怪胎。但是梭羅畢竟有一點怪，而且確實矯情、自負：「如果你蓋空中樓閣，你的成品不會遺失；它們得其所哉。現在，在它們底下蓋地基吧。」

《湖濱散記》不算是時間管理的論著，而是整體靈魂的反思。它超凡的炫技比較接近辛尼加（Seneca）和聖奧古斯丁（St Augustine）兩位哲學家的修辭，有別於羅拉・凡德坎和史蒂芬・柯維對平衡生活的渴望。但是，這本書確實具有吸引力。梭羅對於鄉村

生活的尊嚴，有高不可攀、不切實際的看法（他苦心孤詣，獨自在野外生活了26個月），他的語氣則是充滿反社會和菁英氣息。可是，對於那些不太容易從網路脫身的人，他的願景令人陶醉。誰都想要像個清教徒一樣仰賴山林維生，他的書（如果說它是既原始又不可企及的話）已經成為非常有效的自助手冊。有梭羅作為你的嚮導，你不僅學到18招生產力訣竅，可以大大提昇你的工作效率，你也讓心靈重返古老的地球。當時的地球仍是原始而酷寒，每個人都知道誰家裡有鐮刀可以借來用，窮人們總是默默地愉快度日。你呢？你大部分的時間都可以窩在湖畔的椅子上，思索獸毛外衣下面的肚臍，而遠處有一條小河正悠悠流過。或者，如果這一切讓你聽得無比神往，卻有點擔心鹿蜱這種小寄生蟲，那麼你可以偽裝一下，去打打漆彈射擊就好，那感覺也很像。

在某種程度上我們當然都是時間管理專家，每一次起床的決定，至少都需要時間專業知識的某些要素。即使是最有自信的人，也會被那些可以解釋成危機的問題困擾。我們的時間短暫，應該優先做哪些事才算值得？誰能說採草莓比賺大筆鈔票更加可取？我們的子女每個晚上看見我們4小時，比起只看見兩小時，一定會有雙倍好處？

這些書有哪一本真的能在這方面幫得上忙？整齊有力的條列式要點和象限矩陣，能夠轉變血肉之軀的心靈嗎？卡爾‧歐諾黑（Carl Honoré）的書《快不能解決的事》（*The Slow Fix: Why Quick Fixes Don't Work*）挑戰了每10分鐘節省4小時的觀念。這本書以莎士比亞《奧塞羅》（*Othello*）的一句話作為卷首引語，為這本書定調：「沒耐心的人何其可憐！何種傷口非逐漸痊癒？」[7]歐諾黑認為，快速解決固然有其地位〔例如搶救被異物噎住的哈姆立克（Heimlich）急救

法，還有休士頓想到利用膠帶和厚紙板製作空氣過濾器輔助裝置，幫助阿波羅13號的太空人返回地球），但是生活上的時間管理不算在內。他的推論指出，我們的世界有太大一部分都是被異想天開的野心和卑鄙下流的行為推動的：兩週內給你比基尼身材、一場TED的演講可以改變世界、兩個月的足球賽事成績不佳就炒了球隊經理。[8]他從製造業（Toyota 在處理某個問題時，想要找出適合的解決方案以避免召回1千萬輛車，最後失敗）和戰爭與外交（軍事介入伊拉克），引述了多個魯莽和悲慘失敗的實例。再來是關於醫療與保健，以及錯誤的信念〔往往是媒體持有這個信念，而一開始相信這個信念的是比爾蓋滋夫婦基金會（Bill and Melinda Gates Foundation）〕：只要我們工作的速度更快、工作的方法更聰明，還有找來更多現金，就能得到一顆治百病的萬靈丹。歐諾黑提到瘧疾，還有一個不明確但是奇特的故事。有一天，一群資訊科技界的巫師出現在國際衛生組織（WHO, World Health Organisation）位在日內瓦的總部，肩負消除瘧疾和其他熱帶病的任務。當他抵達時，發現那裡的辦公室與帕羅・奧托的辦公室有點格格不入〔天花板電風扇、灰色檔案櫃、沒人在騎的賽格威（Segway）〕。[9]「這位科技人是帶著筆電一起來的，他說：「給我們數據和地圖，我們會幫你搞定。」歐諾黑引用WHO一名長期研究者皮爾・包契爾（Pierre Boucher）的話說：「我只是在想：『現在就搞定嗎？』熱帶病是極為複雜的問題……他們終於離開了，再也沒有消息。」

可恰當應用到許多問題的解決方法，或許可以提供有用的工具，而且這些工具的意義遠超過立即應用：比如說，中東的和平談判專家，或者投入多層次遊戲挑戰的青少年，也許能對於根深蒂固的態度

帶來新鮮的見解。歐諾黑自己也說了個人實例：他曾經為自己的慢性背痛尋求持久的治療方法，而不是他多年來一直忍受的鎮痛方式，立即卻效果短暫。

可是歐諾黑寡不敵眾。有1個歐諾黑就會有20個快速解決者（quick-fixer），他們沒有時間跟你慢慢耗。對快速解決者來說，假使快速解決辦法還不夠快，他們會依賴超快速解決方法（super-quick fix），那是寶石的塊金之內核，專為生活「真正」忙碌的人而存在。畢竟，針對沒有時間閱讀所有時間管理書籍的人，還是有解決辦法的，請前往：highperformancelifestyle.net。寇希歐・安格洛夫（Kosio Angelov）是《瘦身型電子郵件簡易系統》（*The Lean Email Simple System*）一書的作者，他問過42位生產力管理人員，他們如何保持專注。於是羅拉・凡德坎和她的朋友們各自都想出3個要點，用來打破日常的時間浪費循環，並且協助她們維持在突破狀態。例如Regain Your Time（重獲時間）網站背後的推手莫拉・湯瑪斯（Maura Thomas）建議：(1)力求具體和正面：描述你的新單一目標（不說「少花一點時間檢查電子郵件」。(2)辨識出你的障礙。(3)將新行為與獎勵（如享用咖啡）連繫起來。

「4小時醫生」喬治・斯莫林斯基（George Smolinski）主張(1)每天在同一時間、同一環境下執行新習慣。(2)「寫下來！」(3)「吃一頭大象」。（一次一口。）[10]還有，List Producer（清單生產者）網站的創辦人寶拉・里茲歐（Paula Rizzo）建議的是：(1)「顯然你必須從一份清單開始！」(2)將事情細分為小單位。(3)獎勵良好表現，「像是聆賞一首喜愛的歌曲」。

但是，假使你的線上生活爆滿到連看完這些條列式簡潔訣竅的時

間都沒有，你該怎麼辦？放心，你很幸運。這42位專家建議的所有策略，就跟優良的法國股票一樣，都已經被縮減了。

1. (15位專家選出)：從小任務開始，把你的工作負擔分解成可管理的任務。
2. (11票)：前後一致性地執行，勿打破工作鏈。
3. (10票)：制訂計畫並事先準備。
4. (9票)：利用責任夥伴，由對方追蹤你的進度並鼓勵你朝目標前進。
5. (8票)：獎勵自己。

祝大家好運！

註釋

1 萬一你沒有時間讀完208頁的《一年12週》，也可以找包含所有精華的34頁濃縮版來看。真是太了不起了！

2 無懈可擊的資源：有一份資料叫作《大忙人的已完成事項清單指南》（*The Busy Person's Guide to the Done List*），請見idonethis.com網站。

3 譯註：《Oprah》是美國脫口秀知名主持人歐普拉‧溫芙蕾（Oprah Winfrey）主持的現場談話性節目。

4 它還有衍生的週邊產品：像是有聲書，每一位業務代表都會把它塞進車上的卡帶播放機裡。這是史上第一次能賣到百萬套的有聲書。這本書的續作有《與生活有約》（*Living the Seven Habits*），是關於個人在現實生活中如何應用高效能習慣的建議。你才以為高效能人士沒有別的習慣了，接著就冒出這本《第8個習慣：從成功到卓越》（*The 8th Habit: From Effectiveness to Greatness*）。

5 《五鎮的安娜》（*Anna of the Five Towns*）和《克雷漢厄》（*Clayhanger*）這兩本小說是以陶業區的生活為背景。阿諾德‧班尼特煎蛋是以煙燻鱈魚及帕瑪森起司（Parmesan）等材料煮成。

6 但有少許例外：班尼特點名E.B. 布朗寧（E.B. Browning）的小說《奧羅拉‧李》（*Aurora Leigh*），說它是帶有「社會思想」的壯麗故事。這本小說是以詩歌體寫成的。

7 歐諾黑以前就曾經踏入這個圈子。他是流行的減速福音《慢活》（*In Praise of Slow*, 2004）這本書的作者，為更加深思熟慮的生活提出富有說服力又簡潔明瞭的理由。他在開場白就以非常簡單俐落的方式展現慢活的決心：「早上醒來，你第一件做的事是什麼？拉開窗簾？翻過身與你的伴侶或是枕頭緊緊相依？跳下床做10下伏地挺身，好讓血液活絡起來？非也。你做的第一件事、每個人都會做的第一件事，是看時間。」他指出（誰能反駁？）：時鐘告訴我們身在何處，並且告訴我們如何回應。我們起早了或睡晚了？「就從醒來的第一瞬間開始，時鐘就操縱著一切。」然而他的書要捍衛另一條路。

8 他指出，英國職業足球隊經理的平均任期，自1992年算起，20年來從3.5年掉到了1.5年。

9 譯註：Segway是一種雙輪的電動平衡車，是矽谷電腦工程師喜愛使用的短距離交通工具。

10 譯註：西方社會有一句常見的話說：「如何吃掉一頭大象？」答案是：「一次一口。」本章所提到的時間管理書籍中，即有在書名採用此說法的。這是比喻設定目標之後，只要一步一腳印地持之以恆，終究會實現。

CHAPTER

13

「用什麼遮蔽這座時鐘才好？
另外一座時鐘！」

生命短暫，藝術源遠流長
Life Is Short, Art Is Long

◎ 一、《時鐘》是時鐘

網路上有一些文章完全是由各種清單組成的，一般人往往會對這種內容嗤之以鼻。但是，看到這樣的標題：「21匹稀有的馬，連獨角獸都只能跪了」或是「這15隻狗也願意回到從前……不幸的是，牠們只能活在懊惱中」，有誰不是真心喜歡這些照片故事？也許，必定要有多到用不完的時間，才能弄得出一份清單叫作「這8部電影都有人懸掛在巨大時鐘上面」：[1]

1.《最後安全！》

2.《回到未來》〔當布朗博士（Doc Brown）控制山谷市（Hill Valley）鐘樓的電力，要把馬蒂・麥夫萊（Marty McFly）送回到現在，是直接了當地向《最後安全！》致敬。〕

3.《雨果的冒險》（*Hugo*）〔這是向《最後安全！》致敬的另一部電影。導演馬丁・史柯西斯（Martin Scorsese）在電影中融入了哈洛德・洛依德的畫面片段，而且本片以火車站為背景，正是受到時鐘和時鐘機構的精密性啟發。〕

4.《妙妙探》（*The Great Mouse Detective*）〔仿福爾摩斯風格的卡通喜劇，大壞蛋雷帝剛（Ratigan）和貝希歐（Basil）還有他的朋友們在大笨鐘上面大打出手。〕[2]

5.《皇家威龍》（*Shanghai Knights*）〔另一部仿福爾摩斯風格的喜劇，成龍和歐文・威爾森（Owen Wilson）主演。威爾森捧出大笨鐘的鐘面，人困在鐘面上時，他自言自語地說：「你快要沒命了，你正在時鐘的分針上面。」〕

6.《A計畫》(也是成龍主演,這次是一座小得多的鐘樓。鐘面從建築物彈出時,讓他掉了出來,就跟《最後安全!》的畫面一樣。)

7.《國防大機密》(*The 39 Steps*)〔1978年版,羅勃特·鮑威爾(Robert Powell)飾理查·漢內(Richard Hannay),他衝破大笨鐘的玻璃鐘面,確保分針不會走到11點45分,避免了國會大廈的炸彈被引爆。這一幕在約翰·布坎(John Buchan)的原版故事並不存在。〕

8.《小飛俠》(*Peter Pan*)〔迪士尼動畫版,彼得和達林(Darling)一家人走在大笨鐘的分針上,正要前往夢幻島。〕

還有另一部電影也有人吊掛在時鐘上的畫面,連觀眾吊掛在時鐘上的都有。那是克里斯強·馬克雷(Christian Marclay)的《時鐘》(*The Clock*)。你有6個觀賞的理由:

1. 它是一個完美實現的構想。它包含12,000個片段的影片,這些片段都是取自著名的舊電影,畫面裡都有時鐘、手錶或是計時的焦慮。它們被匯集在一起,片長共24小時。

2. 它贏得2011年威尼斯雙年展(Venice Biennale)的大獎,也獲得評論家一致讚賞。小說家莎娣·史密斯(Zadie Smith)在《紐約書評》(*New York Review of Books*)上稱它「令人讚歎」,《泰晤士報文學增刊》(*Times Literary Supplement*)則說「他的非凡成就既蘊含哲學意味而且優雅無比,有時昏昏欲睡,卻又往往教人捧腹大笑」。

3. 它可以免費觀賞。馬克雷使用的影片並沒有取得著作權聲明,他相信它們是被當成藝術作品而「合理使用」。因此,購買影片複本播

映的機構〔總共有 6 份，包括紐約的現代藝術博物館（Museum of Modern Art）和加拿大的加拿大國家藝廊（National Gallery of Canada）〕也都同意不會向大眾收取門票費用。

4. 你可以把手錶收起來。每段影片中顯示的時間（許多片段只有幾秒鐘長度），是跟外面的現實世界同步的。如果你在倫敦梅森院（Mason's Yard）白色立方（White Cube）藝廊的下樓處觀看這部影片（那是它在 2010 年首次放映的地方），當螢幕中的鬧鐘或老爺鐘顯示早上的 8 點 40 分，這時候在倫敦的皮卡地利（Piccadilly）大馬路上也正是車水馬龍、人潮洶湧。如果是看見監獄牆上的鐘顯示下午 1 點 18 分，你可能是在午餐的時候觀看的。《時鐘》是時鐘，這是它的花招和樣板，也是它獨到的天才。

5. 你可以在凌晨 4 點鐘觀賞。雖然它大多是在博物館的平常開放時間內播放的，但有一份購買契約提到，它也會有幾場 24 小時放映。在許多場合，曾有人在黎明前大排長龍等著入場。丹尼爾・薩勒維斯基（Daniel Zalewski）在《紐約客》（New Yorker）雜誌上夜班的時候[3]，他發現觀看《時鐘》的經驗如同閱讀村上春樹的小說：「各種角色穿越，進入平行宇宙」。他建議讀者在晚上 10 點到上午 7 點之間觀看，這部影片會「牽動你的身體，尤其是午夜過後。你熬夜的時間越長，等到《柳巷芳草》（Klute）、《史密斯任務》（Mr and Mrs Smith），還有其他幾十個角色通通都上床去了，你越是會感到頭昏腦脹、精神錯亂，然後你就會和螢幕上疲憊又焦慮的角色合而為一了」。

6. 它令人著迷。你大可以計畫觀看 1 小時左右，但是 3 小時之後你會捨不得離開。《時鐘》在研究、剪接和藝術耐力等方面的功績已屬

不凡，但是它們所暗示的力量，還遠遠不如《時鐘》所施加的咒語那麼強大。它是在慶祝電影以及電影世界裡對於時間的表現（它提醒我們：觀看電影的時候我們多麼願意將時間暫停；也提醒我們：時間往往是戲劇中無名的角色）。你會帶著更強烈的時間感走出這部電影的世界，即使在我們的世界裡時間已是很晚，它也會如同履行義務一樣，提醒你時間在我們生命中所占有的主宰地位。

我很遲才觀賞到《時鐘》，是在洛杉磯郡立藝術博物館（Los Angeles County Museum of Art）看的，當時它已經面世5年了。不過，它當然不受時間影響。在放映廳外面的公告說，這部影片裡的時間是「包羅萬象的主角⋯⋯揭露了流逝的每1分鐘都是媒介，載滿無限的戲劇可能」。公告提到這些片段是「被發現的影片片段」，這一點說得沒錯。可是，這個說法僅止於馬克雷聘用7名研究人員的團隊，觀看了幾萬小時的影片才找出適用的材料，再由他剪接在一起。公告也說到：「禁止各種拍照、錄音及錄影。」

放映室內部是白色的IKEA沙發（馬克雷相當明確指定這一點），我入場的時間大約是11點30分，影片已經在播放中。事實上，從這場特映會在5個星期前開幕以來，它就播個不停。即使是無人的夜晚，在上鎖的房間內它還是照播不誤，以免打亂同步性：停止播放的話，就像是時鐘在無人看見時停擺。

放映室還有其他兩人。我看見的第一幕是取自《怒火風暴》（*Falling Down*），片中邁克・道格拉斯（Michael Douglas）飾演的男人正過著生活崩壞的日子。在一個比較輕鬆的場景，時間大約是11點33分，麥當勞的人告訴他，11點30分就停賣早餐。然後是《我要活

下去》（*I Want to Live*），有一名女子被綁在椅子上等候被處死。時鐘的分針在她的命運移動著，畫面切換到一具電話，沒人打進來赦免她。其次是電視影集《陰陽魔界》（*The Twilight Zone*）其中一集〈分鐘大事〉（A Matter of Minutes）的片段。片中是一對美國夫妻，他們的時間往前快了兩小時，進入時間漏洞。在那裡歷史上的每一分鐘代表一個不同的世界，必須被不斷重建。有一名角色告訴他們：「這是真實時間逼近的聲音！」再來是《逍遙騎士》（*Easy Rider*），片中的彼得・方達（Peter Fonda）發現自己的手錶故障。然後，11點42分是《國防大機密》（*The Thirty-Nine Steps*）。11點44分取自《殺機四伏》（*My Learned Friend*），很驚喜發現又有另外一個男人吊掛在時鐘上。接下來可能是這24小時影片裡最長的一段，取自《黑色追緝令》（*Pulp Fiction*）。那是克里斯多夫・華肯（Christopher Walken）一段精彩的4分鐘獨白，敘述一只行遍天下的手錶和三代人的故事。

　　幾小時後，我覺得該離開了，但是經過了3小時，我卻依然感受到一股牽引的力量，和莎娣・史密斯以及其他許多人有了相同的經驗。在博物館循環播放的大多數錄影藝術，觀看者是坐在堅硬的長凳上，可以預見5分鐘後你就會獲頒耐力獎牌。然而，這部影片深深吸引我，不下於我在一般電影院裡看過的任何影片。它有點像早期的MTV頻道，即使你不喜歡或不認得正在播放的歌曲，你知道下一刻很可能就會有引人入勝的作品。這部影片也是如此。在2點36分是英格瑪・柏格曼（Ingmar Bergman）的《芬妮與亞歷山大》（*Fanny and Alexander*）其中兩幕，中間夾一段伍迪・艾倫的《我心深處》（*Interiors*）。接著是掛在時鐘上的哈洛德・洛依德。

這部偉大的拼接作品有很多方面值得讚賞，從表面到內在皆然。每一名觀眾都會有各自的期望和偏好，當那一段影片果然出現，或許會發出一聲輕嘆。但是過不了多久心中就會浮現另一幕更遼闊的畫面：我們會看見這些演員們如何在演藝生涯中變老〔有時候是反向進行：你看到傑克‧尼柯遜（Jack Nicholson）從《心的方向》（*About Schmidt*）裡乾瘦的洗碗老頭走到《飛越杜鵑窩》（*One Flew Over the Cuckoo's Nest*）裡眼神流露失望和痛苦的小伙子；米高‧肯恩（Michael Caine）、瑪姬‧史密斯（Maggie Smith）和艾爾‧帕西諾（Al Pacino）也同樣都服用了電影回春丹〕。我們也見到了電影本身材料可能性的成熟，從默片蹦蹦跳跳、粗糙的生命力，演進到電腦合成特效巨大而密集的景觀。對時間的操縱使我們得以遁逃到虛幻的世界，這項欺騙的花招與我們同在已有一個世紀。使這一切成為可能的技術，已經進步到能和我們懷疑的能力同步。（當然，也是進步的技術使馬克雷能夠將持續24小時的電影放進電腦檔案，隨機存取。這個概念比滑稽劇裡任何可拿得到的技術，更讓哈洛德‧洛依德、肥弟‧阿巴克爾（Fatty Arbuckle）及史丹‧勞萊（Stan Laurel）等默劇演員頭痛不已。膠片和數位影片的相對物理特性，尤其是和時間方面有關的，已經大舉改變了藝術世界的潛能。）

最後，趁還有點陽光，在大約3點的時候我確實離開了。但是我又情不禁地回頭。我體驗到了新的感受：電影才是主人，因為它始終在播放著，它不需要觀眾、沒有人在統計票房，就算乏人問津也不會有損失。這是不用花錢買的時間，在娛樂業和藝術界都是稀有的事。

接受《視與聽》（*Sight & Sound*）雜誌的強納森‧羅姆內（Jonathan Romney）訪問時，馬克雷解釋說：他設法讓找到的影片

片段所顯示的時間，和電影在真實世界放映時的時間保持同步（他一小時一小時地拼接），除此之外他對於更普遍的時間觀念也同樣感興趣，「某個站著等待的人，身體語言會表現出對時間的不耐煩、渴望或是無聊。有時候時間是以更具象徵意義的死亡影像表現，例如凋萎的花、掉落的花瓣、西沉的夕陽。」《時鐘》讓觀眾如此著迷，其中一個原因是關於這些片斷及拆解後的內容，如何能被組合得這麼完整而且和諧。也許只有在電影院我們才會放下對於時空的正常預期吧。「對我而言，我試圖創造的虛假連續性，與時間流動的方式有更密切的連結，」馬克雷說：「你可以看見一個手勢從一部電影延伸到下一部電影，不但無縫接續，而且生動有力。但是，它卻是從彩色影片接到黑白影片。你明知道它不是真的，卻仍然相信它。」（有一件事可能不算巧合：馬克雷雖然生於美國加州，卻是在瑞士長大。在瑞士，時間被當成無庸置疑的商品，人們交易著時間，彷彿沒有明天。）

羅姆內的觀察是：《時鐘》「是在學術焦點與戀物癖之間維持平衡」，這是正確的，而且它在保持平衡之餘仍不忘遊戲人間的心情。馬克雷不拍片時，大部分時間都用在DJ的工作，以藝術家的手法操縱已錄成的聲音。他在混音方面的經驗發揮到了電影，大肆混合及嘲弄電影的敘事模式。像《烽火家族情》（*Glorious 39*）這部電影，它是在2009年拍攝的，背景設定在1930年代。在電影裡開車的蘿瑪拉‧嘉瑞（Romola Garai），被馬克雷安排了1970年代的畢雷諾斯（Burt Reynolds）追逐。另外，在1970年代巴黎的尚‧皮耶-雷歐（Jean-Pierre Léaud）則是被1940年代《布萊登棒棒糖》（*Brighton Rock*）裡飾演「蔻莉‧基伯」（Kolley Kibber）的艾倫‧惠特利（Alan Wheatley）追趕。

Timekeepers: How the World Became Obsessed With Time

　　歐洲和好萊塢以外的世界電影僅有少量在《時鐘》裡呈現，馬克雷的研究人員提到，印度寶萊塢（Bollywood）出品的電影裡很少出現手錶或時鐘，表示這個社會關心的事物重於準時。

　　《時鐘》並沒有附帶目錄或索引以提示電影中使用到的全部影片。在維基百科倒是有一頁非常用心地嘗試逐分紀錄，編出影片清單。[4]清單之首是從《V怪客》（*V for Vendetta*）裡午夜的大笨鐘爆炸開始[5]，然後鼓勵貢獻者「儘管添加電影片名，或者，願意的話也可以加入簡短的場景描述。請注意勿混淆A.M.和P.M.。請記得A.M.是上午、P.M.是下午。」有一名貢獻者隨後指出，馬克雷和他的團隊確實就犯了這個毛病，誤將取自比利・懷德（Billy Wilder）《幸運餅乾》（*Fortune Cookie*）的場景插入下午7點17分，而不是上午7點17分。或許更廣泛的意義並不在於《時鐘》失誤了，而是有人注意到這一點。

●●●

　　在洛杉磯看過《時鐘》之後5個星期，我開車前往劍橋，參加另一部24小時影片在英國的首映會。如此野心勃勃的影片已經成為一種文類，一種持續型的藝術。為了檢驗時間的觀念，他們本身必須和時間有關。《夜與日》（*Night and Day*）有許多地方取材於《時鐘》的構想，它也是以舊影片拼接而成的，只不過這一回並不是取用現有一切電影深不可測的種種可能性。它只限於一個來源：BBC的藝術紀錄片系列節目《表演場》（*Arena*）的檔案。

　　1975年10月BBC大膽開始了《表演場》這個藝術紀錄片節目，

如今已製播大約600集，不但是英國最出人意料也最具有啟發性的娛樂節目之一，也是BBC最偉大的創意資源（它是史上最長壽的藝術紀錄片系列節目，有如此成就合情合理）。它在劍橋電影節（Cambridge Film Festival）慶祝節目開播40年，並且附帶一個原創性的想法：假使與影片緊緊相連的並非精確的時間，而是模糊的，例如早餐或午餐，或者交通尖峰時間或週日早晨，那會是如何？《夜與日》比《時鐘》更殫精竭慮、用心良苦，它呈現大量樣貌的氛圍，而非嚴格的節奏，此外它也具有類似的流暢性，充滿觀賞的吸引力。一如已往觀看《時鐘》，觀眾一看就是幾小時，時間既是核心也是毫無瓜葛，這是一種壯觀的迷戀。

這部影片的副標題是「《表演場》時光機」（The Arena Time Machine），這樣的標題雖被用濫了，倒也人盡皆知。在正午和下午1點之間，滾石樂團抵達摩洛哥參加打鼓高級班，電影製作人路易斯・布紐爾（Luis Buñuel）在講解如何調製完美的苦馬丁尼酒（dry Martini）。下午4點和5點之間，畫家法蘭西斯・培根與小說家威廉・布洛斯（William Burroughs）在喝茶，裘德洛（Jude Law）正演出哈洛德・品特（Harold Pinter）舞台劇《情人》（*The Lover*）的下午場。午夜和1點之間，演員肯・陶德（Ken Dodd）還在舞台上，音樂人約翰・李登（John Lydon）在回想組龐客樂團的往事。午夜2點和3點之間，歌手妮可（Nico）在切爾西酒店（Chelsea Hotel）[6]，演員兼歌手弗雷德・亞斯坦（Fred Astaire）和法蘭克・辛納屈（Frank Sinatra）正吟唱著歌曲。早晨6點和7點之間，攝影家唐・馬庫林（Don McCullin）和塞巴斯蒂奧・薩爾加多（Sebastião Salgado）喜迎陽光，爵士音樂家桑尼・羅林斯（Sonny Rollins）則

是在紐約的橋上演奏薩克斯風。上午11點和正午之間，詩人艾略特（T.S. Eliot）正在思索《荒原》（*The Wasteland*），畫家彼得‧布雷克（Peter Blake）在畫摔角人物「Kendo Nagasaki」。[7]這部影片在攝影機的兩端同樣都洋溢著才情，一股洶湧上昇的浪潮席捲了我們，對藝術的未來充滿樂觀的期盼。這就是藝術的價值所在。只要我們睿智地善用時間，就能製造並欣賞世上有價值的事物。

我在放映中途離開，找《表演場》的系列編輯安東尼‧沃爾（Anthony Wall）聊天。沃爾幾乎從一開始就參與這個系列節目，目前由他和影片編輯艾瑪‧馬修斯（Emma Matthews）負責這項新導覽。沃爾說，他看不出《夜與日》有什麼理由不可以利用數位控制的方式，在線上或是用手機應用程式的形式連續播放。到時候只要你隨時切入，過去節目的主題就會和你同在。但是《夜與日》不同於《時鐘》，它不是固定或已完成的作品，沃爾和馬修斯會因應季節和播映日而調整材料的選擇（例如冬天比夏天提早天黑，影片在週末播放時速度會放慢，辦公室場景也比較少）。沃爾說：

> 我一直在尋找不需要結束的紀錄片，我想，我已經找到了。它與眾不同的地方是，你拿來的這一系列影片，它們都有預定的目的，然後你把它們剪接之後安排在不一樣的時間，它就有了全新的意義。我想，身為觀眾，這樣的影片長時間觀看下來，我們是被秩序和混沌的結合所吸引。但是，它的關鍵在於你不能停止播放影片，你不能中斷計時，就像你不能讓大笨鐘停擺。這部影片可以在任何平台播放，可是我的理想是相框那種用來展示照片的老掉牙東西，這樣你才真的是把它當成了時鐘。

●●●

　　《夜與日》和《時鐘》持續的時長均剛好是整整一天，這是個重要而且引人入勝的技巧。一天是地球在轉軸上繞了一圈，這當然是自然而然的循環。然而它的片長只是一項要素而已，是影片內在的時間，包括精確的時間和情感的時間，宣揚了導演的偉大，其他影片只是因為片長而引起我們注意的，無法與之相提並論。例如道格拉斯‧高登（Douglas Gordon）的《24小時變態》（*24 Hour Psycho*）是一件裝置藝術，它將希區考克的驚悚片減速到每秒影像兩幅左右，藉此持續一天（沖澡的場景拉長到45分鐘，珍妮‧李雙眼圓睜，躺著一動也不動超過5分鐘，真是讓人很不安）。或者像《小品》（*Cinématon*），這是導演熱拉爾‧柯朗（Gérard Courant）的生命企畫，拍攝時間超過36年，幾乎拍了3,000人，他們無聲無息地做著各自的事（跳舞、凝視、吃東西、大笑、坐立不安），每一個人為時3分25秒，最後得到一部長達195小時的影片，換算下來是8天又3小時。它很少被拿出來放映。[8]對《表演場》的安東尼‧沃爾來說，重要的是延伸藝術計畫的構想，不必然是計畫本身。「我還沒見過有哪一位錄影藝術家會認為，你應該持續看（他們的作品直到結束）這種事一點都不重要。所以，你說你的構想是讓大衛‧貝克漢睡50分鐘是吧，好吧，我知道了，但我真的需要去看嗎？如果是的話，看3秒也就夠了。[9]當沃荷（在1964年花了8小時又5分鐘）拍攝帝國大廈（Empire State Building），他是在訕笑世人。」

　　如同我們在盧米埃爾兄弟及哈洛德‧洛依德身上所見到的，電影對於時間的思考倒帶了，回到電影本身剛剛誕生的時代。《記憶拼

圖》〔*Memento*；導演克里斯多夫・諾蘭（Christopher Nolan）啟發了雙重敘事在不同時間框架之下運作〕、《年少時代》〔*Boyhood*；導演李察・林克雷特（Richard Linklater）以12歲的虛構人物研究成長〕以及《維多莉亞》〔*Victoria*；導演塞巴斯提安・舒波（Sebastian Schipper）以一鏡到底的方式拍攝出一夜之間的種種驚悚〕等影片大獲成功，時間這個主題繼續讓電影製作人和觀眾神魂顛倒。還有一部電影是《物流》（*Logistics*），它的片長有37天，丹尼爾・安德森（Daniel Andersson）和艾利卡・馬格努森（Erika Magnusson）這兩位瑞典人因為得到這個構想而感到自豪。根據他們兩人的網站，這部電影的目的是要回答一個富有禪機的問題：「這一切玩意究竟是從哪裡冒出來的？」他們心中想到的「玩意」包括健達出奇蛋、手機電路板和咖啡機。「有時候這個世界就是高深莫測，」他們這麼認為。

這個問題有個簡單的答案，而且或許一點都不稀奇：這些玩意都是從中國搭遠洋貨輪來的。他們在火車、輪船和卡車掛上攝影機，接下來發生的事會教人目瞪口呆：我們看見他們挑中的物品（一只計步器）被出口，從中國啟程，緩緩抵達瑞典。這兩位藝術家還有其他問題：「如果我們也步上跟產品相同的貨輪行程，能否讓我們更了解世界和全球經濟？」

這個求解的企圖長達37天，可說非常無趣，你必須蠢得有夠徹底才會想要一路跟著看完。頭兩天相對來說還比較能夠忍受，一部分原因是其過程發生在貨櫃卡車和貨運列車上，還有一部分原因則是頭兩天的新鮮感。對觀眾來說，很不幸的是第3到第36天全是在海上，場景移動的速度慢到你不敢相信。用來計算步伐的小工具自然是用非常慢的貨輪運送的。這期間偶爾會有一、兩次美麗的日出，然而大部分

都是從甲板看出去的視野，除了長方形的貨櫃，就是灰沉沉的海平面。[10]它是藝術。如它的題目所表示的，它就是物流。兩位藝術家說，它也是關於「消費主義和時間」。安迪・沃荷大概會抓狂吧，難道說現在的藝術不是全都和消費主義及時間有關嗎？

◎ 二、白人全是瘋子

以英國的米爾頓・凱因斯（Milton Keynes, MK）鎮來說，可以確定白人都是瘋子。讓我們來看2015年初的MK藝廊，在這裡有25位藝術家共同在「如何建造時光機」（How to Construct a Time Machine）這個標題下參展。[11]這場展覽是由馬夸德・史密斯（Marquard Smith）籌組而成的，他是英國皇家藝術大學（Royal College of Art）的人文學院（School of Humanities）博士班主任。正如一般人會期望的，展覽中也提供了一些相同主題的古典作品。在展覽現場迎接訪客的是露絲・伊萬的革命性10小時鐘，它就高掛在入口。緊隨在後的是約翰・凱吉的1952年作品《4分33秒》（*4'33*），在展覽目錄中則是以空白樂譜代表（這是他最著名的作品，而且勢必讓作曲家們至少感到有一點點不是滋味。它是4分33秒的寂靜。然而，它當然不是徹底的寂靜，它是沒有方向的聲音。它由鋼琴家獨挑大樑或者由交響樂團表演，在3個樂章中無所事事。但是這部作品突顯了周遭環境：例如音樂廳、燈光的細碎聲響、我們腦海中的喧喧嚷嚷）。2010年，《4分33秒》在倫敦的巴比肯（Barbican）中心表演，聽眾們欣然等到樂章之間的間隔才敢咳嗽。他們大可以在任何時刻咳出聲來，反正演奏過程中什麼也沒有，可是他們等到「什麼也沒

有」結束了才弄出點什麼聲音。當表演結束，掌聲如雷響起，指揮家擦了擦額頭上的汗粒，交響樂團在微笑中數度鞠躬。這是一場無聲的喜劇。在YouTube上，它被播放超過160萬次，我們看到這樣的評語：

> 「誰剛好有樂譜啊？想學。」
> 「最慘的是，這個交響樂團要花6個星期彩排才做得好。」
> 「應該有人放個響屁才對。」
> 「白人都是他媽的瘋子。」

接下來是謝德慶的「《一年行為表演1980-1981》（打卡）」，這是一段6分鐘的影片，台灣藝術家在片中反思無能在美國獲得工作許可。在一整年中，謝德慶穿著銀灰色的工作服每小時在打卡鐘打卡1次，但是他並沒有工作。這項活動遂成為一件藝術作品，影片中包含8,627張靜態影像，壓縮呈現他的探索過程。[12]謝德慶打過的卡顯示時間流逝，此外他還採用另一個表現手法：他在那一年開始的時候剃光頭髮，隨著時間進展，頭髮也長出來了。

馬夸德·史密斯在展覽目錄中解釋說，屬於藝術和時間這個主題的時刻到了。他引用克莉斯汀·羅斯（Christine Ross）在《過去是現在，也是未來：當代藝術的時間轉向》（*The Past is the Present; It's the Future Too: The Temporal Turn in Contemporary Art*）一書所做的調查，該項調查的結果指出：從2005年到該書出版的2014年之間，至少已有過20場時間主題的展覽。2014年，馬夸德自行繼續統計，加入了在紐約哈林（Harlem）、荷蘭阿姆斯特丹和鹿特丹、西班牙巴塞隆那，以

及克羅埃西亞的薩格勒布（Zagreb）等地的展覽，也包含了幾場研討
會。他只知道時間這個主題令人興奮、它有多重面向、永遠存在而且
堅持不懈。至於何以如此，他也說不出所以然。馬夸德將它們聚集在
一起展示，發現他所選出來的作品固然天南地北，其中卻存在著韻
律。他提到這些作品如何互相挑戰、互相折疊，以及它們如何利用戲
弄的手法重新創造過去、現在與未來的秩序，共同發揮了時光機的功
能。其中有一部分，不說別的，就是好玩。例如馬丁・約翰・卡勒南
（Martin John Callanan）的《全體出境》（*Departure of All*），是一
面機場的出境告示板，上面公告了25個班次，阿姆斯特丹到大加那利
島（Gran Canaria）、墨爾本到杜拜、巴黎到利亞德（Riyadh）等
等，所有班機都是在2點11分同時起飛。還有馬克・衛靈格（Mark
Wallinger）的《時間與空間中的相對向度》（*Time and Relative
Dimensions in Space*），這是徹頭徹尾反思倫敦的警察亭以及《超時空
奇俠》（*Doctor Who*）的超時空飛船塔帝斯（Tardis）。[13]它的外觀是
全尺寸的警察亭，只不過它是銀色的。它暗示內部的冒險充滿無限可
能，不過在外面卻只看得見我們自己的鏡像。

　　時間的周而復始本質似乎讓藝術家情不自禁地為之著迷，但是你
必須非常早起，才能比河原溫（On Kawara）對於時間的消逝更加入
迷。1965年，他從日本遷居紐約，不久之後即開始他的《今日系列》
（*Today Series*）創作，它是一系列繪畫的集合，內容只有當天的日
期。這些作品的尺寸大多是筆電大小，以多層次的麗可得（Liquitex）
壓克力顏料精緻地繪製。它們是以黑色背景配上白色字體，每一幅畫
使用的字母和數字，則是根據他繪畫那一天所在國家的喜好而決定風
格。它們大多是在紐約繪製的，因此呈現APRIL.27,1979（1979年4

月27日）或MAY.12,1983（1983年5月12日）等樣式。在米爾頓・凱因斯展出的那一幅是於冰島繪製的，因此是以27.ÁG.1995（1995年8月27日）的格式表現。他完成每一幅畫之後，會將它裝在盒子裡，附上當地報紙的剪報以指示當天的日期。如果河原溫無法在一天內完成繪畫，他會把未成品銷毀。觀賞他的作品讓我感到力量充沛，他的作品如同我騎自行車發生意外時大難不死，或者像是大病初癒，可讓人領會還有多少來日。我並沒有因之而傷今懷古，反倒是感到解脫自在。我們能在如此單一而教人神往的藝術添加精神價值嗎？[14]河原溫在2014年過世，在此之前他已畫了3,000個日子（或許完成及擁有的作品也有這麼多）。

米爾頓・凱因斯的展覽中，我喜歡的作品之一可想而知是凱薩琳・亞斯（Catherine Yass）的影片，片名正是《最後安全》。這支影片只有兩分多鐘，卻只是不斷重複一段12秒長的影片（這一段影片當然是哈洛德・洛依德吊掛在時鐘上，也就是他的身體重量使分針傾斜，從2點45分掉到2點半的那一段）。但是，在亞斯的版本中這段影片因為播放方式而瓦解了。影片每重複一次畫面都會變得更模糊、更粗糙，直到最後它第10次出現時，畫面已經是一整片靜態的條紋。亞斯以彩色膠片重新拍攝原始影片，使乳劑面上的裂解更有效也更漂亮。或者也可以用藝術家自己的話來說：它是「針對單色影像的描述式線性視角，設定一個夢與記憶的空間」。

亞斯十幾歲的時候我就認識她了，但是直到我參觀了米爾頓・凱因斯的展覽，才知道她對哈洛德・洛依德這麼感興趣。她告訴我，《最後安全！》結合了喜劇和潛在的悲劇，這一點深深吸引了她。她喜歡時間被往回拉的構想，至於影像的瓦解，也是對膠片材料提出評

論：隨著更新穎的技術出現，舊材料也逐漸消逝了。

我問她，為什麼對藝術家及創作者來說，時間是如此熱門的主題。她說，如今有許多藝術家正在回顧現代主義（Modernism），在藝術上對於時間的焦點勢必往回延伸，一直到未來主義（Futurism）、旋渦主義（Vorticism）和立體主義（Cubism；如果在單一平面上同時思考數個觀點還不算是立體主義的話，那什麼是立體主義？）。在現代藝術家眼中，時間可供探索的可能性，是確確實實永遠都無法窮盡的。

●●●

「如何建造時光機」展覽結束之後幾個星期，藝術家蔻娜莉亞・帕克（Cornelia Parker）在時間這個擁擠的領域也參了一咖。經營倫敦聖・潘庫拉斯（St Pancras）國際車站的HS1公司找上帕克，由她與英國皇家藝術研究院（Royal Academy of Arts）合作，製作一系列名為《平台金屬線》（*Terrace Wires*）的藝術作品。她可以盡情自由發揮，愛做什麼都行，只要能夠讓搭乘歐洲之星（Eurostar）往返的旅客，抬頭觀看車站壯觀的鋼鐵屋頂。這個計畫的前兩組參與者在車站屋頂放上了有機玻璃製成的彩虹牆〔大衛・貝切勒（David Batchelor）和雲團〔露西與喬治藝術工作室（Lucy + Jorge）〕。蔻娜莉亞・帕克有多件充滿機智及挑戰性的作品，提出有關深層時間（deep time）與重力的問題，尤其是她著名的《冷暗物質：爆炸景色》（*Cold Dark Matter: An Exploded View*）以及在波士頓的一場活動，名為《湖底躺著月球的一角》（*At the Bottom of This Lake Lies a*

Piece of the Moon）。前者是一間小屋在炸開的一瞬間被凝結住了；後者是她把一塊網路上買來的月球隕石扔進湖裡，「與其說是我們登陸月球，不如說是月球登陸了地球。」

「（被要求在聖·潘庫拉斯車站的站頂放上作品時，）我的第一個念頭是免談。車站裡什麼都有，我怎麼跟它們爭？」但是，後來她有了想法，知道怎麼做會有效。「那時我才剛搭乘歐洲之星從法國回來，正要走出車站。我頭頂上就是大衛·貝切勒的作品，而且它遮住了時鐘。我想，我可做出什麼東西遮住時鐘。那麼要用什麼遮蔽這座時鐘才好？另外一座時鐘！」

帕克是在聖·潘庫拉斯車站的香檳酒吧旁邊對著大約60人說話。[15]當時正值一般週間日的傍晚，車站既忙碌又吵雜，我們彷彿是此地唯一靜止不動的人。站內的另一端固定著一具白鐘，藝術家在說明她如何決定複製這具大白鐘。不過她的複製鐘是黑色的，是白鐘的陰極，而且看起來似乎是漂浮著。它的尺寸與原版一樣（直徑5.44公尺，鋼製，重1.6噸），掛在原版的前面16公尺處，漂浮在旅客的正上方。這兩具鐘的報時相同，但是看到的時間會略有出入，快半分或慢半分，取決於旅客觀看的角度。在某個視點，原始白鐘更會完全消失。[16]帕克希望她的作品能夠反映時間在車站內的稀薄本質（在車站裡我們總是來去匆忙、總是擔心遲到、錯過）、能夠呈現這樣的觀念：時間懸掛在我們的頭頂上方，彷彿搖搖欲墜的吊燈，也像是達摩克利斯之劍（Sword of Damocles）。[17]她也熱衷於介紹比較慢的時間參考點、更深刻的心理或行星時間等觀念。她想要提出一個令人陶醉的天文問題：「如果不是時間本身，那麼有什麼東西能蓋過時間，讓它黯然失色？」帕克稱她的鐘（或者至少是她這具作品的概念）是

「多一個時間」（One More Time）。她說曾經想過要讓她的鐘使用法國時間，也就是比倫敦時間早1小時。可是，她擔心會讓旅客混淆，以為自己的班車已經離開1小時。弄出一具刻意報錯時間的鐘，尤其是在國際總站的權威時鐘，顯然是藝術家對時間的詮釋玩過頭了。然而，若是時鐘的時間不是前進而是後退，那又會如何呢？也許只有英國未來的國王能端出像那樣的鬼點子。

註釋

1　前兩則出自Dose.com，該網站自稱是「娛樂。愚蠢。風尚。好萊塢。」這篇「8座時鐘」清單則是來自BuzzFeed網站的清單狂，是賈斯汀・阿巴卡（Justin Abarca）的傑作。

2　技術上來說，大笨鐘是鐘樓上面最大那座時鐘的暱稱，並非那座四面鐘。還有，那座鐘樓現在的官方名稱是伊莉莎白塔（Elizabeth Tower）。

3　譯註：Daniel Zalewski是《紐約客》的編輯。

4　請參見theclockmarclay.wikia.com。從影片時間被填滿以及空白的情形來看，早上10點到下午12點30分，以及下午1點30分到7點20分之間，觀賞及註記最密集。但是從7點20分到午夜（10點15分到10點45分的區塊例外），簡直是中了荒蕪的魔咒。大家都不在這個時段來觀賞影片嗎？他們來了卻睡著了？還是他們看得太入迷，所以沒人做筆記？

5　編註：該名單之首頁已改為1946年的《陌生人》（*The Stranger*）。奧森・威爾森（Orson Welles）飾演的教授在鐘樓上被刺傷時正好午夜鐘響。

6　譯註：Nico本名Christa Päffgen。

7　譯註：Kendo Nagasaki直譯為「劍道長崎」，但此名稱與日本劍道或長崎市均無直接關係。他代表職業摔角界一個極為著名的虛擬神祕角色，沒有人知道他的身世。他總是戴著條紋面罩，不發一語。他的力量高強，打擊對手絕不手下留情。摔角比賽時，許多選手會選擇扮演這個角色出賽。

8　長久以來我們都很了解技術如何支配娛樂的持續時間及消費方式：電影能給予我們許多觀賞的選項（有多種影片、可以放映幾個星期），電視和廣播則是限制較多的媒介。支配廣電節目長度的條件有兩個：一是用半小時為單位安排節目表比較容易（很少節目會在下午8點55分開始，更少會在9點17分），另一是我們認為注意力持續的時間能有多久。然而，有兩樣東西讓我們得以從節目表手中搶回時間。錄影機和網際網路的串流至少能使我們暫時脫離螢幕的專制，我們能夠掌握自己的生活，不必擔心會錯過那些緊張刺激的時刻後來怎樣了。如今觀看串流播放節目很像閱讀書籍，由觀眾自己決定快慢及持續時間的長短，一口氣追劇的情況正如同拿到一本「讓人欲罷不能」的小說。在許多家庭，電視確實已然取代了小說，結果可能導致觀看電視的時間遠勝於從前。我們都還來不及關掉電視機，下一個節目就自動輪番上場（「都怪他們不好！」）。

Netflix或Amazon Video等線上影視播放網站一次推出8小時或10小時影集的作法，也改變了節目形式，而且這可能是更好的作法。它讓影集不再需要在第一集就得抓住觀眾，確保他們會在下週乖乖歸隊，劇情的敘事也可以舒緩許多〔除非是像《24小時反恐任務》（*24*）影集，它內建了緊繃的時間前提，好比發條上太緊了〕。電視頻道越來越會採取放任播出的方式，特別是在假期：於是你會看到全天候播出的《蓋酷家庭》（*Family Guy*）卡通和《六人行》（*Friends*）影集，一集一集接力，如同美國的CNN或英國的Sky News這類新聞頻道的半小時播報形式。

9　2004年，在英國的國家畫像藝廊（National Portrait Gallery）放映了一部山姆・泰勒－伍德（Sam Taylor-Wood）所製作的影片，內容是在西班牙皇家馬德里足球俱樂部（Real Madrid）睡覺的貝克漢，那時他的訓練時間剛結束。

10　2014年，它在中國深圳的「深圳灣藝穗電影及影像節」放映時，採用的是經過大幅精簡的版本，片長只剩下9天。這一點已足以表明了一切。

11　這個標題源自1899年艾弗瑞·嘉瑞（Alfred Jarry）於法國出版的論文〈時光機建造實務之評論與說明〉（Commentary and Instructions for the Practical Construction of The Time Machine）。它遣詞造句的表達風格，是新興的現代物理學語言，這種風格的語言因為英國科學家凱文勳爵（Lord Kelvin；譯註：本名William Thomson）而風行一時。在4年以前H.G.威爾斯（H.G. Wells）提出時光機的構想，艾弗瑞·嘉瑞本文是以假科學的方式，檢驗這款科幻機器如何實現。

12　不熟悉這個詞的人請見以下說明：「打卡」不是搥擊打卡鐘的意思，不能望文生義。這項行動涉及將一張考勤卡插入電子式的壓印機，在卡片上壓印時間，代表工人何時開始工作及下班。

13　譯註：Tardis是劇中主角「博士」穿越時空的交通工具，外觀和倫敦的警察亭一模一樣，但是內部別有洞天。

14　要說金錢價值就容易多了。2001年，在紐約蘇富比的一場拍賣會上，他的其中一個日子（1987年2月27日）得標價是159,750美金。不過，有些日子比其他日子更值錢。2006年6月，在倫敦蘇富比的拍賣會，1985年5月21日和1981年7月8日的得標價各是209,600英鎊。2012年10月，也是在倫敦，2011年1月14日飆高到313,250英鎊。2015年7月，倫敦蘇富比以509,000英鎊賣出1981年10月14日。這些增值的原因在於時間、通貨膨脹、藝術家的名氣越來越大、藝術家於2014年去世，以及瘋狂。

對於人之生也有涯以及壽命的長度，河原溫的興趣也在其他方面找到了出口。他曾經每天發電報給朋友們，連續了好幾年。電報只有一則簡單的訊息：「我還活著」。

15　譯註：香檳酒吧是指位於該車站месяц月台上的開放型酒吧，全名為St Pancras Grand Champagne Bar，全長近100公尺，是本站的一大特色

16　帕克的複製鐘是由德比史密斯公司（Smith of Derby）製作，原版鐘則是出自倫敦丹特公司（Dent of London），它也是製造大笨鐘的同一家公司。然而，原版鐘根本不是原版。在1970年代它曾經被英國鐵路公司（British Rail）賣掉，協助籌措車站翻修基金（據稱是以25萬英鎊賣給美國收藏家），但是在取下時不慎掉落，碎片被退休的火車司機羅蘭·侯嘉德（Roland Hoggard）以25英鎊購入，耗時超過一年重新建造，修復後固定在一座農舍的牆上（這間農舍曾用於停放蒸汽火車頭），農舍位於羅蘭·侯嘉德在諾丁罕郡（Nottinghamshire）的花園。嗣後丹特公司依據侯嘉德的重建結果為模型，並且改良其精確性，建造了替代鐘。這具時鐘的金色葉形指針如今是以GPS控制，每分鐘會對時一次。

17　譯註：達摩克利斯之劍典故源自古希臘傳奇，是國君Dionysius和他的寵臣Damocles之間的故事。其喻意是指權位至高者頭上如有一把利劍倒懸，隨時可能落下而令其喪命，並非一如旁觀者所以為的安逸自在。

走回幸福：艾莉絲・瓦特斯和查爾
斯王子在一座可食校園中。

14

放慢世界

Slowing Down the World

◎ 一、時間靜止之地

20世紀將近尾聲之際，查爾斯王子有了另一個絕佳的想法。由於1980年代的城市蔓延讓人心灰意冷，冷漠無情的現代建築師對國家造成的損害比德國空軍更大，王子遂宣佈他決定有所作為。於是他制定了一個社區計畫，將美好的住宅與鄰近的工作場所和商店結合，在這裡公共住宅承租戶能與更繁榮的部分融合，在這裡傳統的價值觀得以獲得維繫，孩子們將會在一塵不染的街道上玩跳房子。有權力的人具備稀有的能力，能夠將時光倒流，就是這麼讓人又妒又羨。

王子選擇了一塊他所擁有的土地，地點是在多塞特郡（Dorset）的多切斯特（Dorchester）郊區。這塊計畫用地是康沃爾郡公國（Duchy of Cornwall）的一部分，由22個縣的126,000英畝土地組成，它的主要功能是為王子提供收入。他將新鎮命名為龐布瑞（Poundbury）或新龐布瑞〔在附近已經有一個舊鎮也叫作龐布瑞，充滿查爾斯不喜歡的事物。新鎮啟用之後冒出了龐蘭德（Poundland）和龐沃德（Poundworld）等連鎖店，新鎮和它們的聯想關係真是不幸。〕[1]這個新鎮將會涵蓋400英畝的面積，可容納5千人居住。如果你想要讓世界停止轉動，或者至少減緩世界變化的速度，那麼你可來這裡下訂金了。

龐布瑞在1989年通過規劃同意，即使只是如此，馬上就開始飽受譏諷，酸民也紛紛從倫敦搭火車前來踏青。那裡沒有電視天線（有夠醜）、沒有前花園（有得吵）、沒有門口停車（簡直故意），什麼不雅觀不整齊的東西都沒有。那裡的規矩很多，人在做直昇機在看，訪客亂丟一張糖果包裝紙都要擔心被抓起來關。

　　如果你認為龐布瑞只是一座模範鎮或新的小鎮,可就大錯特錯了,它也打算成為城市烏托邦。它可不止是查爾斯這位威爾斯王子(Prince of Wales)的願景,也是野心勃勃的城鎮規劃師、守舊建築師,以及所有令人尊敬而且有點害怕比特鬥牛犬相關頭條新聞的居民們[2],共同的願景。然而,這是媒體還無法弄懂的困難的概念。這個新鎮不是要遠離文明,不是像蘇格蘭赫布里底群島(Hebrides)或奧地利於1930和1960年代興起的烏托邦風氣,它並不反對進步、不是反社會或者目空一切、不是刻意要過梭羅的《湖濱散記》那樣的生活;而且,也沒有任何狂熱附隨在這個新鎮(除了查爾斯狂熱)。反之,它汲汲於結合各方面最好的優點,也就是將高尚的道德圭臬和文質彬彬的禮儀這兩大英國精神,結合網路時代的生態效率與農業優勢。本鎮的建築植根於古典主義及良善,以有機為依歸。只要各種纜線能隱藏在視線之外,龐布瑞完全不反對科技。龐布瑞雖有科技,卻不會因為數位化而流露出泯滅人性的冷淡。龐布瑞會是一個溫暖而且舒適、愜意的所在,它擁抱被工業化世界的瘋狂行徑所拋棄的一切價值。這個新鎮的目的,是在蔚藍的天空下恢復一個正直而良善的社區。至於這樣的世界是否曾經在多塞特或任何地方存在過,就留給世人在茶餘飯後聊供談助吧。

　　2001年春天,我首次拜訪龐布瑞,當時已有500人搬來,住了6年。它無疑是個長篇小說般的城鎮,而且跟它最像的是湯瑪斯‧哈代(Thomas Hardy)所寫的小說。王子的夢首先是由城市規劃師里昂‧庫利爾(Léon Krier)形諸紙上,里昂‧庫利爾是納粹首席建築師艾伯特‧史匹爾(Albert Speer)設計與規劃原理的行家(庫利爾寫過一本關於史匹爾的書,分析其後現代古典主義淨化理論。庫利爾

相信：腐化的現代主義建築將會產生腐化的現代公民。）

新世紀伊始，走在龐布瑞令人有種怪誕的感覺，而我不確定何以會如此。許多房子都有人入住了，附近卻似乎沒什麼人。它讓我想起在佛羅里達州有大門的「社區」，只不過龐布瑞沒有大門，也沒有看見警衛。新鎮的建築原理反映出美國新都市主義（New Urbanism）運動。它的開發主任賽門‧康尼貝爾（Simon Conibear）告訴我，它是高密度地區，它的設計融合了「家庭環境重新人性化」的目的。其中有一部分是指減輕對汽車的依賴，找回對公車的信任；雖然在龐布瑞開放之後幾年所做的一次調查顯示，每一戶所擁有的車輛數，比鄰近城鎮都來得高。值得稱讚的是，在龐布瑞並沒有多餘的街道設施。儘管在城鎮規劃階段它強制實施了許多規則，街上很少有路標告訴你應該保持多少速限或是小心兒童。因為，道路的設計本身就是規則，它包含許多死角，讓你的車速無法超過20英里。還有，你聽不到太多車輛的喇叭聲。一部分原因就如同你的想像，這裡的人很有禮貌；另外一部分原因則是沒有太多需要按喇叭的情況。此外，車輛駕駛按喇叭會吵醒居民，在一天的任何時間都會。

「這街道代表我們接受女王的心意，」康尼貝爾說。（後來有一位居民告訴我說：「它有點像是作老媽的在監督兒子的學校作業。」）在每個轉角都有金融服務機關或者提供私人保健（整體的、緩解的、冥想的）的地方。這裡有盲人、自行車和婚紗等眾多專賣店，還有一間酒吧，店名是「桂冠詩人」（Poet Laureate）。龐布瑞最大的產業是多塞特穀片（Dorset Cereals）的麥片工廠，位於東北端。但是它的地址特別略去龐布瑞，偏好使用比較不精確但是比較浪漫的「多切斯特」。本鎮有許多漂亮的建築，卻沒有固定的風格。此

處的石造建物和設計（從新喬治風格建築到維多利亞風格連排房屋，再到農舍改建，無一例外）全是取自多切斯特其他村莊最詩情畫意的屋宇，將它們聚集在一起，並且希望它們能更富有詩情畫意。我說這個新鎮的住宅看似湯瑪斯・哈代的小說《嘉德橋市長》（*The Mayor of Casterbridge*）拍電影時設定的場景，龐布瑞的鄉親們一點也不領情。他們說，這裡並不是一直都很安靜，當那群瘋足球的小鬼們下課回家時你就知道厲害（這不是說他們可以踢足球射別人家的大門）。這裡確實沒那麼安靜，畢竟遠處有推土機和水泥預拌車在工作著，正在興建第二期工程。

賽門・康尼貝爾接著帶我到多切斯特之屋（House of Dorchester）的巧克力工廠，「如果你走到後面去，就可以買到我說的巧克力糞，一袋1.20英鎊。」我問到龐布瑞的規則。「喔，是啊，」他說：「我們把這裡當作嚴屬的保護區在經營，大家還蠻喜歡的。他們知道這個地區不可以受到毀損。」我們路過的房子，房價約在15萬到35萬英鎊之間。這地方各處的命名，例如艾佛夏小徑（Evershot Walk）、隆摩街（Longmore Street）、帕莫瑞廣場（Pummery Square）等名稱都是借用公國的建築物，像是農場。他們在命名時都會諮詢王子的意見，只有一處很搶眼的例外：布朗斯沃德廳（Brownsword Hall），那是本地的重要場所，以安德魯・布朗斯沃德（Andrew Brownsword）的名字命名。這傢伙是霍馬克卡片（Hallmark Cards）公司的大股東，自己掏腰包蓋了這座會堂。

會堂旁邊有一間歐克塔岡（Octagon）咖啡館，腳下輕輕脆脆地走幾步路就到了。店裡供應精製咖啡及帕尼尼（panini），店主是克雷（Clay）和瑪麗（Mary），他們把畢生積蓄都投注到這間店，顧

客留言簿讓他們感到很驕傲。「蛋糕真的很棒，」有一則留言這樣寫道：「還有舒適的座位！」

靠近門邊的一張桌子，坐著莉莉安・哈特（Lilian Hart）和露絲瑪麗・瓦倫（Rosemary Warren），兩位都是退休人士。她們正討論著龐布瑞的進步。瓦倫女士和她先生是第一批來到這裡購屋的人，哈特女士和她先生是第二批，於1995年1月的時候搬來。他們都喜愛這裡，尤其是它的地點。「我可以開車去超市買東西，4分鐘不到就可以停好車開始買，最多5分鐘，」哈特女士說。比起新鎮建築師的目的，她或許關心速度和時間多一點。「兩分半鐘以內我就能到醫院，30秒鐘以內我已經人在鄉下。我想要有一間新房子，我都幾歲的人了，才不要花時間去維修房子。這房子隔音效果還真不賴。」兩位女士都希望到機場的路可以更好走。跟龐布瑞的大夥一樣，他們通常會飛到別的地方避冬。她們也希望鎮上有間小雜貨店和郵局。

「但是，我要說句重話，只有一句，」哈特女士說：「在我們對面有個運動公園，它不夠大，而且位置也不對。」她曾經向公國的人反映，她聽到的回覆是：有「謠言」說它會被遷走。「查爾斯王子真的在乎我們的看法，」瓦倫女士說：「我先生過世的時候，還收到他寄來的慰問信。」

其他方面的看法比較沒這麼熱情，例如蘇・馬卡席-摩爾（Sue McCarthy-Moore）對沙礫的抱怨。她告訴我：「我有兩個十幾歲的女兒，她們總是會把沙子踩進屋子裡來。」沙子的顏色和水泥一樣，是比鵝卵石便宜的替代品，而且比柏油路好看。在龐布瑞幾乎到處都是沙礫道路，它還有一項特色很有吸引力：任何人只要走在上面都會有聲音，有利於鄰里之間守望相助。

還有其他比較重大的問題。《衛報》的前建築評論家強納森‧葛蘭塞（Jonathan Glancey）認為「它並不是面面俱到、都很成功的，它過度緊張了。對於新建築你必須態度溫和、寬鬆，但是大家都太用力了。它的街道給人過於寬大的感覺，因為它不像給它靈感的那些村莊，新地方的建設規章總是很嚴格，街道必須能夠讓巨大的消防車過得去才行。」

建立模範房屋比模範社區來得容易，這一點再清楚不過了，無論它的公民能執行多少嚴格的規則與道德規範都一樣。「查爾斯王子的願景可能併入了各階層大眾的想法，」葛蘭塞告訴我：「但現實是這樣的：其他還有些人正在樓上的臥室裡，從網路上下載你不知道的鬼東西。」

我再次返回龐布瑞已是10年之後，第3次則是又過了5年。2016年，它仍是一個很有趣的地方，而且在許多方面都令人欽佩。它的願景仍舊不變，它顯然也社會化地運作著（不像某些人想的那樣，擔心它會變成鬼城）。這個概念受到歡迎，也意味著建設的工作還在持續著。目前的居民有2,500人，是目標人數的一半。鎮上中學的規模正在擴張，在外圍仍舊有推土機和挖掘工人，而且它的外圍正日益逼近多切斯特。人們喜歡他們看見的，以及他們沒看見的。他們依然從英國的遙遠地區不斷搬進來。在他們的眼中，那些地方的運作不怎麼樣。你還是會來到龐布瑞，因為你不喜歡世界變化的速度。這是英國獨立黨時代所要的小英格蘭（Little England）。[3]在這裡緊急呼救按鈕永遠都垂手可得，繪圖板上的消防車如今已成現實：消防站的規模之大，是鎮上誰都不會錯過的一項特色，據說它正是根據王子的親手設計而建造的。如同龐布瑞，消防站整體而言也有強烈的兩極化意

見：當地人普遍接受它，純粹主義者則是會露出詭異的笑容。建築和設計雜誌《偶像》（*Icon*）的一位編輯注意到：消防站的喬治亞式壯麗建築竟被排水管環繞著，於是稱之為「希臘的帕特農神廟遇見英國的肥皂劇」，而且建議消防隊員「應該被強迫穿著19世紀初攝政時期風格的馬褲和上粉的假髮，駕著紅色四輪馬車衝向熊熊火海，用木桶提水滅火」。同時，《每日郵報》（*Daily Mail*）的一名讀者回應該報的照片，認為「比我們在市中心所承受的現代破爛玩意強太多了!!!」[4]

即便龐布瑞是最愉快而美好的勝利，查爾斯王子也必然已經領悟它無法符合人人的口味。它的特色確實正是它的部分吸引力所在；我確定它不合我的口味，但是我永遠都會將它向上躍昇的野心，看得比「小盒子房屋」（little-boxes estate）的一般性替代選擇更為重要。[5]有關龐布瑞的一切，最為奇怪之處在於：雖然它的未來牢牢地根植於過去，關於何謂美好的生活，它的觀念卻有相當前瞻的內涵。1980年代晚期龐布瑞初次被提出討論，當時西方世界對於貪婪、速度和榮華富貴的旋風，其態度之忠實虔誠可說是沒有極限。在社會與環境成本尚未被納入考慮，以及經濟尚未沉船之前，許多人都看不到它不利的一面。但是，龐布瑞的觀念（如果不說它的現實）現在卻非常吻合人們對於不同類型生活的廣泛追求。那是比較平靜、比較不緊張忙亂的生活，那樣的生活當然有供人沉思與重新評估的餘地。那樣的生活我們可以在專注中看見、在著色、劈材和《怦然心動的人生整理魔法》中看見、在工藝和製作所占有的崇高地位中看見、在對於環境的長程考量中看見、在流行的生活風格雜誌《Kinfolk》（家人）、《Oak》（橡樹）和《Hole & Corner》（孔洞與角落），以及它們對於木湯匙製作和斯堪地那維亞式設計等等的珍視中看見，甚至會在都市咖啡

師的狂熱奉獻中看見。雖然這些力量呈現的面貌形形色色，而且很適合被嘲諷、惡搞，它們已不知不覺地被綁在一起，形成我們現在所知道的慢活運動和新工藝運動。並非與速度有關的一切它們就會一概反對到底，它們是一種生活方式，擁抱更有深度的事物甚於速成的快樂以及對快速修復的追求。舉例來說，《KINFOLK 家》（*The Kinfolk Home*）這本書的副標題是「從心看見生活中的每一處慢活風景」（Interiors for Slow Living），它的編輯奈森・威廉斯（Nathan Williams）和凱蒂・席勒-威廉斯（Katie Searle-Williams）闡釋說：「慢活比較不宜說是風格，而是更在乎個人的深度心靈……慢活不是為了決定我們的生活所需可以少到何種程度，它是要找出我們所不可或缺的是什麼。」它的目標不是懶散無為，是經由關心與耐心而得到的喜樂。（慢活還有另一個引人注目的面向，就是人們想要描述它的時候，總是從它不是什麼開始說起。）如同龐布瑞的遭遇，慢活運動也容易被惡搞和嘲弄。慢活的支持者可能會被當作自戀、守舊、自命不凡以及讓人討厭到不行的傢伙。這一整個運動有比了無生氣的浪漫主義好到哪裡嗎？最嚴厲的辱罵是把它的中堅實踐者說成是為世界第一的問題提供中產階級的解決方案。然而，也有一部分慢活運動的支持者，關心的不是能否在本地弄到甘藍菜和奇亞籽，他們知道慢活的內涵至少有一部分是將簡單喜樂的追求，等同於永續性之政治、健康保障，以及國家的整體持續性財富。換句話說，一開始它只是對於美好建築和悠緩生活步調的渴望，隨著時間演進，越來越像是可以同時拯救靈魂與地球的辦法。

◎ 二、生活很法國

切斯・潘尼斯（Chez Panisse）是加州餐飲界的歷史地標之一，乍看之下和龐布瑞有很多共同之處。首先是戶外的天氣宜人以及對法國充滿尊敬的態度，但是當初創立的原則至今仍相去不遠。它們的創立者都厭惡現代生活的同質性，而且它們受人敬重的創立者之間有堅定而長久的交情。查爾斯王子不僅是切斯・潘尼斯餐廳的忠實粉絲，同時也崇拜本餐廳的主人所渴望的許多政治與社會目標。

切斯・潘尼斯是在1971年由柏克萊（Berkeley）的艾莉絲・瓦特斯（Alice Waters）女士所創立的。歷經草創初期的混亂不堪以及重重危機之後，這家餐廳贏得美國慢食中心的美譽，瓦特斯本人則意外成為捍衛者，擁護後來我們所知道的「農場到餐桌」（farm-to-table）理念還有跟它相關的一切，包括隨之而來的核心價值：當季生產、本地產品、最少量使用農藥和人工肥料、無基因改造食材、全部都是永續性原料。「手工的」一詞還沒有被用到令人反胃之前，曾是這個領域的標語。瓦特斯生於紐澤西州，不過她是1960年代中期在柏克萊長大成人，那時正值自由戀愛和言論自由的年代。她專注於反傳統文化中嘗試改變而非拋棄世界的那一部分，她經常被說成「嬌小玲瓏」而且總是不屈不撓。作家亞當・高普尼克（Adam Gopnik）說她「這一類女性在1百年前的話會手持小斧頭攻陷酒館，如今是在廚房蒸煮新鮮的綠豆，然而動機卻是相似的」。

對瓦特斯而言，慢食是心情看板：它無關乎鍋子在火爐上烹煮了多久，因為區區一盤傳家寶蕃茄（heirloom tomato）同樣能符合慢食的宣言。慢食的精神在於吃得誠實以及尊重來源的消費。它是關於

飲食的方式，是我們父母那一代在無須棲棲遑遑的時刻，他們的飲食方式或者飲食的內容。

2004年，查爾斯王子應艾莉絲·瓦特斯之請，在慢食運動於義大利杜林主辦的國際會議發表演說。這場會議稱為Terra Madre（地球母親），查爾斯也提出慢食的定義。「慢食是傳統食物，」他在會議上說：

> 它也是在地的──在地菜餚是認同我們所在的土地，最重要的方法之一。在我們居住的城鎮裡，放眼所見的建築也是一樣的，不論是大都市或小村莊皆然。如能用心設計，使地方和建物均能與地方性及地理景觀緊密相連，並且重視人的地位優於車輛，即可強化社區和紮根的意識。這一切都是息息相關的，此呼彼應。我們不再想居住於毫無特色、隨處可見的水泥方塊裡，正如我們不再想吃到處充斥、令人乏味的垃圾食物。最終我們將會了解：諸如永續性、社區、健康和口味，是比純粹的方便性來得更加重要的價值。

王子深信慢食運動的重要性無以復加。「這正是我之所以會來到此地的原因……如同19世紀時英國的藝術評論家約翰·羅斯金（John Ruskin）做過的：提醒世人『徒有工業而缺乏藝術，何其殘酷』。」

「當時參與會議的代表來自151個國家，人人都沒想到他會蒞臨並發表演說，」艾莉絲·瓦特斯告訴我：「但是他們在演說結束時都起立致敬。」從演說中很清楚可以看到，慢食運動居於慢活運動的核心。想要說明慢食運動，最好的方式還是從慢食運動不是什麼開始說

起：它並非純然關於食物，它甚至與中產階級也沒有特殊關係。它的根源是左傾學習政治（left-leaning politics）以及社區福利，它在義大利西北方誕生，言明了它是深刻的傳統基進主義（radicalism）與特殊的農業保守主義之結合。

「慢食宣言」出版於1987年11月，直到當時為止人們接觸並吸收它的意識型態已有多年，主要是在義大利布拉（Bra）的匹得芒提斯鎮（Piedmontese）一帶。這份宣言是由詩人法爾寇‧波廷納里（Folco Portinari）執筆，指出世界已遭「快速生活」感染，疾言批評人們「無法分辨效率和狂亂之間的差別」。宣言中主張，我們最大的損失在於對喜樂的追尋，餐桌上的快樂一去不返，無異生命中不再有令人愉快之事。正如我們在食物示威抗議中經常見到的，激發慢食運動的其中一股力量總是發生在麥當勞即將設店的前一年，在這裡我們說的是靠近羅馬景點西班牙台階（Spanish Steps）的麥當勞分店。然而，還有1982年的另一頓飯。那頓飯吃得毫無樂趣可言，啟發了卡洛‧派區里尼（Carlo Petrini），讓他開始好奇：根據快速準備的指導原則而弄出來的食物既平庸又缺乏靈性，我們為它們付出的價錢，是否畢竟不算太高。

根據《慢食故事：政治與樂趣》（*The Slow Food Story: Politics and Pleasure*）的作者喬夫‧安德魯斯（Geoff Andrews）所說，當時派區理尼和一群朋友在托斯卡尼（Tuscany）的芒塔西諾（Montalcino），他們被找到鎮上的工人社交俱樂部卡薩‧戴歐‧帕波羅（Casa del Popolo）吃午餐。他發現那裡的食物又髒又冷，在返回布拉的住所時，他發表了一封公開信，揭開這件可怕的事。他認為那些食物污辱了當地也污辱了當地的美酒。他的信獲得聲援也招致奚落，後者認為

派區里尼身為地方議員而且具有文化基進主義的深遠歷史，應該去忙更重要的事，勝過計較一頓不滿意的午餐。想要表現基進的機會很多：正是義大利開啟了渴望享樂主義的年代，才讓貝魯斯柯尼（Silvio Berlusconi）乘勢而起。[6]派區里尼強調，沒有什麼比食物更為重要的，任何事都比不上他吃到的一盤冷掉的義大利麵所代表的意義。那是匆匆忙忙做出來的食物，是對傳統的大不敬，也羞辱了本地的生產者。於是，慢食的核心原則就這樣應運而生。如今這個運動跨越了150個國家，已成立450個地區分會，宣稱會員人數超過10萬。從它形成以來，30年之間它的宣言已經從論辯而成熟到實踐。它當前的目標很多，像是在每一個區域建立「滋味方舟」（Ark of Taste）日誌，記錄及保護當地產物；鼓勵當地加工和屠宰；支持當地農場；警告速食對健康之害，例如糖尿病和營養不良；遊說食物里程（food miles）及基因工程政策。[7]這項運動是防禦性保護主義，但是它對於永續性的承諾也讓它成為前瞻性的思想。舉例來說，許多西方人對於氣候變遷最先體驗到的影響，是某些食物短缺，而進口食物的第一個作用，則是小小促進了氣候變遷的速度。

查爾斯王子於杜林的「地球母親」國際會議演說提到了艾瑞克·西洛瑟（Eric Schlosser）的先驅之作《一口漢堡的代價》（*Fast Food Nation*）。「食物系統取得如此異乎尋常的中心化與工業化結果，不過是短短20年間所發生的事，」查爾斯如此說。[8]「速食也可能是廉價的食物，而且它往往是名符其實的廉價食物。但是，那是因為它的計算過程中排除了大量的社會與環境成本。」王子羅列了一些成本：例如食物媒介的疾病興起、新的病原體如大腸桿菌O157的出現、動物飼料中過度使用藥物造成的抗生素抗藥性、密集的農業系統引起的

廣泛水污染。「這些成本均未能反映在速食的價格，然而並不表示我們的社會沒有付出代價。」

艾莉絲‧瓦特斯於1980年代晚期在舊金山初次聽到卡洛‧派區里尼演講，才知道慢食運動這回事。「我聽到他說的內容，覺得我們一拍即合，真是太令人興奮了。」她成為慢食運動的國際副會長，開始了宣傳之旅。但是在瓦特斯的生命中，帶有政治胃口的食物，還不如另一件比較簡單的事物讓她更加重視，那就是只對食物本身的熱愛。她一開始在烹飪方面的熱情源自法國菜，這是個豐富的來源而且是在意料之中，法國菜同時也是她烹飪的目標。她初訪法國是在1965年，也因之產生在本地開設自己餐館的想法。她喜愛法國餐桌上的神話與現實：那用餐時的心境一如母愛的溫暖，深知美酒是每一餐不可或缺的一部分，以及午餐過後沒有特別理由必須急於返回工作的心情。她告訴我：「一趟旅遊回來，又回到這個速食文化，讓我感到震撼不已。」她決定要盡其可能生活得很法國，除了重新沉醉於這個世界，她什麼都不想要。她同時也愛上法國文化和1930年代馬塞爾‧巴紐（Marcel Pagnol）電影作品裡的生活情趣。〔這些電影幾乎可說是自成天地，片中設定在馬賽（Marseille）的海岸時光，全是由愛、友善和滑稽的小鬥嘴組成的。這些電影中有個角色的名字叫作潘尼斯，另一個叫作芳妮（Fanny），瓦特斯也為自己的女兒取名芳妮。〕

在切斯‧潘尼斯用餐，固然有一部分是食物的體驗，另外也有一部分則是電影的體驗：你環顧四周，到處都看得到精心製作的巴紐電影海報。瓦特斯本人很少親自下廚，然而她的熱情無所不在。他們的菜單雖然一度充滿傳統的法國菜（鳥裡面有鳥裡面有鳥的名堂，每一樣材料都是酒燄燒過並且塗抹醬汁）9，到了1970年代晚期她的明星

級主廚傑瑞米亞‧陶爾（Jeremiah Tower）離開之後，已經淡化了傳統法國菜的份量。[10]近來他們的餐點是獨特的加州色彩，有陽光、有梅爾檸檬（Meyer lemon），還有好心情，但是從不會讓人緊張焦慮。與其說它是慢食，或許「真食」（real food）是更好的說法。

　　我在2015年9月的某個傍晚到訪切斯‧潘尼斯，在樓上的咖啡廳用餐。那裡比樓下的主餐廳來得便宜許多，但同樣能奉行它的標準，採用當季材料簡單而且高明地烹煮。吃著包在無花果樹葉裡和茴香一起烘烤的比目魚，或者雞胸肉配貝殼豆及秋葵，再或者是油桃餅配上香草冰淇淋，一般人並不會了解過去30年來各種爭辯的精神包袱有多大〔實際上它是理佛道格農場（Riverdog Farm）的雞和八月火（August Fire）品種油桃；若是在樓下的話，你可以跑到沃爾夫牧場（Wolfe Ranch）、詹姆士牧場（James Ranch）和康拉德農場（Cannard Farm）去挑選蕃茄、鵪鶉和羊。你可以在農市進食，那裡每一樣材料都有來歷。但是當你問到「它好吃嗎？」，它的故事相形之下已是多餘的〕。整個晚上唯一令人不安的地方，是這樣的慢食上菜的速度有多快，還有每件事有多麼非法國以及不會被用粗暴方式處理的。這裡不像你在法國多爾多涅縣（Dordogne）的小花園裡鋪著格子布的餐桌，在這裡你可是必須騰出幾個小時慢慢用餐。

　　瓦特斯長期以來都拒絕提供特許經營餐廳和她的冠名。「我不想靠餐廳賺錢。我想經營餐廳，只是為了認識在這裡工作以及來到這裡的人。你擁有的越多，你必須照顧的也越多。」不過，她寫了幾本食譜，這些書還挺有魅力的。最感人的，也是最有可能讓她的批評者感到肉麻的，是《芳妮在切斯‧潘尼斯》（Fanny at Chez Panisse）這本書，它是瓦特斯和兩位朋友用她女兒的語氣寫的。這本書包括食譜和

小歷史，試圖捕捉住慢食哲學的素樸精神。「我喜歡在星期三的時候待在餐廳，因為那一天是蔬菜送來的日子，它們是從藍丘‧聖塔‧菲（Rancho Santa Fe）的奇諾農場（Chinos' farm）一路送來的。奇諾家的農場是世界上最漂亮的，那裡只有蔬菜，一排又一排，什麼蔬菜都有，看起來就像是寶石一樣……」

　　在餐廳和食譜書之外，她的核心工作是一個稱為「可食校園」（The Edible Schoolyard）的計畫。根據資料上說，它是企圖「從事後的想法到可食教育，轉變學校的午餐」，並且為沒有判斷力的人們灌輸慢食生態系統的概念。毫無意外地，著名廚師傑米‧奧立佛（Jamie Oliver）是她熱情的支持者[11]，這個計畫也讓柯林頓及歐巴馬著迷。「在我的內心，永遠都是想著贏得人心，而不是想著征服他們，」瓦特斯說道：「為他們呈上美好又美味的食物，他們的不良行為就會自動消失。」

　　在2015年的感恩節之夜和我談話的瓦特斯年紀已70出頭，兩週前她所摯愛的法國才遭遇過一場毀滅性的攻擊，被攻擊的正是她想要效法的文化。瓦特斯正在撰寫回憶錄，她說，和年輕人交談時，他們的信念仍舊能讓她獲得力量。然而，她自己的信念似乎正在衰落：

　　跟其他人一樣，我也用手機，而用餐時我真的會把手機拿開。有一件關於食物的事非常重要，就是我們以食物作為溝通的工具。但是，我曾經與年輕人共同用餐，他們的手機寸步不離。40年前讓我感到驚駭的事，如今已然成為主導的文化——主導我們的價值，是快速、廉價和簡易，我們賦予食物的價值已經降低了。我們改善了什麼？非常之少。我們被這樣的文化徹底禁錮了。

◎ 三、更快的食物

　　然而我們總是匆匆忙忙的，我們需要補充體力，我們也沒有閒工夫在切斯・潘尼斯或其他任何切不切斯的餐廳訂位。雖然慢食融合了博愛，它終究還是遭遇非常難纏的還擊。速食是30年前被慢食斥責的敵手，如今仍舊供應著快速而且賞心悅目的替代品，它仍是大量生產的食品，大多都不健康，卻是付得起的價格，最大的問題在於有些速食是很好吃的。食物裡面糖和鹽的成分能吸引我們的大腦，就像它只需要很短的時間即可煮好上菜這一點，能強烈吸引我們的時間表。大街上充斥便宜的速食，你可以看到普瑞特三明治（Pret A Manger）、伊出（Itsu）壽司便當、午餐時間的快餐車等等，反映出速食正往健康食物的方向走近了一點點（或者至少更有想像力），起碼在都市裡比較有錢的區域是這樣的。這個趨勢的目標仍是為了快速，雖然在多樣性與想像力方面它也已經進步了一點。

　　但是，最近興起了一種新速食，它烹煮食物的方式不會讓食物看起來像熬了8小時的燉肉。在我們這個時代，通常食物只有一部分是食物，其他部分是科技。正如同其他科技事物一樣，在它的核心有一個即將形成的億萬富豪，令人豔羨。

　　2012年底，那時候的羅伯・萊因哈特（Rob Rhinehart）是一名20歲出頭、有點絕望的駭客，他希望能在新創立的事業中有重大突破。他的構想牽涉到手機，然而他的生意正在衰退。萊因哈特開始在食物攝取上節省開支。他開始吃垃圾食物，同時也感到厭惡。於是他開始研究哪些東西是維繫身體健康真正需要的，最後得到一份清單，內容是30種不可或缺的養分。他開始網購粉末型態的化學物品及維他

命，再將這些東西用水調和，發現它們看起來比較順眼，喝下之後的感覺也好得多。他開始在網誌發表相關心得〔第一篇貼文是〈我如何停止吃東西〉（How I Stopped Eating Food）〕。來自親朋好友的反應一開始又酸又充滿好奇，很快地其中有一些讀者也開始調製自己的礦物質配方，滿足無烹煮飲食的目的。

萊因哈特將他的產品稱為「索能」（Soylent）。他讀過哈利·哈里遜（Harry Harrison）的書《讓路！讓路！》（*Make Room! Make Room!*），這本書寫於1966年，背景則是設定在1999年。作者想像了一個人口過剩、資源稀少的世界，最令人渴望的食物是索能，那是以大豆和扁豆製成的餅乾。〔在後續改拍的電影《超世紀諜殺案》（*Soylent Green*）中，紐約的居民靠索能餅乾維生。這種餅乾並不是採用海洋中的良好材料製造的，根據廣告所說，它的材料是人皮。〕

萊因哈特的產品開始受歡迎，索能成為眾募（crowdfunding）公司提爾特（Tilt）的省時類熱門項目。萊因哈特和他的朋友們很快就募集了1百萬美金作為投資的資本。索能開始出貨，並且吸引了國際新聞報導。當《紐約客》的莉齊·威帝康（Lizzie Widdicombe）前往訪問萊因哈特，發現他「有健康的外貌，這一點相當振奮人心」，更加確定他已經找到了未來的食物。他稱其他食物（即使是像紅蘿蔔）是「休閒食品」。索能不需要煮，只要10秒鐘左右便能喝完它。它能恢復你的體力，也讓你自由。究竟這包米黃色的液體喝起來味道怎樣？萊因哈特並不熱衷定義它的口味，不過威帝康的報導說，它嚐起來有點像煎餅糊，有些微的燕麥粥和顆粒的感覺，蔗糖素蓋住了維他命的味道。

作家威爾·謝爾夫（Will Self）接受《Esquire》雜誌指派，進

行5天只吃索能的任務。他發現它的口味「微甜、也有點鹹，跟便宜的奶昔很像，吃過之後的消化過程讓人感到相當不舒適」。任務結束時，關於索能他所想得到最糟糕的事，就是每天都吃一樣的東西，乏味至極。雖然他談不上美食家，可是他開始想念再次咀嚼的感覺，而且渴望任何食物，只要能保證選擇多樣、美味可口。

● ● ●

這種新食物當然從來就不是為了樂趣而存在的，它是一項效用。「我想，最棒的科技就是消失的那一個，」萊因哈特說：「水並沒有太多口味，卻是世上最受歡迎的飲料。」索能並不像水，它包括了取自菜籽油的脂質、取自麥牙糊精的醣，以及取自稻米的蛋白質。它還含有提供omega-3的魚油，以及不同份量的鎂、鈣、銅、碘和維生素B2、B5及B6。在正式的索能宣傳影片中，到處都是年輕又體面的人，他們看起來正過著令人羨慕的生活，而且在工作中或是在健身房喝著這項混合液。萊因哈特說，工程師的訓練教會他「每樣都東西都是零件組成的，每樣東西都可以分解」。他的影片中也呈現一對郎才女貌的情侶，正準備著一日活動的索能：在攪拌器中加入3袋索能和水，就足夠供應早餐、午餐和晚餐，總共只需要9塊美金，或許能讓你在一天中得到兩小時的自由。

液態食物存在已有一段時日，最顯著的用途是在太空任務和醫院。如今的差異之處在於索能並非只是為求便利，它是核心食物，萊因哈特聲稱索能占了他自己日常全部飲食的90%左右。關於生存和養料，若不計較樂趣的話，這不失為全新的思考方式。這種食物讓我們

脫離了舊石器時代以來習以為常的世界，以最終使用者為重，繞過老饕或美食家。

索能無可避免地激發了DIY型的競爭敵手，紛紛提供各種類似的方法，要使你的生活之道和腸道一起簡單化。他們也是在網路上即可取得，例如：紅索能（Soylent Red）、全民咀嚼3.0.1（People Chow 3.0.1）、西莫依冷特（Schmoylent）、庫依（Queal）、維佗（Veetal）、安布羅（Ambro）、凱透食物（KetoFood）、納諾（Nano）和喬依冷特（Joylent）等。他們顯然看見了一個成長中的市場。索能的規模天天都在擴大，直到2016年初為止，它已吸引到2千5百萬美金的資金，這些投資人確信看到了未來。他們已經看見的事，其中一件是：餵飽快速成長的全球人口，這樣的兩難之局在過去如何迅速變成一大問題。

索能和它的複製品在矽谷一帶的帕羅‧奧托及山景城（Mountain View）這兩個科技中心特別熱門，絲毫不足為奇。在這裡，你離開去吃個午餐，哪怕只是區區幾分鐘，都有可能毀掉下一個偉大事業的誕生。正如索能的正式影片說的：「以索能作為飲食來源，意味那些正常情況下會用來準備食物、用餐、餐後清洗的時間，您都可以省下來，用在生活中的其他領域。」如今有成千上萬人（沒錯，就是索能少數派）嘗試以索能或是網路上的其他變型版本作為主要的營養來源，他們在工作與飲食方面的二元需求，已透過數位方式滿足了。至於對健康的長期影響，仍有待確定索能這類食物和健康之間的關係。

然而，它對於人們的日常生活，確實有立竿見影的影響。既然不需要養殖和種植食物，即不需要因為進食而不時打斷生活。於是，我

們變成了不一樣的種族：我們比較少社交（我們不太可能在「索能時間」和朋友閒坐在一起）、較少溝通和缺少判斷力（我們不會去購買食物、不會對新經驗保持開放的心胸）、更同質性（如果索能已全球化，屆時我們將吃相同的化學物品），以及更容易食物中毒（以科幻小說的角度來看流行病，可被污染的食物鏈並非千千萬萬個，而是僅有的一個。）進食工廠化生產的液體，我們將會變得如同以前常吃的動物。回首從前，或許連速食都會被看成優良食品。索能可能只是起點，或許也是終點。自由從來不曾看起來這麼流動，或者這麼合成。

註釋

1　譯註：在英國bury一字有「鎮」的意思，常被用在地名的後綴。Poundland（意譯為「一鎊國度」）和Poundworld（意譯為「一鎊世界」）是英國兩家隨處可見的日用品連鎖店，店如其名，店內所售日用品以定價一英鎊的為大宗，類似台灣的10元商店。查爾斯以王子之尊建造的新鎮卻被聯想到「一鎊鎮」，予人廉價的感覺，作者認為這是始料未及的不幸之事。

2　譯註：在英國偶爾會發生比特鬥牛犬咬死人的不幸事件

3　譯註：對於英國的未來，有兩個看法日趨激烈對立，一派稱為「大不列顛」（Great Britain），另一派即是「小英格蘭」。前者主張英國應該更加向世界開放，後者卻認為應該追求小國寡民、獨善其身。英國獨立黨是小英格蘭派典型的右翼政黨代表，而且已經取得很大的影響力。屢敗屢戰的蘇格蘭獨立公投以及剛剛通過的脫歐公投，都是小英格蘭勢力的實質行動。

4　《偶像》雜誌的第150期特別推出一份禁用字的詞彙表，其中有許多都和慢活運動密不可分。例如：生態（eco）、策劃的（curated）、手工的（artisanal）、工藝的（craft）、實驗的（experiential）、永續的（sustainable）、斯堪地那維亞式（Scandinavian），以及永恆的（timeless）。該表對最後一字的定義是：「形容詞：為持久而設計，但是註定在隔年就會被取代。」

5　譯註：little-boxes estate也可以稱為tract housing（排屋），是一種住宅區開發類型。這種住宅區的房屋戶戶相連，蓋成一長排，每戶均一模一樣，外觀就像並排的小盒子。

6　譯註：Silvio Berlusconi是義大利媒體大亨，擔任過四朝總理。

7　譯註：food miles是指食物從製成開始算起，到消費者之間的距離。

8　真正的時間表還可以更往回追溯。麥當勞是1940年代於加州起家的，它利用快速服務系統行銷漢堡，有助於普及統一式快餐的概念。但是，連鎖店白色城堡（White Castle）主張他們才是第一家速食店。他們將歷史回溯到1921年，他們是「迷你漢堡」（slider）發源的故鄉。迷你漢堡是四方形、附有洋蔥的陽春小漢堡，其製作過程就宛如工廠生產線，每個迷你漢堡售價5分。在堪薩斯州祖師爺餐廳的用餐者會被鼓勵「買一袋吧」（Buy 'em by the sack；譯註：這是白色漢堡公司的行銷口號，一直使用至今，甚至將這句口號註冊），若是你選擇外帶，則是5個迷你漢堡只賣10分。

9　譯註：這道菜的作法是依禽類的體型大小將其肉層層包覆，小的如鴿子肉在內層、大的如火雞肉在外層，最後捲成一束，烤熟即可。

10　陶爾和瓦特斯是南轅北轍的兩個人，雖然瓦特斯很欣賞他為廚房帶來的耀眼光芒和關注。他前往紐約創立史塔爾斯（Stars）餐廳，在這裡每一位廚師都很受寵，為毫無判斷力的顧客推出馬戲團風格的盛大表演活動。分子料理在這裡找到了在美國的真正舞台，而且開發了這群廚師的天分，例如多明尼克・庫連（Dominique Crenn；譯註：世界知名的女廚，從Stars開始學藝，曾獲米其林雙星）。它是速食的對比：是智力、作工綿密而且渴望藝術的烹飪，是你無法在家自己做的菜。此時切斯・潘尼斯則回到它的根源：美味的羊肉餐、壁爐燒烤出來的漂亮雞肉。

11　譯註：Jamie Oliver致力於推廣健康校園飲食已有多年。

CHAPTER

15

在 1790 年的一種新敘事：一張計
時的門票前往井然有序的昔日。

收藏時間

The British Museum
and the Story of Us

◎ 一、時禱書

關於時間，我們的調查就在某個具體的地點結束：這是個機構，它用與眾不同的方式標記時間的痕跡。

大英博物館於1759年1月開館，兩年後第一次出版館藏目錄。它的館藏內容雜亂無章、萬物皆收，有書籍、版畫、珠寶、礦石、錢幣、望遠鏡、鞋子、化石、埃及花瓶、羅馬燈具、伊突拉斯肯（Etruscan）壺[1]、牙買加酒器和木乃伊等等，反映出漢斯·史樓安爵士（Sir Hans Sloane）廣泛的興趣及囤積的習慣。大英博物館的第一批館藏就是他所提供的。[2]第一年大約有5千名訪客來參觀大英博物館裡的收藏品，換作是現在，差不多是下雨的星期二在1小時內可以吸引到的參觀人數。當時也和現在一樣，是免費入場的。可是在早期你必須是極其熱衷而且條件恰當，才能在一生中第一次見到化石。你得找一天去拜訪博物館的守衛，表達你有參觀的興趣。守衛會檢核你的住址以及你是否符合資格，你必須改天再來領取他們簽發的門票（如果獲得許可的話），然後在規定的日期前來欣賞那些館藏。到時會有一名「準圖書館員」為你們5人一組的訪客導覽。根據博物館自己的報告說，導覽的步調相當快，確保下一個5人小組不會等得不耐煩。

設法穿過巨大的樓梯間之後，首先進入視野的包括一個房間，裡面有珊瑚，還有一顆禿鶩的頭泡在酒精裡。其中有些物品會讓訪客想起露天遊樂場和畸型動物展覽：像是不可思議的「獨眼豬」、從一個叫瑪麗·戴維斯（Mary Davies）的女人頭上取下的角。[3]這一類物品和博物館的宏大目標相悖。大英博物館的「主要設計目標，是為國內外勤奮好學的博雅人士，提供探索各領域知識」的場所。[4]在旁邊設有

一間房間，是該館著名的圓型閱覽室前身。根據最早的規範，那間房間是「許可進入（進行研究）的人專用，供他們在此閱讀及寫作而不受干擾」，當時這項崇高的追求尚未被稱之為學術。在第一天，圖書館吸引來8名訪客。你必須要有很大的定力才能克制住自己，不會想把博物館的某些偏激管理人捆綁起來。相形之下，獲准進入博物館所需要的耐心就不值一提了。舉例來說，約翰・瓦德（John Ward）是倫敦格瑞夏姆學院（Gresham College）的修辭學教授，他憂心博物館展示的大多數物品都太高雅了，豈是「各行各業的販夫走卒」有能力鑑賞。他發自內心地害怕18世紀的烏合之眾會搞垮博物館。

圖書館員人數不多，無力防止許多違規的情事。他們若想管制或斥責違規的人，很快就會招來對方辱罵。……上流人士不會想在那種日子來到館中，不願與雜遝不堪的群眾共處一室。如果對外開放的時間勢所難免，則管理人必須指派委員會成員在場督導，至少還要有兩名基層法院法官（Justice of the Peace）以及布魯姆斯伯里（Bloomsbury）5分局的員警。[6]

　　瓦德所憂懼的是：博物館是有生命的，健康的博物館才會吸引各種好奇心旺盛的人。Museum（博物館）一字源字古希臘文Muse（繆斯），它是對藝術女神繆斯的禮讚，也是繆斯精神的發揚光大。博物館展現最崇高的文化目標及成就，然而它體現的方式並非利用有形的物件，而是向人類心靈的力量表達敬意。在埃及的亞力山卓（Alexandria）[7]，人們會付錢給博學之士，只是為了請他們現身神聖的門廊建築，就像今天請名人擔任「大使」。然而對於博物館應有的

面貌，大英博物館從一開幕起，就把古希臘人的觀點遠遠拋諸腦後。但是後來圖書館與大學出現了，好奇心可以經由其他方式散播，而且博物館中具有歷史性以及象徵性意義的物品都被收到了玻璃後面。於是博物館有了新角色，它變成符號，也成為時間的演示：流逝的時間、被追蹤的時間、被編錄的時間。至少在某個形式上，博物館只不過是編年記錄了時間的專長。那是人類恆久不變的慾望，想要超越隨機性，為各種事件編排秩序並賦予意義。在布魯姆斯伯里，對於事物的時間排序，比大多數地方都來得沉重。

● ● ●

1759年，白金漢院（Buckingham House），亦即現今的白金漢宮（Buckingham Palace），曾被慎重考慮作為大英博物館的第一處館址，只不過政府的購買成本高達3萬英鎊，相較於布魯姆斯布瑞的替代選項只要10,250英鎊，終於遭到否決。所以，大英博物館（雖然在當時更像是一次實驗）便在蒙田大宅（Montague House）開張了。蒙田大宅是一座17世紀的別墅，位在大羅素街（Great Russell Street），大英博物館就在此處屹立至今。我們看到它的展示比倫敦古董市場波多貝羅市集（Portobello Market）的秩序高明不了多少，參觀者對於英國在世界上的地位還無法有個通透的了解，對於人類心靈或者冒險精神的發展，更談不上有任何想法。

然而，1860年的一份館藏目錄顯示：大英博物館在第一個百年裡不止館藏擴充了，它的願景亦然：現在它的陳列既有了目的也有了秩序，不再只是累積。其中有某些目的體現在不公不義的掠奪行為中，

呈現了大英帝國的肆虐。我們一方面坐收戰利品，同時也在閒暇時四出竊盜。但是它現在具備方向明確的年表可供大眾學習，已是有導向的歷史，不再是一整櫃的好奇心。〔該目錄也暗示自然歷史博物館（Natural History Museum）必然應運而生：它在大英博物館成立30年之後分出，它早期的展覽室裡，在古埃及的羅瑟塔石碑（Rosetta Stone）和埃爾金大理石（Elgin Marbles）之外[8]，同時也是黃蜂的蜂巢、蝸牛殼、麋鹿化石、禽龍化石、紅鶴標本、孔雀，還有不快樂的有袋動物等物品的歸宿。〕大英博物館是遵循達爾文式的思路，以天擇的準則從事經驗性的民族誌。達爾文的《物種源始》（*On the Origin of Species*）以及艾佛瑞·華萊士（Alfred Wallace）的著作於1850年代晚期出現[9]，我們以後見之明來說：即使古希臘對於美的理念，以及其他更崇高的觀念，在當時仍守舊地縈繞不去，大英博物館的新展覽室已經和清澈又令人振奮的生物學踩著相同的步伐，雖然博物館方面經常顯得不知不覺。19世紀中葉，在大英博物館興起了現代參觀者最為渴望的一項作法：敘事。[10]

　　大英博物館內的時間秩序是其策展人不可免的工作，特別是其中一位策展人奧格斯塔斯·瓦勒斯頓·法蘭克斯（Augustus Wollaston Franks）。1851年，他被分派到古物部（Department of Antiquities），在瓷器、玻璃和其他很多領域建立新部門，很快就提高了自己的名聲，成為頂尖的古文物研究學者。他本身也是收藏家，若說這是無可救藥的遺傳性痛苦，他倒是樂在其中。他在收藏方面的經驗，讓他能在英國許多重要古物被拍賣行分解之前先下手為強。（他對自己的事業投入之深，可從一次事件證實：他曾為博物館買下一個華麗的皇家金杯，自掏腰包付了5千英鎊。幾年後他承認這次意

外的成功，博物館也還他這筆錢。）

　　但是，法蘭克斯最傑出的成就是他和收藏家亨利・克里斯提（Henry Christy）之間的友誼，博物館從克里斯提那裡獲得超過2萬件收藏品。克里斯提的財富來自銀行業和工業，他的熱情卻是在人類學、古生物學和人類演化。1850年代早期，他曾有兩次特別的旅行，分別是前往瑞典的斯德哥爾摩和丹麥哥本哈根的博物館。這兩次旅行揭示了一件既顯而易見又令人震驚不已的事實：這是一個新方法，能將個別獨立的物品聚集在一起，說出人類文化如何歷經時間而變化、成長的故事。大英博物館感謝他們兩人的貢獻，將一樓某間展覽室的角落獻給他們的遺澤。其他有很多博物館也是因為他們而受惠良多。大英博物館裡有一面資訊看板指出，在法蘭克斯的指導之下，克里斯提的收藏品不僅經過系統性整理分類，它同時也是充滿原創性的整理方式：「這些物品來自世界各地的遙遠文化，和其他比較熟悉的文明所留下的物品放在一起。」狹隘的年表本身只是死記硬背的學習，然而真正的知識來自聯想。

●●●

　　時間也改變了博物館。艾德華・約翰・米勒（Edward John Miller）是最近為大英博物館立傳的作家之一，他曾在大英博物館任職多年，擔任檔案員及保管員。他指出，有許多博物館誕生於沒有藝術生殖能力的年代，無力產生自己的傑作。它們必須在滿佈灰塵的展覽室，將就與強而有力的時代留下的古物為伍。另一位傳記家W.H.包爾騰（W.H. Boulton），他在1931年出版了《大英博物館傳奇》

（*The Romance of the British Museum*），他注意到「曾有一段期間，參觀大英博物館……被當作是濕漉漉的一天裡，打發時間的枯燥方法之中最枯燥的一種……對廣大的倫敦人口來說，這整個活動就跟木乃伊一樣枯燥到無以復加。」

　　但是，也有未曾改變的部分。就那些古舊而沉重的物品而言，大英博物館目前仍是世上最偉大的保護者及推廣者。和眾多博物館及藝廊一樣，它的展覽都是標記事物獨特的一面，例如藝術時期、遙遠的文明、機構許可機制的消逝等。在大英博物館，那些泛黃的物品都會經過掩藏並保護於厚重的玻璃下。然而，這個曾經閉塞不堪又自以為是的地方，如今已是人人可以前來的商業化場所，不再憂心烏合之眾的破壞。在大英博物館，既有柱廊、灰色石柱以及沉穩雄渾的希臘復興式（Greek Revival）門面[11]，還有在大中庭（Great Hall）吃午餐的學童，他們對館藏的態度不算虔誠；但是在此之外，大英博物館達到的成就已經超越了寶物的收集、分類和保存：它恪遵法蘭克斯及克里斯提留下的傳統，以有形物的方式追蹤著人類時間的軌跡。

　　博物館甚至提供研究指南，指導追蹤時間的工作能夠達到最好效果的方法。在第38和39號展覽室有傳統的時鐘及手錶展示，從早期的鐘樓時鐘和家庭用的機械鐘擺時鐘，一路追蹤下來，直到1950年代英格索公司的嶄新Dan Dare懷錶，以及1970年代寶路華（Bulova）公司的Accutron振動式電子錶款。Apple Watch想必很快就會在它們身旁占有一席之地。其他房間則是用比較出乎意料的觀點展示能訴說時間的物品。第1件物品是在長毛象象牙上的雕刻，是大約13,500年前的產品。大英博物館的信條之一是：「在一切文化的根本處有一個共同的需求，那就是組織最切近的以及比較遙遠的未來，藉此求取生

存」，關於這項需求，最早的呈現形式是動物的季節性遷移。這件雕刻的象牙是在法國蒙塔斯特呂（Montastruc）一處岩室裡發現的，它顯示兩頭游泳的馴鹿，領先的那一頭有深厚秋季毛皮的標記。對獵人來說，這是良好的季節標誌：此時馴鹿正值最肥美的階段，而且牠們在泅泳時最容易被獵殺。這件雕刻長12.4公分，或許是某一柄木製長矛的矛尖，而且這支長矛也許殺死過游至中流的馴鹿。

第 2 件物品長 3 英呎 2 英吋 ，是一枝雕工複雜的系譜棒（genealogical stick；紐西蘭毛利語的「系譜」則是whakapapa），它出自紐西蘭，以木刻及軟玉製成，上面計有18個缺口，每一個缺口即描述持有系譜棒的毛利人（Maori）有過一代祖先。[12]由於系譜棒上面的缺口越多，表示可追溯的祖先越遙遠，藉此建立與時間之初始的儀式性連結，最終亦即形成了與神的聯繫；它同時也是可觸摸得到的符號，象徵人壽有時而盡。接下來，我們的殖民年表抹除了毛利人的年表：這些系統棒成為19世紀歐洲博物學家的珍貴紀念品，然而使它們如此值得想望的那一項因素，就這樣被瞬間削減了。

物品3是一件具有部落及心靈性質的藝術作品，它是一隻木雕的雙頭狗寇若（Kozo），歷時數十年才完成。這是傳統的「恩基希」（nkisi）偶像[13]，屬於剛果民主共和國（Democratic Republic of Congo）一名薩滿（shaman）的財物。[14]薩滿會傾聽族人對於醫病或矯正錯誤行為的請求，然後將釘子或其他物品刺入恩基希的體內，釋放它的力量。可能需要一整個世代的時間，這尊雕像的全部能量才會釋放殆盡，並且全身佈滿尖釘：看起來既是兇狠的刺蝟，也是巫毒式的手榴彈。

第4件物品：《貝福德時禱書》（*Bedford Book of Hours*），它是大

英博物館內最華麗的手稿（目前收藏於大英圖書館）。「時禱書」是基督教信仰中從事每日靈修功課的曆書，示範說明在每個指定時間的禱告。《貝福德時禱書》大約是1410到1430年之間於巴黎製作，曾屬於尚未登基時的亨利四世。書中有38幅《聖經》插圖，偏重於聖母瑪利亞和嬰兒基督的艱辛事蹟（如天使向瑪利亞報喜、東方三博士朝拜聖嬰等等）。書中的8個禮拜時辰以不容忽視的方式標記時間，這是名符其實從黎明到黃昏的計時工作，8個時辰標示分別為：matins（夜禱）、lauds（晨禱）、prime（第1時辰）、terce（第3時辰）、sext（第6時辰）、none（第9時辰）、vespers（晚禱）和compline（睡前禱）。這本繁複華麗的曆書以天鵝絨包覆，曾經是貝福德公爵（Duke of Bedford）約翰擁有的物品。為了標記他和夫人安妮（Anne of Burgundy）的婚禮，這本時禱書曾進行修訂，納入他們的誓詞以及紋章。時禱書在歐洲是財富及虔誠信仰固定而可敬的配備，它是每日靈修功課的預定指導，與信徒相伴一生。

第5件和第6件物品：是兩面15世紀時以雪花石膏板製作的世界末日景觀。它們以雕刻呈現兩個啟示跡象，一是人們從居所湧出，沒有知覺也無法開口說話；另一幅是所有生命都已死亡。最後審判日以及我們全體滅亡的景象，看起是我們可以結束這一趟旅程的好地方。如今新的啟示預言擺盪到最殘忍的恐怖主義政體那一方，他們掃蕩過古代城市時對古物的摧殘，也是在向時間本身的摧殘嗆聲。博物館未來的演化自有其挑戰，尤其是如何在數位時代重新定位人們的好奇心。但是，由每年走進布魯姆斯伯里柱廊大門的人數紀錄看來，可以證明它基本的吸引力並無衰退跡象。我們嚮往一個時間表秩序井然的過去。玻璃櫥櫃裡泛著昏黃的色澤，那是過去與未來的結合，彷彿童話

故事一般，既浪漫又令人共鳴。

◎ 二、在劫難逃與進退維谷

很久很久以前，會在午夜時分發生的恐怖事件，是你的馬車變成一顆大南瓜。現在我們頂多會把這類事當作丟臉罷了，還不算太糟糕。如今在半夜裡會發生的事，最可怕的無非世界末日。

1947年6月，《原子科學家公報》（*Bulletin of Atomic Scientist*s）這本每月發行的新聞通訊發現它因為自己的成功而成為受害者。關於由誰負責控制原子能，它的核心爭辯在二次世界大戰後那些年裡，成為與政策制定有關的所有人必讀的資料。這份公報是在愛因斯坦的支持下發行的，當時愛因斯坦是原子科學家緊急委員會（Emergency Committee of Atomic Scientists）的主席。公報的編輯委員會成員包含曾經在戰爭期間參與製造原子彈的曼哈頓計畫（Manhattan Project）和其他從事原子研究的人。正如其中一名成員所說：「我們切莫放棄希望。科學家們製造原子彈，是為了保障全世界的安全。」

但是，核滅絕並非編委會所面臨的唯一困境。封面該放什麼內容的問題，同樣讓人頭痛。《公報》於1945年12月在芝加哥首次發行時，只有簡單的6頁，18個月後，它已擴編成36頁的雜誌，作者包括哲學家柏泉・羅素（Bertrand Russell），另外還有測量放射線的設備廣告。（廣告上說：「身在科學的最新境界……我們必須有最精確可靠的儀器，這一點無比重要。」）1947年6月這期，是它史上第一次採用專業設計的封面（以前只有文字），至於應該放上什麼圖片，曾有過一番討論。有人建議放一個超大的字母U，它是鈾元素的化學符

號。但是藝術家瑪蒂爾‧藍斯朵夫〔Martyl Langsdorf；她嫁給物理學家亞力山大‧藍斯朵夫（Alexander Langsdorf）〕想到一個更具說服力的作法。從此以後，每一期的封面都會在背景印上一具巨大的時鐘，巨大到我們只看得見上面四分之一的鐘面。但是它的動作就在這裡：它的黑色時針直接指向午夜，另一支白色的指針則是占據鐘面左邊的主要區域。這是個不祥而且持久的圖像，也是適合任何時刻的圖像，尤其是當它第一次出現時，顯示離毀滅只剩7分鐘。它確實是個強而有力的符號，一切盡在不言中：當兩根指針相會時，將會有可怕的事發生，而該期公報的文章正是討論如何避免它發生。首次在封面特寫時鐘的那一期，它的內文有〈作戰部門考慮原子彈〉（War Department Thinking on the Atomic Bomb）和〈與原子彈傷害委員會在廣島〉（With the Atomic Bomb Casualty Committee in Hiroshima）。第一篇社論的開頭寫道：「假使在處理原子能的時候有什麼是我們負擔不起的，那正是根據無知、傳聞、偏見、黨派之私或一廂情願而產生的混亂思考及政策。」它的修辭和繪圖一樣犀利。

　　誰設定了那一個時鐘？他們又是如何決定時間的？這是第一次主觀、武斷且具有美感的決策。瑪蒂爾‧藍斯朵夫選擇午夜前7分鐘，是因為「它看起來很順眼」（一般鐘錶公司的行銷部門總是將錶面設定在10點10分，因為它能漂亮地呈現設計之美，而且讓錶面看起來像是在「微笑」。公報的封面則是藝術家對此現象的回應）。然而，隨後主持編務的是編輯尤金‧拉賓諾威區（Eugene Rabinowitch）。蘇聯於1949年第一次試爆原子彈之後，他將時間改成11點57分。

　　拉賓諾威區於1973年過世，計時的責任轉移到雜誌的科學與安全委員會（Science and Security Board）。根據《公報》的資深顧問

肯妮特・班乃迪克（Kennette Benedict）說，委員會一年開會兩次，討論世界局勢。他們會廣泛徵求各學科同事的意見，「以及詢問《公報》贊助人委員會的看法；該委員會包含16位諾貝爾獎得主」。這些偉大的心靈共同決定了重大調整：為了回應美蘇兩國在彼此間隔6個月內相繼試爆熱核武器，在1953年他們將時間往午夜移動了1分鐘。到了1972年，我們有了一些喘息的時間：SALT（Strategic Arms Limitation Talks；戰略武器限制談判）和ABM（Anti-Ballistic Missile Treaty；反彈道飛彈條約）條約奠定了美蘇兩國之間的平等地位，並且同意在未來限制核武，而時鐘也調到了午夜前12分鐘。1998年，指針是在午夜前9分鐘，這是繼印度和巴基斯坦在3週內先後上演武器試爆之後，所作的調整。同時，經過計算，俄羅斯與美國仍備有7千顆彈頭，可在15分鐘之內互相開火。

「《公報》有點像是醫生在進行診斷，」班乃迪克說：「我們檢視數據，就如同醫生檢視化驗室的檢驗報告和X光片……我們盡可能考量一切症狀、測量和環境，然後進行彙整及判斷，最後向世人宣告：如果領導者和公民都不願意採取行動去治療各種狀況，那麼將有可能會發生什麼樣的後果。」

到2016年為止，時鐘已經在21個場合下變動過。如今全球的核子毀滅威脅只是其中一項考量要素，雖然它仍有舉足輕重的地位：例如當北韓在2015年試爆原子武器，公報委員會和所有聽到消息的人一樣，都氣到很想打爆北韓。但是，現今同樣重要的考量因素包括超級強國之間的關係、恐怖主義和宗教極端主義的威脅，以及饑荒、乾旱與海平面上升對地球福址的影響等。（在2016年第一期的《公報》上有一篇文章，主題是關於在中東有人出售核能反應器，以及在印度和

孟加拉的兩則故事，故事內容是氣候變遷與科技之間的關係。）

　　有人譴責末日鐘（Doomsday Clock）是為了遂行政治目的而用來危言聳聽的裝置，肯妮特·班乃迪克的回應認為：時鐘的分針往回移動的頻率和往前移動一樣多，「在美國境內由共和黨和民主黨主政期間的移動也同樣頻繁」。1991年，指針遠離午夜的移動距離最大，整整有17分鐘，當年是美國總統喬治·布希（George Bush）與蘇聯簽訂「戰略武器限制談判條約」。每個人應該如何針對末日鐘採取實際行動，這是再清楚不過了。難道我們應該在時針往午夜移動的時候避不見面，在往回移的時候才出面慶祝嗎？莫非這只是個宣傳上的自嗨，好幫助嚴肅的人們每隔一段期間可以走到戶外散散心？有任何重大決策將會被這個鐘影響到嗎？這個鐘最多也只能被當成理由，在生死議題上爭辯；否則那些議題或許會顯得太有價值或太過沉重而難以應付。

　　班乃迪克說，她經常被問起：「我到哪裡可以看見那個末日鐘？」雖然我們會希望不是《公報》的作者或委員會問的。她回答這些人：末日鐘不是真的鐘，沒有人會去為它上鏈，它的機芯也並未升級到石英。然而，我們在這裡看到人們有多麼容易被混淆。2016年1月，在華盛頓特區的全國媒體俱樂部（National Press Club）有一場記者會，目的是宣告末日鐘的新時間。記者會將有1小時，開到一半的時候，確實隆重地揭開了一座真正的時鐘。而且，時鐘並非自行揭示，而是由4位傑出的科學家和兩位美國前國務卿共同揭露的。在揭開之前，《公報》的執行總監及發行人瑞秋·布朗森（Rachel Bronson）宣佈，時鐘的最新報時將會在華盛頓特區以及加州的史丹佛大學「同步」揭露。這項壯舉是由幾位飽學之士掀開畫架上一張大

紙板前面的藍色布簾。隨著末日鐘揭露的時間趨近，布朗森宣告：
「請揭幕！」這時攝影記者一擁而上，彷彿這是倫敦的杜莎夫人蠟像
館（Madame Tussauds）要公開新人物。這幾位先生們按照要求去
做：布簾下的記號顯示時鐘並未移動。在圖畫的指針下方有一行字：
「現在時間11點57分」。相機快門的聲音隨之響起，瀰漫了整個會議
室。那些名人手裡拿著布簾，臉上憋住了笑。

　　不論它是真鐘或假鐘、不論它是走是停，還有哪一個末日的隱喻
比它更有力？末日鐘內建了災難的一切陳腔濫調，像是「計時開始」
的觀念、威脅著要驚醒甜夢的鬧鐘鈴聲，即使它的目的只是以實體的
形式行銷和搶新聞版面，也已經足夠了。實際上一無所有之處，才是
我們若有所見之處。2016年1月26日，《公報》在記者會上宣告：我
們當下的夢遊狀態和完全滅絕的狀態之間，時間的差距已經連煮熟一
顆雞蛋都不夠。這個時鐘開始在推特（Twitter）上沸沸揚揚。這是現
代的末日論：你有3分鐘可以活，而你呢？至少花了其中的一部分時
間掛在推特上。

●●●

　　姑不論這一切，只要有個簡單的毀滅符號，就足以得知我們如何
看待及畏懼末日鐘。沒有那個符號，任何事物都起不了作用：我們所
有的通訊與導航系統都仰賴它，正如所有金融交易以及我們幾乎全部
的動機亦然。替代作法是在洞穴裡靜候旭日又東昇。

　　我們的個人末日情境，比任何最接近的武器發射井還近得多。這
是我們自己註定的命運：我們在時間的威嚇與嘲弄之下，註定讓時間

掌控了我們的生活，嚴重到我們總是擔心永遠不可能趕得上時間的腳步。或者也可能是更糟糕的處境：我們跟上了，卻是以其他事物為代價。我們始終在犧牲與妥脅。時間不夠陪伴家人，時間也不夠給工作；或者，時間不夠給那些在我們心目中越來越重要的事，例如一個可以從容無為的夢幻未來。

我們知道末日毫無意義，而我們也不喜歡自己的生活現在的樣子。我們渴望準時，但我們厭惡最後期限。我們在除夕夜精確地倒數計時，以為如此一來即可能一舉抹煞隨後到來的時間。我們為「優先登機」買單，然後在機上等候其他人加入我們；再來是降落，我們又一次付錢，為了可以早點下機。我們習慣於有時間思考，可是現在的即時通訊，幾乎不容我們有時間反應。有一片海灘，有亙古不變的潮汐，有一卷好書在手，這就是天堂。然而，電子郵件來了！你可以靠非接觸式（contactless）技術暢行無阻，為何還要使用Oyster卡？[15]你可以使用Apple Pay（蘋果行動支付），何必再用非接觸式技術？如果你耶誕節不能來，那麼節禮日（Boxing Day）也不必來了。[16]在1小時27分鐘以內下單，隔日即可出貨。一個晚上花兩個小時，你就能在迷人的環境下進行15次快速約會。用「時間管理」去搜尋，會在0.47秒內得到「大約」38,300,000項結果。Vivid 200光纖寬頻讓你體驗最高200Mbps的極速。你需要在電子書閱讀器Kindle上用7小時43分鐘看完本書。

iTime這個令人窒息的時間觀念，已取代工廠的時鐘。至此地步，我們已不再可能於科技之外獨立體驗時間。有一個詞是用來形容在時間面前那種絕望的心情：「狂亂的靜止」（frenetic standstill）。我第一次讀到這個詞（以及我在序論裡提到的埃及釣客

寓言），是在德國社會學家哈特牧特・羅薩（Hartmut Rosa）一本影響力深遠的書上，書名是：《加速：現代社會中時間結構的改變》（*Beschleunigung: Die Veränderung der Zeitstrukturen in der Moderne*；2005年出版）。本書的主標題可以譯為社會加速（Social Acceleration），羅薩的論點是：我們可能正處於災難式的停滯時期中，它是由於快速擴張的科技和一種普遍的感受二者衝撞所造成的，那種感受是覺得我們將永遠無法達到渴望的目標。我們越是想要「超前」，一切越是變得毫無可能。為了使生活更順暢、更有秩序，我們下載的軟體和電腦程式越多，我們越是受不了，想要放聲尖叫。埃及釣客說得對，令人驚訝的是，波諾（Bono）也說得對：我們「奔跑得靜止不動」（running to stand still）。[17]

樂觀一點看，另外還有一種狂亂的靜止是比較溫和的形式，對我們不算新鮮事。以大眾媒體的術語來說，從1950年代開始，我們就一直「住在倉鼠輪上」[18]，而自從1970年代以來，則是「住在跑步機上」。我們還可以回溯得更遠一點。1920年2月，愛因斯坦寫信給他的同事路特維克・霍夫（Ludwig Hopf），他注意到自己多麼「可怕地淹沒在各種詢問、邀約和請求之中，以致夜裡夢見身在地獄承受烈火焚燒的酷刑，郵差就是折磨我的惡魔，不斷地喝斥我，把一綑新郵件猛砸在我的頭上，因為我還沒有回覆那些舊信」。

再往回一點。「如今萬事萬物都姓『超』（ultra），」歌德寫給作曲家卡爾・弗烈德利希・切爾特（Carl Friedrich Zelter），說道：「年輕人……被捲入時間的漩渦；舉世所讚賞的財富和速度，也是人人汲汲營營追求的對象。各式各樣的通訊設施都是文明世界為了比自己更快速而鎖定的目標。」那是1825年。

　　令人遺憾的是：並非所有新的加速都是溫和而無害的。羅薩的書以「最壞的情境」作結，那是一個最後階段，他稱之為「肆無忌憚地往前衝進深淵」，亦即因時間而死。它的成因是我們無力在移動和慣性之間的矛盾保持平衡，「此一深淵將體現為生態系統的瓦解或是現代社會秩序的徹底崩潰」。此外也可能會有「核子或氣候災難，伴隨以極速擴散的新疾病，或者新的政治解體形態及爆發無法控制的暴力行為；關於後者，我們特別可以期望的是，被加速和成長過程排除在外的大眾，能立定腳跟抵抗加速社會」。幸福又美好。

　　時間的瓦解，也就是我們所創造出來的黑洞，它將會在何時開始？能否由我們排程？我們追求現代性與進步，是否會導致虛無的失控在幾個月、幾年或是幾千萬年內發生？不幸的是，這個情境並無明確的行事曆。同樣不幸的還有：我們有可能已經被捲入它的大漩渦之中。時間似乎已經在環境方面下了結論，而受苦的不只是被溺愛的西方人；ISIS（Islamic State in Iraq and Syria；伊拉克和敘利亞的伊斯蘭國）在伊拉克和敘利亞以實際行動摧毀人造物，時間的紀錄已被破壞。在比較沒那麼災難性的危險情境下，我們已經被認為達到了長篇小說的尾聲以及歷史的終點。非常重要的一點是：所有社會、文化和政治運動，如果不說是「後後－」（post-post-）字頭的，至少都是「後－」（post-）字頭的。諷刺的是，現代主義和反諷，正是兩件最徹底的「後後－」字頭現象。加速本身已經掀起憤世嫉俗的瘟疫。

　　哈特牧特・羅薩的書由強納森・圖瑞喬-馬提斯（Jonathan Trejo-Mathys）譯成英文。圖瑞喬-馬提斯是一名社會與政治哲學家，於2014年因長年的癌症之苦去世，得年35歲。與一般翻譯者不同的是，他撰寫了一篇長文作為序論。在文中他檢視最近的一次意外事故，在

其中時間不再是被動或溫和的，而是顯然具備了人類的浮華貪婪和居心不良等特色。

第一次是由2008年的金融危機觸發的。如我們所知，那一次金融危機係經由過度延伸及監管不足的過程而發生。然而，它復原迅速，到了2009年我們又能交易及賺錢，而且金額大得很糟糕。這是因為有了高頻率交易（high-frequency trading）這種賺錢更快的新方法。

班傑明·富蘭克林的「時間就是金錢」這個觀念，從來沒有如此切題過。2010年5月6日，大約下午2點40分，外面世界的人前來學習高頻率交易，他們瞬間損失了幾兆。在7分鐘的金融自由落體之後（這期間道瓊指數下跌700點），安全機制急迫進入交易體系以防止更大的恐慌。這一場「閃電崩盤」（flash crash）幾乎是在開始之際就結束了，而且在1小時內市場已重新賺回大部分損失。但是，在4個月之後再度發生類似的崩盤。這一回「進步能源」（Progress Energy）這家公共事業公司（公司歷史107年，客戶約有310萬人、員工有11,000人）親眼看到股價在幾秒鐘之內下跌90%。這一次，某一位交易人所稱的「任性的按鍵動作」觸發了演算騷亂。在這兩次事件中，損失的原因和獲利的原因都是一樣的：玻璃光纖纜線快到幾乎無法計算的速度。

電腦能以非常接近光速的速度進行幾十億美金的交易，已經證明是件非常奇妙的事，直到它突然變得不奇妙了。前前後後最為詭異的一件事，是連受過最完整教育的交易人，比如說在高盛集團（Goldman Sachs）的交易人，對於究竟發生了什麼事，也完全拿不出可信（或至少公開）的解釋，或者如何避免它再度發生，因為一切都發生得太快了。在《紐約時報》曾報導過一個說法，認為2010年5

月的崩盤是因為「在堪薩斯州的共同基金一筆時間掌握不當的交易」，然而五年後在靠近倫敦希斯羅機場的林木茂盛郊區，浮現一個更加出人意表的面向。2015年4月，在倫敦豪士羅（Hounslow）有一名36歲的納明德·辛·薩羅（Navinder Singh Sarao）被捕，罪名是「欺騙」，亦即以詐欺的方式購買然後取消商品訂單，數量之大及速度之快，造成演算法陷於紊亂。針對隨後幾個月的市場所進行的深入分析指出，這種情況並不可能。可是，一個男人不過是利用大街上就買得到的電腦，住在父母親的房子裡，穿著睡衣，近乎虛構地進行交易，就能使西方世界的脆弱經濟體質受到指責，這樣的事實已足夠讓我們擔心或許我們並沒有完全掌控一切。（另外，監管單位花了5年時間才認為他們逮到了元凶，這個事實也暗示我們相當無力跟上真實世界的加速度。並不很久以前，金融機構所必須承認的事，最糟糕的就是內線交易。如今看來，真是有夠落伍。）在我寫作本書時，納明德·薩羅面對22項市場操縱的指控，但是尚未接受審判。

《快閃大對決》（*Flash Boys*）這本書的作者是華爾街前交易員麥可·路易斯（Michael Lewis），這本書針對高頻率交易世界的不當行為，提出了引人入勝的解釋。該書的讀者將會熟悉書中提到的好幾個有關時間的新觀念，尤其是微量時間的超前或延遲，即可意味一飛沖天的獲利或自殺式損失兩者的差別（最大醜聞應屬Verizon和AT&T這兩家電信公司的事件。他們從芝加哥到紐約的傳輸速度不一致，有時候資料需要17毫秒才能送達，而理想時間是12毫秒。1毫秒是一千分之一秒，我們眨眼一次大約需要100毫秒）。新交易環境另一項奇特而且讓人憂心的改變，是它完全不需要人類監督（並且有可能加以監管）任何交易。已往進行交易的時候，那些穿著吊帶西裝褲

的男人對著電話大吼小叫，而且不斷地揮舞著手臂。如今，交易只是螢幕上毫秒之間的閃爍，如此而已。

據路易斯的描述，真正成功的交易人，是能在「黑暗水池」、在科技的表相之下，找到方法操縱市場，這樣的交易能躲過公開監督。「人人都在說，更快就是一切。我們必須更快，」路易斯的一名主角如此告訴他，然後透露真正的風險在於讓某些交易實際上變慢。高頻率交易人，即便是誠實的高頻率交易人，傾向於不要太執著能促進更大益處的高道德。不過，我們可以確定的是，有一項道德是為整個社會而存在的。

為何我們應該在乎交易市場發生了什麼事？難道不應該把它留給投資說明書和電影？我們應該在乎，是因為它攸關大蕭條和惡化，而且是在彈指之間發生。以我寫作的這個時候來說，我們已能透過1公里以上的光纖，每秒傳送超過100 Petabits（千萬億位元）以上的資訊。1 Petabit是1,000 Terabits（兆位元），1 Terabit則是1,000 Gigabits（億位元）。總之，這個速度可以讓你每秒下載5萬部兩小時長度的高畫質電影，夠你連續看11.4年。只要1秒鐘。（這是在日本，於控制下的最佳條件所達到的最大速度，那些親切卻又讓人失望的本地網路服務供應商還無法提供這樣的速度。不過，再等等吧。）這種經濟的正面意義，是讓少數人的財富可以激增；它的負面意義則是帶來全世界的金融末日，它的災難大到讓1920年代以來的所有崩盤，看起來只像是在沙發底下掉了一個銅板。

再來當然是我們的日常生活和氣候的挑戰。關於動物品種減少、極地的融冰以及堵塞在海洋的塑膠製品，所有爭論的關鍵因素在於我們感受到了多少時間。它如何在這麼短的時間內就變得刻不容緩？

◎ 三、時間感

地質學家、宇宙學家、生態學家和博物館策展人,他們看待時間的方式與眾不同。他們眼中的時間層是由時代和紀元組成的,那些關心末日就迫在眉睫的人,或許能因此感到自在一點:時間的各種危機以及一切現代壓力,總是不斷地加劇,然而地球無論如何還是繼續在轉動著。

以這種方式獲得的安全感,可能不夠踏實。那麼,我們應向何處尋求慰藉?或許可以到北極找因紐特人(Inuit),尤其是因為本土的因紐特語並沒有表達時間概念的詞彙。1920年代,在加拿大東部北極圈一帶的獵人所使用的日曆,能顯示他們的優先順序是什麼:它標記了各種日子,在星期天會有特別的十字記號,這是傳教士和基督教信仰來到之後才有的。但是,在日曆表中央的大空間,則是保留給馴鹿、北極熊、海豹和海象的插圖,作為計算用的標籤。19世紀的歐洲人在這裡引進了優點很可疑的機械錶,然而與歐洲人接觸之前,時間是以季節、天氣、日月的移動,以及可食用動物遷徙的模式規範的,很像前基督教時期的英國。他們對時間的劃分是以充滿彈性的因紐特月亮形狀為依據,並且基於實務考量而命名,像是鳥築巢或海冰破裂等。在暗無天日的冬天月份,星辰的位置可以指引他們何時應離開圓頂小屋,餵狗及準備煮食用的燃料。毛皮商人將時鐘引入社群之後,基威廷(Keewatin)地區的因紐特人對時間經歷的意義,一開始有賴於他們自己的詮釋。例如「ulamautinguaq」(貌似斧頭)是7點鐘;中午12點是「ullurummitavik」(午餐時間);9點鐘則是「sukatirvik」(時鐘上鏈時間)。加拿大努納伏特研究所(Nunavut

Research Institute）的約翰・麥當勞（John MacDonald）為我講解華麗的因紐特語辭彙，他在休息時說：「春天來臨，激發了難以抗拒的衝動，讓人想要前去分享大自然的豐盛贈禮……隨之而來的是大量的人群奔向傳統的捕漁和狩獵地點……新時間暫時讓位給舊時間，使雇主以時鐘為準的時間表宣告瓦解」。話雖如此，西方式的時間，以及強行施加因紐特人眼中所謂的「命令」，已將這種生活方式侵蝕殆盡。

　　或許我們會被古代墨西哥的機械計時系統吸引。在新世界入侵之前，那樣的系統是不存在的。即使是日晷的證據都付諸闕如，更別說會傾向於將一天的時間分割為若干小時。要不然讓我們來看古代印度人的時辰系統，它也許一樣有吸引力。它看起來有點複雜：我們對於24小時制的一天已經足夠熟悉，而古印度式的時間制則聽起來頗有傳奇色彩。他們將一天劃分為30個48分鐘的「muhrtas」，或者60個24分鐘的「ghatikas」。「ghatikas」會再進一步分割為30個48秒的「kala」，或者60個24秒的「pala」。這種60單位的計時基礎，它的起源可以追溯到巴比倫，一直持續到19世紀。英國在當時幾乎通令全面比照它的方式計時，於是在1947年全國回復到印度標準時間（Indian Standard Time），它比世界標準時間（Coordinated Universal Time, UTC）早 5½ 小時；當時的UTC是連結到以銫原子控制的原子時間。〔雖然印度的加爾各答和孟買堅持他們自己的時區，維持了數年，阿薩姆邦（Assam）也樂於非正式地保持茶園時間（Tea Garden Time），當地農民把時鐘調成比標準時間快1小時，藉此增加生產力。〕2007年，南美的委內瑞拉也因為類似理由將時鐘往回調30分鐘，這種作法是希望可以「更公平分配陽光」〔或者只是

因為雨果・查維茲（Hugo Chávez）總統，他總是很政治化也很瘋狂乖戾，他已經改了國旗和憲法，還將耶誕節搬到11月）。

或許我們也可以選擇衣索比亞的系統，它的耶誕節在1月，時鐘有12小時；按照這個邏輯方法，一天開始於黎明而不是午夜。或者考慮牙買加的「即將心態」（soon-come mentality）：來此地渡假的西方人往往會被這種心態氣死，直到你能跟得上他們的悠緩，你也該飛回家了。[19]還有，從2015年8月15日開始，我們甚至會暗中佩服北韓所展現出來的鐘錶學獨立性。他們把平壤時間倒退30分鐘，以這個作法終結70年前二次世界大戰對北韓的打擊，「當年邪惡的日本帝國主義者甚至剝奪了韓國的標準時間」。或者，也許沒有。

自從1996年開始，在現代世界擴充時間的各種可能性，一向是「長遠當下基金會」（Long Now Foundation）的承諾。這個組織成立的目的，是在1萬年的時間框架之內，培養長程思考的能力。事實上它成立於1996年，多出來的0是為了「解決十千禧蟲（deca-millennium bug），它會在8千年之內產生影響」（所以，我們有拭目以待的目標！）。

本基金會的主要精神導師有丹尼・希爾斯（Danny Hillis）、史都亞特・布蘭德（Stewart Brand）以及布萊恩・恩諾（Brian Eno）。它的企圖心富有詩意而且精神可嘉，它簡潔有力的宣言是根據這樣的觀點：「文明正加速淪入注意力無法持久的病態」。本基金會的目標包括：為長遠觀點服務、培養責任感、獎勵耐心、與競爭結盟、不偏不倚、增進壽命，以及「注意神話深度」。

但是，本基金會並不是坐而言地空談風花雪月，他們也付諸實踐，在德克薩斯州西部的一座山中，動手打造了一座巨鐘（它不像末

日鐘，它可是真正的時鐘）。1995年，電腦工程師丹尼‧希爾斯夢想有一具時鐘是一年移動一格、一世紀敲響一次，而且有一隻布穀鳥每一千年會跑出來跟你說聲哈囉。這座時鐘的目標是能存在1萬年，它的鐘擺是以熱能為動力（亦即周遭大氣環境中的熱度變化）。這一座位在德克薩斯州的時鐘，目前仍未建造完成。雖然說它敲響的頻率高於原來的計畫（訪客花了一整天登山健行，好不容易才找到它，總要給人家一些獎勵吧），它的發明人依舊不忘初心：「我相信要開始這個長程專案，此其時矣。我們要讓人們的思考突破內在的藩籬，不再侷限於越來越短視的未來。」這座時鐘一部分是由亞馬遜網站的老闆傑夫‧貝佐斯（Jeff Bezos）贊助的，真是一記好球！這位老兄的公司可是孜孜矻矻地要讓所有必要的居家用品，都能在下單後1小時內就送到你的手中。

長遠當下基金會也一直在思考如何將我們現有的知識庫變成檔案，那就不只能夠傳給下一代，更能流傳到生命形態的下一個階段。為了普及長程觀，我們也可以作「長線賭注」，這種形式的賭注並不是針對選舉或運動賽季。舉例來說，它下賭的過程可能是半個世紀。凱文‧凱利（Kevin Kelly）是這類賭局的下注登記人，已經承接過許多項預測的挑戰者，包括這樣的主張：「到了2060年，地球上的人口總數將比現在還要少」，還有：「到了2063年，世界上只會剩下3種主要貨幣，超過95%的人會使用其中一種。」請勿遺失簽注單喔。

你可加入「長遠當下」方式思考，成為會員。到2016年的年中為止，付費加入的會員已超過7,500人。和所有優良社團一樣，他們也有等級不同的特權：「鐵級會員」每年的會費是96元美金，可以獲得現場活動的門票、連線進入現場直播會議的權限，以及其他多項好

康，還有在長遠當下店鋪購物可享9折優惠。「鎢級會員」（年費960元美金）除擁有以上全部條件，還可獲得一本長遠當下書籍和一片特製的「布萊恩‧恩諾CD」。當然，這些吸引人的項目都不是重點。你是在投資一個長程的未來，或者，起碼你相信會有個那樣的未來。

● ● ●

　　神經科學家說：我們的意識狀態比真正的時間慢了大約半秒，也就是大腦接收到信號、傳送出信號，以及得到某件事已經完成的訊息，這中間造成的延遲。我們從決定彈指頭到聽見或看見這個動作，其中的間隔比我們所想的還要長。我們的大腦需要組織及建構出一個流暢的故事，以致造成了延遲。即使就在當下，我們總是落在時間之後，而且永遠都別想跟得上。

　　該怎麼辦？除了末日鐘和時區這種讓官僚頭痛的把戲，是否還有更哲學一點的方法可應付時間？伍迪‧艾倫不見得是多了不起的社會賢達，但是他確實經常像個社會賢達一樣挺身而出，處理這些問題。人生苦短而憂患苦多，問君夫復何言？答案可能是去多看幾部馬克斯兄弟（Marx Brothers）的電影[20]，就如同伍迪‧艾倫在自導自演的《漢娜姐妹》（*Hannah and Her Sisters*）一片中所做的那樣：他想自殺，嘗試對自己開槍卻又搞砸了，隨後他在茫然恍惚中晃進了一家電影院，那裡正在放映馬克斯兄弟主演的《鴨羹》（*Duck Soup*）。片中的馬克斯兄弟戲弄著侍衛的頭盔，彷彿是在演奏鐘琴。對他來說，這個世界似乎漸漸恢復了意義：莫待無花空折枝，何不趁著還有能力的時候及時行樂？艾倫的其他半自傳角色中，有一個是《安妮霍爾》

（*Annie Hall*）中的艾維・辛格（Alvy Singer），在許久以前就宣告了人生乃「充斥著寂寞和悲楚，折磨和不幸，而且一切又結束得太快」。

　　幾年後伍迪・艾倫在一次受訪中重申他的哲學，但是現在他有了另一個解決之道：「我真的感到人生愁苦交加，是一場噩夢般毫無意義的經歷。你能自得其樂的唯一方法，是瞎掰一些謊言來呼攏自己。我不是第一個人這麼說的，也不是能把它說得最清晰明白的人。尼采這樣說過，佛洛依德這樣說過：人人都要有自己的幻覺才能活得下去。」否則，想想看在生命中我們所在乎的一切事物，它們很快都會被刪除、清空，那太不可思議了，至少教人活不下去。我們窮盡畢生之力只為求得溫飽，能愛其所愛、得所應得，能為所當為、將功補過，能熱心助人、增進對宇宙人生的領悟，以及提昇科技讓生活能過得輕鬆愜意。如果我們自以為是藝術家，則我們是嘗試著創造真與美。我們在短如朝露的一生中想盡辦法要做這一切，然而不過百年，任何英雄豪傑、凡夫俗子都會被浪花淘盡，屆時自有另一批新人出現，再次做相同的事。時間，且不提地質學家所說的「深層時間」（deep time），而是隨著我們此刻擁有的時間之後不斷前來的一切時間，它只會依然固我地繼續往前滾動。舊式的黑人靈歌（Negro Spirituals）[21]從一開始就說對了。[22]

　　生命中的種種自由，最突出的想像總是與時間靜止不動的畫面密不可分。換言之，那正是脫離時鐘的專橫而獲得自由。廣告商已經找到一幅極致幸福的圖像，再也沒有比它更強而有力的：那是一段海岸線，杳無人煙，唯有一片沙灘。在文學中，德國哲學家瓦爾特・班雅明曾如此定義這個符號：巴黎的漫遊者（flâneur）帶著烏龜散步，並

且用烏龜的步調，在燈光閃爍的黃昏裡閒晃。[23]

　　宇宙學家卡爾‧沙根（Carl Sagan）在1994年的著作《預約新宇宙：為人類尋找心天地》（*Pale Blue Dot*）這本書的前幾頁提出他的看法，說得慷慨激昂、頭頭是道。1990年2月，太空船「航海家1號」（Voyager 1）將要飛出太陽系，應沙根的要求，在37億英里外的距離拍了一張地球的照片〔這張照片的名稱跟他的書名一樣，也是「淡藍點」（Pale Blue Dot）〕。一如所料，我們的地球在照片中看起並沒有多顯著。但是，這麼真實的微不足道，映襯在如煙火般奔放的華麗光芒之下，真有筆墨難以形容的謙遜：那麼微小的顆粒，若是在鏡頭上會被當作是灰塵而忽視掉。「讓我們再看一眼這個小圓點，」沙根如此懇求：

> 那是我們這裡。那是我們的家。那是我們。在它上面，你愛的每個人、你認識的每個人、你聽過的每個人，每一個曾經存在過的人類，就在上面過了一生。我們一切的喜悅和痛苦、數以千計信心滿滿的宗教、意識型態和經濟學說、人類有史以來的每一名獵人和覓食者、每一名英雄和懦夫、每一名文明的創造者和毀滅者、每一名君王和佃農、每一對熱戀中的青年男女、每一名父親和母親、充滿希望的子女、發明家和探險家、每一名道德教師、每一名腐敗的政客、每一顆閃亮的「超級巨星」、每一名「崇高的領袖」、每一名聖人和罪人，我們都住在這裡——這一粒懸浮在一束日光下的微塵……

> 我們的扭捏作態、自我想像出來的不可一世、以為在宇宙中具有

了不起地位的幻覺，就在這蒼白亮光裡的細點，全都受到了質疑……想見識人類的自負有多麼愚不可及，還有什麼更有力的證明能比得上這一張照片：在遙遠宇宙下，我們的世界何其渺小。

每一顆超級巨星確實都很渺小。那麼，沙根把我們的世界縮得這麼渺小，又把我們的愚蠢曝露無餘，他想表達的是什麼？請互相善待對方。

物理學家理查・費曼（Richard Feynman）倒是別有看法：我們正身處人類時間的起點。假使我們不要自我毀滅，我們生活在這裡的目的，是要讓後來的人也能生活在這裡。我們在能力可及之處留下訊息、證據和進步，我們是旋轉的宇宙中，物質的微小粒子，而我們是「好奇的原子」，僅此一點便足以賦與我們目的。即使一切終究是一事無成，我們只會放聲大笑、不亦樂乎。

那一短橫破折號，墓碑上出生日期和死亡日期中間的那一道橫線，是我們對抗宇宙級微不足道的憑藉。本書所關心的都是實際的事務，以及我們對於時間最稍縱即逝的想法成為短暫的焦點那個關鍵時刻，原因就在這裡。另外還有一個原因。蘭迪・紐曼（Randy Newman）最為人所知的，是他為《玩具總動員》（Toy Story）系列電影所製作的插曲。人們喜愛他，也是因為他關於美國成年人生活的寓言既蘊涵悲傷又富於機智。2011年，在史坦威父子（Steinway and Sons）樂器製造公司的倫敦表演廳，他曾在一群受邀的觀眾面前有過一次小型表演。「今天我將要演奏的歌曲是《失去你》（Losing You）」紐曼如是開場：

我大部分的歌曲，我都不知道是從哪裡來的。除非那是工作，有

人付錢給我，為電影或是什麼對象製作音樂。現在這首歌是跟我弟弟有關。他是名醫生，腫瘤學醫生，專門醫治癌症。在他執業早期有過一名23歲的病人，那個孩子是足球運動員。他患了腦瘤，而且很快就過世了。一位明星運動員，就這樣走了。這孩子的父母親告訴我弟弟：「40年前我們在波蘭的滅絕營（extermination camps）失去家人。我們恢復過來了，我們終究恢復過來了。但是，現在我們沒有時間從這個痛苦中恢復過來。」在某方面來說，這是個偉大的想法。

這是個偉大的想法，而且是引起共鳴的想法。我們關心精確的幾點幾分、火車時刻、滴滴答答的手錶。然而，當我們退後一步，在更廣大的視野下思考：或許會了解我們關心過頭了。我們不必是愛因斯坦，只要是提前失去摯愛的人，或者是在嚴重疾病的蹂躪中掙扎，便已足夠讓我們了解所有時間都是相對的。人生太短卻滿佈痛苦和不幸，我們耗盡心力想要知道如何活下來或是延長壽命，因為我們可以確定的是：我們所擁有的只有生命。

但是，在這裡還有別的訊息。我們從未見過那位年青的足球運動員或他的家人，我們也不一定欣賞蘭迪·紐曼或他的歌，然而我們都了解時間的流逝含有多重層次的複雜性。紐曼在他的介紹和歌曲中，將這種複雜性紮根到故事裡去，因為說故事是讓我們認識時間的流逝，最好的方法。故事也是理解時間的最好方式，而且我們一直都在利用故事，在時間成為一門研究學科之前，當然也在發明時鐘之前，導引我們的路途。艾倫和佛洛依德的蓄意「幻覺」也是故事，是經過精心安排的消遣，讓我們分心，遠離生命的必死性這樣的現實。我們

會被大英博物館的人造物品吸引、會被慢食和卡地亞-布列松的照片吸引，原因就在這裡；這也是何以披頭四的《請取悅我》和貝多芬的《第九號交響曲》依然令人著迷：因為在他們的人性之中，都蘊涵著我們的故事。

在本書中我們已經看過人們如何以各自的方式撰寫現代的時間故事。鐵路先驅推動了世界，直到製作時刻表的人讓它再度安定下來。鐘錶師傅把事物變得無比複雜，時間大師則是簡化一切。當哈洛德·洛依德還掛在時鐘的分針上，克里斯強·馬克雷移動了分針。露絲·伊萬徹底變革日曆，巴茲·艾德林則戴著手錶踏上月球。羅傑·班尼斯特跑向榮耀，尼克·崴奔赴戰場。

我們對時間的執迷已帶著我們走到邊緣卻不會墜落。這些老故事合成一幅未來的景象，而淡藍色的小圓點朝向命運持續旋轉著。我們能影響它的命運，而且影響力超乎自己的想像。

註釋

1　譯註：Etruscan是大約西元前8世紀到3世紀的古文明，舊址主要在現今義大利西北部。

2　史樓安是醫生，專長痢疾和眼科（可想而知應該不是同時執業）。他曾經擔任英國政治家山謬爾‧佩普西（Samuel Pepys）的家庭醫生，也曾服侍過3任國王。他在天花接種領域和牛奶巧克力飲用方面均有重要成就，牛奶巧克力是他從遠途旅行買回來的。他享年92歲，在18世紀是罕見的高齡，因此有充裕的時間從事各種收藏。他於1753年去世，同意將收藏品售給王室，換取2萬英鎊給他的家人。他在倫敦的工作地點在切爾西（Chelsea），如史樓安廣場（Sloane Square）和騎士橋（Knightsbridge）一帶其他多處小街道，都是以他的名字命名。

3　譯註：目前在大英博物館仍展出Mary Davies的油畫像。Mary Davies可能是英國切斯特（Chester）附近大索候（Great Saughall）一地的居民，大約生於1594年；一說是1604年生於夏特威克（Shotwick）。該畫像大約是在1668年繪成。Mary Davies有個外號叫作「the horned lady」（長角的婆婆），她的情況是一種罕見的「皮脂角」，至今仍可見到案例。據1879年的大英博物館繪畫名錄記載，她在28歲時頭上長出贅瘤，持續了30年。她將贅瘤切除，5年後在頭上長出角，再次切除又於5年後長成角。畫中所見是長到第4年的角。

4　請參見《管理人之法規與規則》（*The Statutes and Rules of the Trustees*），1757年。

5　譯註：Bloomsbury位於倫敦市中心西側的分區，大英博物館即在此地區。

6　引自艾德華‧J‧米勒（Edward J. Miller）所著《高貴的陳列室》（*That Noble Cabinet*），1974年倫敦出版。

7　譯註：據信博物館或圖書館即源自Alexandria。

8　譯註：Elgin Marbles即本書第11章提到的帕特農神廟大理石。

9　譯註：Alfred Wallace亦為英國的生物學家，悟出和達爾文一樣的演化論觀點。

10　無論是在我們這個世代，或者是在大英博物館開幕的年代，故事永遠都是關鍵的角色。人們不會只為了參觀埃及法老圖坦卡門（Tutankhamun）展覽的黃金而永遠排隊下去，他們也希望參與考古發現的敘事。對格瑞森‧培瑞（Grayson Perry）來說亦然：這裡的故事是關於藝術家的古怪以及他策展內容的霸氣與出乎意表。〔譯註：Grayson Perry是英國的藝術家，2015年被任命為大英博物館的管理人之一。2011年他曾經為大英博物館策劃一次展覽，題目為「無名工匠之碑」（Tomb of the Unknown Craftsman），借用該展覽的簡介來說，此次展覽是「為了紀念製作工人、建築工人，以及所有數不清的無名技工，他們創造了人造奇蹟的美好歷史。他們是服務於宗教、雇主、族群和傳統的藝術家」。〕

11　譯註：Greek Revival是18世紀晚期、19世紀早期主要流行於北歐及美國的建築風格，以模仿希臘建築元素為尚。

12　譯註：毛利人是紐西蘭土著，他們相信自己是神的後裔，酋長為神在世間的代表、具有神的力量。為保證此一力量之延續，本代酋長須將承繼自上一代酋長的系譜棒傳給新一代酋長。系譜棒代代相傳，有一代酋長即在系譜棒以一個缺口為記。

13　譯註：nkisi是幽靈或是被幽靈附身的物品，這是在非洲中部剛果盆地普遍流行的信仰，他們相信被附身的物品即具有幽靈的法力。

14 譯註：shaman是土著中能作法祛鬼降魔兼治病的人。

15 譯註：Oyster卡是在倫敦使用的交通儲值卡。非接觸技術主要應用於信用卡交易，作者之意是說：既然已經有此功能，用信用卡搭車即可，何必多此一舉再弄出一張Oyster卡。

16 譯註：Boxing Day是英國的節日，日期為12月26日，與耶誕節連假。

17 譯註：Bono是愛爾蘭搖滾樂團U2的主唱，〈Running to Stand Still〉是他們於1987年推出的專輯《約書亞樹》（The Joshua Tree）裡的一首歌曲，由Bono作詞，U2共同譜曲。

18 譯註：倉鼠輪是在夜市常會見到的寵物設備。它的主要部分是一個直立的圓形軌道，將倉鼠放在軌道上牠就會開始奔跑，然而看似拼了命在跑卻原地不動。

19 譯註：牙買加人如果說「即將」來找你，可能是幾分鐘後、可能是幾小時後，也可能永遠不會發生。不過，若因此認為牙買加人普遍不在乎守時，則是種族偏見造成的刻板印象。

20 譯註：Marx Brothers是指來自Marx一家的5名兄弟，於20世紀前半葉集體活躍於美國百老匯及電影界。

21 譯註：源自17世紀，在18世紀中葉盛行於美國。以民俗歌曲形式流行於黑奴之間的聖歌，表面上係受到基督教信仰影響，實則歌曲的內容除了讚頌上帝的神聖以及對美好天堂的嚮往，同時也是在宣泄奴隸生活的艱辛及悲苦，亦即對紅塵俗世種種悽愴的不滿。黑人靈歌也是促成黑奴解放的力量之一。早期黑人靈歌的基調符合伍迪・艾倫在此處所表達的人生觀。

22 深層時間是地質學概念，相當於百達翡麗的廣告：沒有人真正居住在地球，你只是在為下一個物種或冰河期守護。這個詞區隔了我們的時間（瑞士的時間、iPad的時間）和另一個略長的時間，具體來說就是指地球的年齡，大約是44億5千萬年。這樣的區別真是教人鼻酸：長久以來我們在地球上如此微不足道，一念至此，你再也不會想起床幹活，反正一切都是徒勞無功。

23 我們在第2章的註腳初次遇到瓦爾特・班雅明，烏龜（turtle）的意象出自他的《拱廊街計畫》（Arcades Project），寫於1927年到1940年。在書中這位作者深信他在街頭所觀察到的，是真實的巴黎。「漫遊者」的觀念可以遠溯至1百年前的法國詩人波特萊爾（Charles Baudelaire）；至於把烏龜（tortoise）和時間連結在一起，則可以一路追蹤到古希臘的寓言家伊索（Aesop；我在這裡說到烏龜時使用澳洲英語的tortoises和北美英語的turtles這兩個互通的字。美式作風啦）。不過，讓我們來看一下《時間簡史》（A Brief History of Time）這本晦澀的書，在這裡作者史蒂芬・霍金（Stephen Hawking）思索著宇宙的荒謬和世界的一致性。他在開頭說到了一段軼事：話說在一位著名科學家（「有人說正是柏泉・羅素」）的演講場合，「有一位小個子的老太太」宣稱地球是平的，駄在一隻巨大烏龜的背上。科學家問了：「那麼，是什麼支撐烏龜的？」老太太的答案開始跳針：「但是一直就是烏龜呀！」要說烏龜和時間之間的關係，或許這一句妙語是最直接的。

後記：謙遜錶

Humility Watch

我正要買一只新錶，它對我來說無論如何都算是新的：它是在1957年製造，那是我出生之前3年。不久之後（根據錶殼背面的鐫刻）它被贈與一名火車站員工，銘謝他在倫敦中部地區服務了45年。它鑲嵌了15顆寶石，有纖細的藍色鋼製指針以及黃金打造的數字。它是很準時的上鏈手錶，距今將近60年前在英國製造。我所在的這間店靠近布萊克福萊爾橋（Blackfriars Bridge），可俯看泰晤士河。賣錶的男人不許我帶走這只錶，因為他認為它不準的程度讓人無法忍受。最好的情況下，它每天會有15秒的快慢誤差，但是在當時它一天會慢72秒。

這個數字是利用一具稱為多功能時間記錄儀（Multifunction Timegrapher）的時間機器測量出來的。這具機器是個小盒子，可將手錶的動作放大，然後產生讀數。「所有的製錶技術都是關於細微的力量如何分配，以及如何引入和控制細微的摩擦力，」這位店員說話的神態像是在解說生命的奧祕：「在你的手錶上，這一面的平衡效果可能被輕微地迅速提昇了，它被敲擊過，使它有一點變平。然而另一面看起來更像是出廠時經過提昇平衡的處理，看這半球形有多漂亮，你看它的觸點這麼小。」

診斷完畢之後，他說我應該幾天之後再回來取錶，先讓他重新校準才行。1星期之後我回去了，他說：「它看起來很準，我很有自信這麼說。你戴看看如何再說。」

我戴得稱心如意、樂在其中。我騎自行車發生車禍時，它跟著我一起從手把上方翻落，卻毫髮無傷。它是切爾頓罕・史密斯（Smiths of Cheltenham）公司的產品，這家公司在1860年代進入鐘錶業。史密斯公司最得意的日子是在1953年5月，艾得蒙・希拉瑞爵士（Sir

Edmund Hillary）戴著他們的手錶首次登上喜馬拉雅山的聖母峰
（「我戴著你們的錶登上峰頂，」該公司的廣告宣告：「它的表現完
美。」）這次攻頂之後，黃金錶殼的史密斯手錶成為贈禮，用來感謝
長年在工作崗位上服務卓越的員工。1957年，有一位名叫O.C. 沃克
（O.C. Walker）的退休人員獲贈一只鑲嵌15顆寶石的De Luxe款手
錶，也就是我手上戴的這只。他的服務已經屆滿，鐵路公司希望他記
住離職的時間。

　　我遇到的店員是克里斯平・瓊斯（Crispin Jones），一名40歲的
倫敦人。瓊斯體型高瘦而結實，態度溫和，他提早開始禿頭了，外表
看起來有點像可愛版的裴德洛。賣古董錶只是他的副業，他的主業是
鼓勵買家用全新的方式思考時間。

　　瓊斯經過雕塑家訓練，接著研讀電腦設計，一段時間之後開始將
這兩者結合。幾年以前他製作了一張會回答問題的辦公桌。這類問題
有「我的愛會有回報嗎？」「我的朋友們怎麼看我？」「我丟掉的東
西找得回來嗎？」等等。這些問題列在卡片上，卡片一共有30張。如
果想要獲得解答，使用者必須將卡片放在桌子的金屬槽上。「它是嘗
試以古文明利用神諭的方式使用電腦，」瓊斯說：「陷阱在於答案出
現的時候金屬槽會越來越熱。」卡片上的圖案隱藏了條碼，所以當你
將卡片插入金屬槽，就會啟動電子讀碼機，在點陣上產生答案。例如
「我的愛會有回報嗎？」這個問題的答案是：「會……如……果……
你……忠……於……你……的……」答案到了「忠於」時卡片槽會變
得非常熱，可是一旦你把手抽回，系統即會重設，你就見不到完整的
答案。最後的字（非常熱）是「理想」。

　　瓊斯對於現代科技如何改變我們的生活感興趣：它給了我們什

麼？取走了什麼？2002年，在手機禮節還不明確的年代，他以手機做了一些實驗。「你找不到安靜的車廂，每個人都不斷地在公共場合大聲講個不停。」瓊斯造出一支手機，使用者講話太大聲的時候，會傳送出不同程度的電擊，還有一支手機則是會有敲打聲而不是鈴聲。假使來電只是簡單的寒暄，會以輕緩、低調的方式敲打；但是，如果是緊急來電，就會大聲而引人注目地敲擊。

後來他開始思考手錶。「手錶非常有意思，」他若有所思地說：「因為我們看待它的方式不同於看待手機或電腦。而且，手錶技術是令人難以置信的倖存者：大多數技術只要有個10年之久就已經過氣到不行，要是我用一支10年前的手機，那是挑釁意味很重的行徑，還會讓我看起來極其古怪。然而，你佩戴一只1950年代的手錶，一點都不會顯得突兀。」他觀察到現在許多人都用同一款手機，然而手錶卻依舊是少數可以表現個性的外在標誌。「你可以透過手錶編織許多有趣的故事，也可以重新建立我們對於時間概念的思考方式。」

在皇家藝術學院，瓊斯受到設計家安東尼・敦（Anthony Dunne）以前的學生影響。安東尼・敦在《赫茲故事》（*Hertzian Tales*）一書中主張對於電子產品進行更深思熟慮的批判，尤其是在美學的基礎上重新檢視日常生活中的物品。2004年，瓊斯撰寫了一份宣言，提出兩個問題：「手錶如何損害佩戴者？」以及「若是手錶能呈現出佩戴者的負面個性，將會如何？」但是，他最有刺激性的問題是：「手錶如何以不同方式代表時間？」

在設計同伴安東・舒伯特（Anton Schubert）、羅絲・庫柏（Ross Cooper）和格拉罕・普林（Graham Pullin）等人的協助下，瓊斯著手提出實際的答案。他們製作了幾只手錶的工作原型，其中僅

有一只在乎準確報時。它們都有點笨重，全是混合花梨木、鋼鐵和電子LED顯示幕製成的，附有能維持5天的可充電電池。這些手錶不是圓形而是長方形，看起來有可能是Apple Watch的原型。

瓊斯刻意為它們選用做作的拉丁文名字。第1只是The Summissus，別名為「謙遜錶」。它是「設計來提醒世人應該隨時為死亡作好萬全準備」。這只手錶有個鏡子錶面，而且會交替變換時間和這樣的訊息：「記得你將會死亡」。

第2只是The Avidus，別名「壓力錶」。它反映我們的心情，也就是受到壓力而感到時間加速流逝的心情，以及在放鬆的情況下覺得時間變慢的心情。佩戴者可以壓下錶面的兩個金屬觸點，脈博即會啟動顯示幕。使用者的脈博跳得越快，時間就會跑得越快；反之，脈博跳動越慢，時間也越慢。而且，沉思冥想的狀態會讓時間倒流。

第3只是The Prudens，別名「謹慎錶」。這只錶不必看它就能知道時間，例如在開會或約會時，讓你不至於表現出無聊或無禮的樣子。這只錶佩戴在手腕的內外兩面，成為相對的兩個錶面。當佩戴者轉動手臂時，即會有脈衝被傳送到手腕，對應於正確時間的幾點幾分。

第4只是The Fallax，別名「誠實錶」，它會投射出佩戴者是否誠實。許多手錶的目標都是反映擁有者的財富和社會地位，然而Fallax的目的更為純粹：戴上兩隻手指頭的錶帶，這只手錶即刻變成測謊器。它的錶面會顯示「謊話」，警告你身邊的人，你不可靠。

再來是The Adsiduus，別名「個性錶」。它會隨機閃現各種正面和負面訊息，例如「你真了不起」、「你交不到朋友」或是「你的明天會更爛」。

最後是The Docilus，別名「內在錶」。它會以無法預測的間隔

傳出細小且不舒服的電擊，導致更大的時間內在化，並減少你對手錶和嚴格報時的依賴。

整體而論，這些手錶代表普魯斯特式的白日夢有變成噩夢的威脅。[1]我遇過的所有計算時間的人，以瓊斯的才氣最高，關於時間的深入影響，他的思考也最為深邃。在他的心目中無疑了解時間主導著我們的生活，然而時間主導生活的方式是有意義的而且具有建設性嗎？假使並非如此，是否有可能將它扳回正途？2005年，瓊斯決定讓部分手錶原型準備生產。

瓊斯先生鐘錶店（Mr. Jones Watches）的工場位在倫敦東南方的坎伯威爾（Camberwell），離泰晤士河畔的店面約有4英里。他的店面是個讓人感到安心的地方，雖是拼湊而成，也能感受到積極努力的氣息。這是單一房間式的店面，光線充足，牆上掛著一輛比賽用自行車，旁邊有戰後的海報，鼓勵發揮效率。放眼所及到處都被手錶零件、工具、手錶零件製作機器、手錶調校機器、手錶包裝和手錶占滿。這裡佈滿10年來的實驗與發明，桌子下方的鐵櫃還有更多相同的物品。這個房間是零件實驗室、零件博物館，以及零件激增的場所。

瓊斯先生製作的第1只錶是新版的The Summissus，它重新命名為The Accurate，並且在時針放上「remember」（記得）這個字，在分針則是放上「you will die」（你將會死亡）。這只手錶依然有反射錶面，佩戴者仍是會遭逢人生苦短的現實。然而，這一回錶面是圓形的，讓它看起來比較不像是藝術專案的作品。它的目的幾乎和瓊斯其他所有設計一樣，現在都已重新聚焦於激勵面向，較少負面傾向：時間令人困惑又難以控制，但是時間也同樣充滿魅力。

瓊斯設計的第2只手錶是The Mantra，如同The Adsiduus，它是

「積極／消極暗示錶」。它的錶面有個狹窄的窗口，每過半個小時會顯示一則訊息，積極訊息之後是消極訊息：「做到最好」、「永遠孤單」、「你有福了」、「保持沉悶吧」。「長此以往，」瓊斯在型錄上寫道：「The Mantra會讓懦弱者變自信，驕矜者變謙卑。」這款手錶是受法國心理分析家愛彌爾・庫耶（Émile Coué）的理論啟發，愛彌爾・庫耶認為「樂觀的自我暗示」可促進積極思考的療癒力量。〔在英國情境喜劇《沒出息的兒子》（Some Mothers Do 'Ave 'Em）中，主角法蘭克・史賓塞（Frank Spencer）聲援庫耶，成為第一個實例：「每一天、在每一方面，我都越來越好。」〕

　　對於早期的各項設計，一開始所獲得的回響令人鼓舞，瓊斯很高興自己的創作能讓這麼多人感興趣，尤其是他的作品還被深具影響力的鐘錶部落格瓦奇斯摩時報（The Watchismo Times）專題報導。為了能有更多啟發，瓊斯募得鐘錶界以外的一些人士相助。自行車手格萊姆・歐布里（Graeme Obree）因兩度打破1小時最遠騎乘距離的世界紀錄而聞名，他協助一款名為The Hour的手錶。這個計畫是用一個顯著的詞註記每一小時的流逝，以及將時間用以思考這1小時的價值。這些詞包括「價值」、「享受」、「緊抓」、「反省」和「參與」。還有一款手錶名為Dawn West Dusk East，是和藝術家布萊恩・凱特林（Brian Catling）一起設計的。它利用每12小時旋轉一圈的點，達到讓時間變慢的目標。錶上的時間可能是4點15分或4點30分，你無法確定。然而，這有關係嗎？

　　另一位合作人是強納森・葛舒尼（Jonathan Gershuny）教授，他是牛津大學時間使用研究中心（Centre for Time Use Research）的聯合主任。這款錶名為The Average Day，由普通的手錶指針以及

錶盤上的兩個資訊環組成。錶盤上沒有數字，佩戴者則是會被告知一般歐洲人在特定的時間會做什麼事。例如在上午部分的錶盤：7點30分到8點是「盥洗」、8點15到9點是「交通」、10點到11點是「工作」、11點到12點是「會議」。下午部分的錶盤則是變成：12點15分到1點是「用餐」、5點15分到6點30分是「社交」、8點15分到11點是「電視」。佩戴者的挑戰是打破例行公事，重獲自由。

瓊斯的生意上門了。這些手錶各款生產100只，價格在115到600英鎊之間，大多數則是大約200英鎊；賣錶的利潤會回饋到新設計和新車床與印刷設備。因此，到了2015年春季，瓊斯所製作及裝配的，是基本的石英或機械機芯（來自遠東或瑞士）以外的所有零件。瓊斯先生鐘錶店促進了英國的手錶業復甦，也讓他的顧客能用原創的方式重新思考時間。他對時間的執著依舊持續著，但是已經略有不同。

瓊斯的設計中，我偏愛一款名為The Cyclops的手錶，瓊斯說它「基本上是偷來的」，被偷的手錶款式是Chromachron，由瑞士的田・哈倫（Tian Harlan）所設計，報時的方式是每小時顯示不同的色塊。The Cyclops也做相同的事，但是更為細膩。在它的錶面有一個黑色圓環，會慢慢地通過圓盤上的彩色小圓點。這些圓點分布在錶盤的圓周上，代表每個小時，此外並沒有分針。因此，使用者對於時間的流逝只會有模糊的感覺。有評論者說，這是「一種讓人放鬆的準確性」。

計時器卻沒有分針，這是一件異乎尋常的事，教人深思。我們與時間的戰鬥已經超過兩個工業化世紀：我們曾經追逐火車、為磁帶努力、堅決反對流暢化的世界，如今我們有了機會可以讓時間徹底順其自然。這就像是離開都市而躬耕於隴畝，在我們之間有誰能勝任此項任務？

註釋

1 譯按：馬塞爾・普魯斯特（Marcel Proust）為19、20世紀的法國文學家，意識流經典作品《追憶逝水年華》（*In Search of Lost Time*）即是普魯斯特所寫的長篇小說，皇皇七冊皆是以白日夢式的回憶敘事風格寫作而成。

◎ 致謝

本書是廣泛敘事型的歷史著作，像這樣的寫作必然需要大量的後援，在印刷出版以及個人工作兩方面皆然。這一路以來所有提供協助及建議的每一位朋友，都讓我感激不盡。本書寫作的構想來自安雅·瑟羅塔（Anya Serota），並且在編輯珍妮·羅德（Jenny Lord）的引導之下終於得以竣工（同時在過程中增色匪淺）。本書在Canongate出版公司的專屬團隊功不可沒，感謝傑米·拜因格（Jamie Byng）、珍妮·陶德（Jenny Todd）、安娜·福瑞姆（Anna Frame）、珍妮·福萊（Jenny Fry）、艾倫·楚洛特（Alan Trotter）、薇琪·路瑟福德（Vicki Rutherford）、勞拉·柯爾（Laura Cole）和艾勒格拉·勒·法努（Allegra Le Fanu）等人的辛苦；也感謝席恩·寇斯特洛（Seán Costello）為本書進行一絲不苟的編輯、排版，加上皮特·艾丁頓（Pete Adlington）為本書設計了優美吸睛的書衣。一如往常，我的經紀人露絲瑪麗·史考拉（Rosemary Scoular）始終都是我最寶貴的支柱。

時間這個主題何其龐大，任何指教都讓我衷心歡喜。潔·格瑞福斯（Jay Griffiths）本身就已經有關於時間的精采著作，正是她首先想出「迷戀」的寫作面向。遺憾本書的定稿未能納入我訪談過的所有人，因此我仍要感謝泰瑞·庫因（Terry Quinn）、露西·皮爾平（Lucy Pilpin）、露西·弗萊須曼（Lucy Fleischman）、大衛·史皮爾斯（David Spears）和凱特·吉巴德（Cat Gibbard）等人。我的朋友安德魯·巴德（Andrew Bud）為我審讀手稿，找出只有難逃他法眼的錯誤，再次讓我免於出糗。此外，亦感謝娜歐米·福里爾斯

（Naomi Frears）、約翰・福里爾斯-賀格（John Frears-Hogg）、馬克・歐斯特菲爾（Mark Osterfield）、山姆・索恩（Sam Thorne）、芳妮・辛格（Fanny Singer）、丹尼爾・品克（Daniel Pick）、布來德・歐爾巴哈（Brad Auerbach）、傑若米・安寧（Jeremy Anning）和金・艾爾斯沃斯（Kim Ellsworth）等人在全書構思、寫作角度和聯絡對象方面的各種建議。

本書的手錶和照片各章有一小部分曾以不同形式發表於《Esquire》（君子）雜誌，在那裡我有幸能遇到強尼・戴維斯（Johnny Davis）這麼熱心又通融的編輯。另外，龐布瑞故事的早期版本亦曾經發表於《英國航空高尚生活》（*BA High Life*）雜誌，所以感謝保羅・克萊門斯（Paul Clements）之助。

非常感謝奇普・威廉斯（Kipper Williams）提供開宗明義第一章深具啟發意義的蚵蟲漫畫。以下所列推薦書目，其中有許多著作係來自倫敦圖書館，它是我們最棒的研究機構之一，我永遠都感念該館館員們的協助。請注意本書目謹供啟發及深入探索之用，並不求詳盡周延。

◎ 推薦書目

1. Andrews, Geoff, *The Slow Food Story: Politics and Pleasure* (Pluto Press: London, 2008)

2. Bannister, Roger, *The First Four Minutes* (G.P. Putnam's Sons: New York, 1955) —— *Twin Tracks* (The Robson Press: London, 2014)

3. Bartky, Ian R., *Selling the True Time: Nineteenth-Century Timekeeping in America* (Stanford University Press: Stanford, 2000)

4. Beethoven, Ludwig van, *Letters, Journals and Conversations,* edited, translated and introduced by Michael Hamburger (Thames and Hudson: London, 1951)

5. Brookman, Philip (ed.), *Helios: Eadweard Muybridge in a Time of Change* (Corcoran Gallery of Art Exhibition Catalogue: Washington DC, 2010)

6. Brownlow, Kevin, *The Parade's Gone By* (University of California Press: Berkeley, 1992)

7. Burgess, Richard James, *The History of Music Production* (Oxford University Press: Oxford, 2014)

8. Conrad, Joseph, *The Secret Agent* (J.M. Dent & Sons Ltd: London, 1907)

9. Crary, Jonathan, *24/7: Terminal Capitalism and the Ends of Sleep* (Verso Books: London, 2013)

10. Dardis, Tom, *Harold Lloyd: The Man on the Clock* (Penguin: New

York, 1983)

11. Dohrn-van Rossum, Gerhard, *History of the Hour: Clocks and Modern Temporal Orders* (University of Chicago Press: London, 1996)

12. Eagleman, David, *The Brain: The Story of You* (Canongate: Edinburgh and London, 2015)

13. Falk, Dan, *In Search of Time: Journeys Along a Curious Dimension* (National Maritime Museum: London, 2009)

14. Freeman, Eugene and Sellars, Wilfrid (eds), *Basic Issues in the Philosophy of Time* (Open Court: Illinois, 1971)

15. Garfield, Simon, *The Last Journey of William Huskisson* (Faber and Faber: London, 2002)

16. Gleick, James, *Time Travel* (Fourth Estate: London, 2016)

17. Glennie, Paul and Thrift, Nigel, *Shaping the Day: A History of Timekeeping in England and Wales 1300–1800* (Oxford University Press: Oxford, 2009)

18. Griffiths, Jay, *Pip Pip: A Sideways Look at Time* (Flamingo: London, 1999)

19. Groom, Amelia (ed.), *Time: Documents of Contemporary Art* (Whitechapel Gallery: London, 2013)

20. Grubbs, David, *Records Ruin the Landscape: John Cage, the Sixties, and Sound Recording* (Duke University Press: Durham, NC, and London, 2014)

21. Hammond, Claudia, *Time Warped: Unlocking the Mysteries of Time Perception* (Canongate: Edinburgh and London, 2013)

22. Hassig, Ross, *Time, History, and Belief in Aztec and Colonial Mexico* (University of Texas Press: Austin, 2001)

23. Hoffman, Eva, *Time* (Profile Books: London, 2011)

24. Honoré, Carl, *In Praise of Slow: How a Worldwide Movement is Challenging the Cult of Speed* (Orion: London, 2004)—— *The Slow Fix: Lasting Solutions in a Fast-Moving World* (William Collins: London, 2014)

25. Howse, Derek, *Greenwich Time and the Discovery of the Longitude* (Oxford University Press: Oxford, 1980)

26. Jones, Tony, *Splitting the Second: The Story of Atomic Time* (Institute of Physics Publishing: Bristol and Philadelphia, 2000)

27. Kanigel, Robert, *The One Best Way: Frederick Winslow Taylor and the Enigma of Efficiency* (Little, Brown: London, 1997)

28. Kelly, Thomas Forrest, *First Nights: Five Musical Premieres* (Yale University Press: New Haven, Conn., 2000)

29. Kern, Stephen, *The Culture of Time and Space 1880–1918* (Weidenfeld and Nicolson: London, 1983)

30. Klein, Stefan, *Time: A User's Guide* (Penguin: London, 2008)

31. Koger, Gregory, *Filibustering: A Political History of Obstruction in the House and Senate* (University of Chicago Press: Chicago, 2010)

32. Landes, David S., *Revolution in Time: Clocks and the Making of the Modern World* (Belknap Press of Harvard University Press: Cambridge, Mass., 1983)

33. Levine, Robert, *A Geography of Time: On Tempo, Culture and the Pace of*

Life: The Temporal Misadventures of a Social Psychologist (Basic Books: London, 1997)

34. Lewisohn, Mark, *The Beatles – All These Years: Volume One: Tune In* (Little, Brown: London, 2013)

35. Macey, Samuel L., *The Dynamics of Progress: Time, Method and Measure* (University of Georgia Press: Athens and London, 1989)

36. McEwen, Christian, *World Enough & Time: On Creativity and Slowing Down* (Bauhan Publishing: Peterborough, New Hampshire, 2011)

37. Mumford, Lewis, *Art and Technics* (Oxford University Press: Oxford, 1952)

38. O'Malley, Michael, *Keeping Watch: A History of American Time* (Viking Penguin: New York, 1990)

39. Perovic, Sanja, *The Calendar in Revolutionary France: Perceptions of Time in Literature, Culture, Politics* (Cambridge University Press: Cambridge, 2012)

40. Phillips, Bob, *3:59.4: The Quest for the Four-Minute Mile* (The Parrs Wood Press: Manchester, 2004)

41. Pirsig, Robert M., *Zen and the Art of Motorcycle Maintenance* (The Bodley Head: London, 1974)

42. Quinn, Terry, *From Artefacts to Atoms: The BIPM and the Search for Ultimate Measurement Standards* (Oxford University Press USA: New York, 2011)

43. Rooney, David, *Ruth Belville: The Greenwich Time Lady* (National Maritime Museum: London, 2008)

44. Rosa, Hartmut, *Social Acceleration: A New Theory of Modernity* (Columbia University Press: New York, 2013)

45. Sachs, Curt, *Rhythm and Tempo: A Study in Music History* (Columbia University Press: New York, 1953)

46. Shaw, Matthew, *Time and the French Revolution: The Republican Calendar, 1989–Year XIV* (Boydell Press: Woodbridge, 2011)

47. Sobel, Dava, *Longitude: The True Story of a Lone Genius Who Solved the Greatest Scientific Problem of His Time* (Penguin: London, 1995)

48. Solnit, Rebecca, *Motion Studies: Eadweard Muybridge and the Technological Wild West* (Bloomsbury: London, 2003)

49. Vance, Jeffrey and Lloyd, Suzanne, *Harold Lloyd: Master Comedian* (Harry N. Abrams Inc.: New York, 2002)

50. Whitrow, G.J., *What Is Time?* (Thames and Hudson: London, 1972)

51. Young, Michael Dunlop, *The Metronomic Society: Natural Rhythms and Human Timetables* (Thames and Hudson: London, 1988)

52. Zimbardo, Philip and Boyd, John, *The Time Paradox: Using the New Psychology of Time to Your Advantage* (Rider Books: London, 2010)

編按：本書各章節所提書目，除《禪與摩托車維修的藝術》、《箭術與禪心》、《12個孩子的老爹商學院》、《歐琴妮》、《關鍵18分鐘》、《每天最重要的2小時》、《喚醒心中的巨人》、《與成功有約：高效能人士的7個習慣》、《第8個習慣：從成功到卓越》、《慢

活》、《嘉德橋市長》、《KINFOLK 家》、《一口漢堡的代價》、《快閃大對決》、《預約新宇宙：為人類尋找心天地》，其餘中文書名均為暫譯。

◎ 圖片版權說明

本書作者及出版公司已盡一切努力聯繫各插圖之著作權所有人，如有未能溯及之處，歡迎各界提供相關資訊，謹此鳴謝，並且將於未來版本中更正。

第19頁：感謝奇普・威廉斯提供；第35頁：感謝賽門・加菲爾提供；第49頁：感謝賽門・加菲爾提供；第71頁：感謝「個案古董公司：拍賣與評估」（Case Antiques, Inc. Auctions & Appraisals）提供；第101頁：感謝蓋提圖片公司貝特曼圖片庫（Bettmann, Getty Images）提供；第123頁：感謝達志影像提供；第141頁：感謝Timezone.com 和TimeZone手錶學校（TimeZone Watch School）提供；第165頁：感謝蓋提圖片公司哈爾頓檔案諾曼・波特圖片庫（Norman Potter, Hulton Archive, Getty Images）提供；第177頁：感謝賽門・加菲爾提供；第199頁：感謝蓋提圖片公司哈爾頓檔案依瑪格諾圖片庫（Imagno, Hulton Archive, Getty Images）提供；第219頁：感謝蓋提圖片公司檔案圖片太空邊境圖片庫（Space Frontiers, Archive Photos, Getty Images）提供；第273頁：感謝蓋提圖片公司蓋提圖片娛樂提姆・P・惠特比圖片庫（Tim P. Whitby, Getty Images Entertainment, Getty Images）提供；第295頁：感謝蓋提圖片公司蓋提圖片娛樂波爾圖片庫（Pool, Getty Images Entertainment, Getty Images）提供；第317頁：感謝大英博物館管理人（Trustees of the British Museum）提供；第349頁：感謝www.cartoonstock.com網站提供。

計時簡史

Timekeepers
How the world became obsessed with time

Timekeepers © Simon Garfield, 2016
Copyright licensed by Canongate Books Ltd.
Traditional Chinese edition copyright © 2017 by Briefing Press, a division of And Publishing Ltd
This edition published by arrangement with Canongate Books Ltd. through Andrew Nurnberg Associates International Limited.

大寫出版 Briefing Press

書　　系｜知道的書 Catch On　書號 ■ HC0076
著　　者｜賽門・加菲爾 Simon Garfield
譯　　者｜黃開
封面設計｜黃子欽
內頁版型｜張溥輝
行銷企畫｜郭其彬、王綬晨、陳雅雯、邱紹溢、張瓊瑜、蔡瑋玲、余一霞、王涵
選書策畫｜李明瑾
大寫出版｜鄭俊平、沈依靜、李明瑾
發 行 人｜蘇拾平
地　　址｜台北市復興北路 333 號 11 樓之 4
電　　話｜（02）27182001
傳　　真｜（02）27181258
發　　行｜大雁文化事業股份有限公司
服務信箱｜andbooks@andbooks.com.tw
劃撥帳號｜19983379
戶　　名｜大雁文化事業股份有限公司

初版一刷｜2017 年 5 月
定　　價｜新台幣 550 元
版權所有・翻印必究
ISBN 978-986-5695-86-6

國家圖書館出版品預行編目 (CIP) 資料

計時簡史
賽門・加菲爾 (Simon Garfield) 著／黃開譯
初版／臺北市：大寫出版：大雁文化發行，2017.05
368 面 ;15*21 公分 (知道的書 Cath On;HC0076)
譯自 :Timekeepers: How the world became obsessed with time
ISBN 978-986-5695-86-6 (精裝)
1. 時間 2. 時間管理
327.53　　　106005031